浙江省社科规划优势学科重大项目
“城市水安全与水务行业监管体制研究”
（项目批准号：14YSXK02ZD）成果

浙江省社科规划优势学科重大项目成果

城市水务行业监管绩效评价体系研究

王 岭 著

中国社会科学出版社

图书在版编目（CIP）数据

城市水务行业监管绩效评价体系研究/王岭著．—北京：中国社会科学出版社，2017．5

ISBN 978－7－5203－1626－2

Ⅰ．①城…　Ⅱ．①王…　Ⅲ．①城市用水—水资源管理—监管体制—研究—中国　Ⅳ．①TU991．31

中国版本图书馆CIP数据核字（2017）第299614号

出 版 人　赵剑英
责任编辑　卢小生
责任校对　周晓东
责任印制　王　超

出　　版　中国社会科学出版社
社　　址　北京鼓楼西大街甲158号
邮　　编　100720
网　　址　http：//www．csspw．cn
发 行 部　010－84083685
门 市 部　010－84029450
经　　销　新华书店及其他书店

印　　刷　北京明恒达印务有限公司
装　　订　廊坊市广阳区广增装订厂
版　　次　2017年5月第1版
印　　次　2017年5月第1次印刷

开　　本　710×1000　1/16
印　　张　17．5
插　　页　2
字　　数　260千字
定　　价　75．00元

凡购买中国社会科学出版社图书，如有质量问题请与本社营销中心联系调换
电话：010－84083683
版权所有　侵权必究

总　　序

城市水务主要是指城市供水（包括节水）、排水（包括排涝水、防洪水）和污水处理行业及其生产经营活动。城市水务是支撑城镇化健康发展的重要基础，具有显著的基础性、先导性、公用性、地域性和自然垄断性。目前，我国许多城市都不同程度地存在水资源短缺、供水质量不高、水污染较为严重等突出问题，其中的一个深层次原因是受长期形成的传统体制惯性影响，尚未建立有效的现代城市水务监管体制。其主要表现为：城市水务监管体系不健全，难以形成综合监管能力；监管机构碎片化，责权不明确；监管的随意性大，缺乏科学评价等。特别是近年来，不少城市水务公私合作项目竞争不充分，缺乏监管体系。这些问题导致城市水务监管与治理能力严重滞后于现实需要。

根据现实需要，我们承担了浙江省社科规划优势学科重大项目“城市水安全与水务行业监管体制研究”，并分解为五个子课题进行专题研究。针对建立健全保障水安全的有效机制、科学设计与中国国情相适应的城市水务行业公私合作机制、设计水务行业中的政府补贴激励政策、建立与市场经济体制相适应的新型城市水务行业政府监管体制、建立系统化和科学化的监管绩效评价体系及制度等关键问题，课题组经过近三年的努力，终于完成了预期的研究任务，并将由中国社会科学出版社出版一套专门研究城市水务安全与水务行业监管的系统学术专著。现对五本专著做简要介绍：

《城市水安全与水务行业监管能力研究》（作者：鲁仕宝副教授）一书运用系统论、可持续发展理论、水资源承载力理论、模糊数学等理论，对我国城市水安全及监管问题进行研究。在分析影响城市安全的基本因素基础上，探讨了城市水安全面临的挑战与强化政府对城市水安全监管的必要性，构建了城市水安全评价指标体系及方法，建立了城市水安全预警系统、城市水安全系统调控与保障机制及激励机制。提出利用合理的法规制度、政府监管、宣传教育等非经济手段，利用正向激励来解决水资源和环境利用总量控制问题。为我国城市水安全综合协调控制评价与改进提供了较为科学、全面的研究工具和方法，提出了符合我国当前城市水安全监管的政策建议。

《城市水务行业公私合作与监管政策研究》（作者：李云雁副研究员）一书以城市供水、排水与污水处理行业为对象，在中国乃至全球公私合作改革的宏观环境下，分析城市水务行业公私合作的特定背景与现实需求，系统地梳理了发达国家公私合作的实践，并对其监管政策进行了评析，回顾并评价了中国城市水务行业公私合作发展的历程和现状，研究了城市水务行业公私合作模式的类型、选择及适用条件，构建了与中国国情相适应的城市水务行业公私合作的监管体系。在此基础上，重点从价格监管和合同监管两个方面探讨了城市水务行业公私合作监管问题及具体政策措施。最后，本书选取城市供水和污水处理行业公私合作的典型案例，对城市水务行业公私合作与政府监管进行了实证分析。

《城市水务行业激励性政府补贴政策研究》（作者：司言武教授）一书通过分析城市化进程中城市水务行业激励性政府补贴的体制机制缺陷，厘清了城市水务行业建设中各级政府的事权划分、建设体制、建设资金来源与运作模式，梳理了现阶段我国城市水务行业运行中的激励性政府补贴体制、补贴运行机制等方面存在的核心问题。通过研究，明确了中央与地方在城市水务行业激励性政府补贴方面的事权划分，明确了中央政府责任，探索了城市水务行业资金来源和投融资方式，特别是财政资金安排方式、融资机制、吸引社会资本投入模式等，并通过一系列政府补贴方式和手段的创新，为我国当前城市水务行业完善激励性政府补贴提出了相应的对策建议。

《城市水务行业监管体系研究》（作者：唐要家教授）一书基于发挥市场机制在资源优化配置中的决定性作用和推进政府监管体制改

革并加快构建事中、事后监管体系的背景以及提高城市水安全视角，在深入分析中国城市水务监管的现实和借鉴国际经验的基础上，探讨了城市水务行业监管体制创新，推动中国城市水务监管体制的不断完善。本书主要从城市水务监管的需求、城市水务监管的国际经验借鉴、中国城市水务监管机构体制、城市水务价格监管、城市饮用水水质监管和城市水务监管治理体系进行探讨。本书提出的完善中国城市水务监管的基本导向为：构建市场机制与政府监管协调共治的监管体制，完善依法监管的法律体系和保障体制，形成具有监管合力和较高监管效能的监管机构体系，构建了多元共治的监管治理体系。

《城市水务行业监管绩效评价体系研究》（作者：王岭副研究员）一书基于城市水务行业监管绩效评价体系错配、监管数据获取路径较为不畅以及监管绩效评价手段较为单一的客观现实，沿着供给侧结构性改革与国家大力推进基础设施和公用事业公私合作的背景，从构建城市水务行业监管绩效评价体系视角出发，遵循“国际比较—国内现状分析—监管绩效评价—监管绩效优化”的研究路径，为城市水务行业监管绩效的客观评价与提升提供重要保障。本书内容主要包括城市水务行业市场化改革与监管绩效评价需求、市场化改革下城市水务行业发展绩效、城市水务行业监管绩效评价的国际经验与中国现实、中国城市供水行业监管绩效评价实证研究、中国城市污水处理行业监管绩效评价实证研究和提升中国城市水务行业监管绩效评价体系。本书提出的提升城市水务行业监管绩效评价的政策建议主要包括优化制度体系、重构机构体系、建立监督体系和健全奖惩体系四个方面。

综上所述，本课题涉及城市水安全和水务行业的重大理论与现实问题。课题组注重把握重点研究内容，并努力在以下六个方面做出创新：

（1）构建基于水资源承载力的城市水安全评价指标体系。本课题综合运用管制经济学、管理学、计量经济学、工程学等相关学科理论工具，从城市水安全承载力的压力指标和支撑指标的角度，分析了城市水安全承载力的影响因素与度量方法；结合研究区域水资源的实际情况，提出从经济安全、社会安全、生态安全和工程安全四个方面来表征城市水安全状态，构建城市水安全评价指标体系，为建立水安全评价模型提供分析框架；并集事前、事中和事后评价于一体，通过反馈机制形成不断完善的基于水资源承载力的城市水安全评价指标体系。

（2）建立城市水安全保障体系与预警机制。建立城市水安全保障体系关系到城市可持续发展、人民生活稳定的基础。本课题从微观、中观和宏观三个层次，空中、地上、地中、地下、海洋和替代水库六个方面来建立城市水安全保障体系。同时，根据城市水资源供给总量与城市人口、工商业用水定额比计算城市水资源供给保障率，针对城市规模人口和工商业用水的设立水资源配置，提出基于水资源数量、质量、生态可持续性的城市水安全预警机制。

（3）建立中国城市水务行业公私合作的激励性运行机制。制约城市水务行业公私合作有效运行的关键是私人部门的有效进入和合理利润。本课题将在明确中国城市水务行业公私合作目标和主要形式的基础上，界定政府、企业和公众的责任边界及行为准则，设计基于水务项目的特许权竞拍机制，识别特许经营协议的核心要件和关键条款，测算私人部门进入的成本与收益，建立多元、稳定的收益渠道，以及城市水务行业公私合作“进入—盈利”的有效路径。同时，系统地分析了城市水务行业公私合作的风险，针对公私合作的信息不对称和契约不完备特征，设计基于进入、价格和质量三维城市水务行业公私合作激励性监管政策体系。

（4）政府补贴激励政策的模型设计与分析。主要围绕政府补贴激励政策的委托—代理模型进行具体设计和系统分析，在模型中，准确把握政府补贴激励政策的方式与强度、企业针对政府补贴激励政策的策略性反应状况、政府补贴激励政策的多目标协调、政府补贴资源的优惠组合等。在政府财政补贴政策研究中，针对政府补贴的各种形式，分析政府不同的财政补贴方式对水务行业投资和经营的策略影响，研究在不同政府研发补贴方式下水务企业的研发和生产策略，以及社会福利的大小。在此基础上，以社会福利最大化为目标，制定不同外部环境下的最优政府研发补贴政策，来激励企业增大研发投入，增加社会福利，为政府制定相关政策提供决策支持。

（5）构建与市场经济体制相适应的城市公用事业政府监管机构体系。监管机构体制改革既是城市水务监管体制改革的核心，也是中国行政体制改革的重要领域；既涉及部门之间的职能定位和权力配置，也涉及中央和地方的监管权限问题，因此具有复杂性特征。本课题依据中国行政体制改革的基本目标，坚持以监管权配置为核心，从监管机构横向职能关系、纵向权力配置、静态的机构设立和动态的机构运行机制有机结合视角，系统地设计中国城市水务监管机构体制，理顺同级监管部门、上下级监管部门的职能配置与协调机制。

（6）构建基于监管影响评价的监管绩效评价体系。本课题综合运用管制经济学、新政治经济学、计量经济学等相关学科理论和工具，从城市水务行业监管绩效评价的新理论——监管影响评价理论出发，对监管绩效评价的目标、主体、对象、指标体系、实施机制等基本问题开展系统研究，以期构建基于监管影响评价的城市水务行业监管绩效评价体系，为监管绩效评价提供可操作性的分析框架，并且集过程监督、事后评价于一体，通过反馈机制形成一种不断完善监管体系的动态自我修正机制。

由于城市水务安全与水务行业监管体制的研究不仅内容极为丰富，关系到国计民生的基本问题，而且随着社会经济的发展，具有显著的动态性，虽然课题组做了很大的努力，但由于我们的研究能力和水平有限，书中难免存在一定的缺陷，敬请相关专家和读者批评指正。

浙江省特级专家
孙冶方经济科学著作奖获得者
浙江财经大学中国政府管制（监管）研究院院长
王俊豪
2017 年 5 月 25 日

前　言

在市场化改革背景下创新政府监管模式，是改善传统监管模式下城市水务行业运行效率低下、竞争活力缺失、投资动力不足和价格机制失效的主要途径。通过监管绩效评估倒逼城市水务行业转变政府监管体制是政府监管模式创新的重要方式。纵观国际经验与中国现实，发展绩效评价是当前城市水务行业绩效评价的重点，缺乏监管绩效评价理念和评估工具成为当前城市水务行业政府监管和行业发展的“短板”。主要表现为监管绩效评价体系错配、监管数据获取路径较为不畅以及监管绩效评价手段较为单一等方面，从而为提升城市水务行业监管绩效开具“药方”、厘清城市水务行业监管问题形成机理以及逻辑求索城市水务行业监管治理路径埋下了诸多隐患。为此，非常有必要借鉴国际经验，基于中国现实，设计适合中国城市水务行业发展的监管绩效评价指标体系，创新城市水务行业监管数据获取路径，形成有效的监管绩效评价方式，从而为城市水务行业监管绩效的客观评价与绩效提升提供重要保障。

城市水务包括城市供水、排水与污水处理、再生水利用等多个行业或环节，具有显著的基础性、先导性、公用性、地域性和自然垄断性特征。在供给侧结构性改革与国家大力推进基础设施和公用事业PPP的大背景下，厘清城市水务行业监管绩效评价“短板”，设计城市水务行业监管绩效评价指标体系，分类评价城市供水与污水处理行业监管绩效，探索城市水务行业监管绩效提升路径，对提升城市水务行业监管绩效具有重要意义。为此，本书紧紧围绕市场化、供给侧结构性改革、以评促管、以评促建等核心问题，强化事前、事中与事后监管，构建行业绩效与监管绩效并行的分析框架，从国际和国内两个层面明晰城市水务行业监管绩效的国际经验与中国“短板”，通过描述性统计手段对城市水务行业发展绩效进行评价，遵循指标体系设计、权重设定与综合评价的路径对城市水务行业监管绩效进行实证研究，在此基础上构建了城市水务行业监管绩效提升的政策体系。

本书对中国城市水务行业监管绩效评价的理论与现实问题进行了探索性研究，并力求在以下几个方面有所创新：

第一，厘清城市水务行业监管绩效评价的客观需求。在城市水务行业资源禀赋和供需失衡的约束下，长期以来，政企合一、政监一体、行政垄断的传统管理体制在城市水务行业发展过程中发挥了重要作用。随着市场化改革的深入和对外开放的深化，传统管理体制的弊端越发明显，城市水务行业的运行效率较低、竞争活力缺失、投资动力不足、价格机制失效等问题越发突出。为此，城市水务行业绩效评价在市场化改革的背景下应运而生，但行业发展绩效并不能完全反映监管绩效。当前城市水务行业监管绩效评价过程中面临着评价体系错配、数据获取渠道不畅、评价手段单一等问题，在当前补“短板”、促改革的背景下，监管绩效评价成为城市水务行业发展过程中的重大现实需求。

第二，建立城市水务行业发展绩效评价的分析框架。行业发展绩效是衡量城市水务行业竞争力的重要指标。本书从投资与建设、运营与供应、价格和PPP四个方面出发，构建城市水务行业发展绩效的评价指标体系，并对城市供水与污水处理行业的发展绩效进行评价。研究结果表明，城市水务行业投资与建设绩效呈现出总体增加、区域异化的特征，成本价格倒挂的现象在逐步弱化，形成了与区域发展相适应的水务销售收入水平；基本形成与城市化进程相匹配的城市水务行业供给能力；不同城市之间的城市供水价格具有较大差异，具有典型的梭形结构；城市水务行业PPP模式稳步推进，促进了城市水务行业的快速发展，但也存在国有资产流失和腐败、溢价收购和固定汇报、政府承诺和责任缺失、产品和服务低质以及政府高价回购等问题。

第三，求索水务行业绩效评价国际经验与中国“短板”。本书从监管体制机制、监管绩效评价方法与评价指标和监管绩效管理经验三个方面出发，对英国、荷兰、澳大利亚以及国际水协和世界银行的城市水务行业监管绩效进行分析，从而为中国城市水务行业监管绩效评价研究提供借鉴。同时，从城市、国家住房和城乡建设部以及国家科技重大专项三个方面，分析城市供水行业的绩效评价指标体系，并对住房和城乡建设部的城镇污水处理工作考核体系进行分析，在此基础上明确了多部门协同监管易于造成部门间沟通交易成本过高、政府评价主体单一，降低了结果的科学性、缺少定性评价指标的定量评价指标体系往往带来评价的片面性是中国城市水务行业监管绩效评价的主要“短板”。

第四，分类设计城市水务行业监管绩效的评价体系。从评价目标与原则、评价指标与方法、评价数据来源和监管绩效评价实证分析四个方面分别对城市供水与污水处理行业监管绩效进行评价。其中，构建城市水价、水质、供水稳定和供水服务四个方面的城市供水行业监管绩效定性评价指标体系，以及普遍服务能力、水质安全能力、持续发展能力、价格可承受能力的城市供水行业监管绩效定量评价指标体系。实证分析表明，浙江省 11 个城市具有较好的水质安全、供水稳定以及供水服务等能力，但不同城市之间在价格承受能力、持续发展能力以及人均生活用水量等方面存在较大差异。同时，构建监管部门职责、监管制度设计、监管管理评价与监管部门规范运行的城市污水处理行业监管绩效评价指标体系。实证分析表明，浙江省 11 个地级城市污水处理部门的权责配置齐全、规范运行成效显著，但部分城市存在监管制度及执行不到位、缺乏按照量质核拨城市污水处理费制度以及难以获得真实污水处理率数据等问题。

第五，提出城市水务行业监管绩效提升的政策体系。制度体系、机构体系、监督体系和奖惩体系构成城市水务行业监管绩效提升的政策体系集合。其中，从形成监管绩效评价的监管导向、完善监管绩效评价制度、修正监管绩效评价指标三个方面优化城市水务行业监管绩效评价制度体系。从转变城市水务行业主管部门职能、建立第三方评估的监管绩效评价机制、形成政府部门对第三方机构制衡机制三个方面重构城市水务行业监管绩效评价机构体系。从立法监督、行政监督、司法监督和社会监督四个方面构建城市水务行业监管绩效评价的监督体系。从形成监管绩效与官员业绩挂钩的长效机制、建立监管绩效与后续评奖挂钩的联动机制和健全监管绩效与政府激励挂钩的协同机制三个方面健全城市水务行业监管绩效评价的奖惩体系。

本书是王俊豪教授主持的浙江省哲学社会科学规划课题——优势学科重大资助项目“城市水安全与水务行业监管体制研究”的子课题研究成果。王俊豪教授对本书的研究选题、研究框架和研究内容进行总体指导，浙江财经大学唐要家教授、司言武教授、李云雁副研究员、熊艳博士、张肇中博士、程怀文博士、金暄暄科研助理等对本书的写作提出了建设性意见，并参与了本书部分内容的撰写工作。我指导的硕士研究生李卓霓、罗乾、闫东艺、周立宏参与了调研和有关章节的资料整理和基础数据的收集工作，在此一并感谢。

城市水务行业监管绩效评价是一个较新的研究领域，无论是在理论研究还是实践上都有诸多值得探索的问题，本书仅仅对城市水务行业监管绩效评价进行了初步的研究，还有诸多问题有待于进一步研究。尽管课题组成员尽了最大的努力，但难免存在一些不足甚至问题，敬请专家学者批评指正。

目　录

第一章　城市水务市场化改革与监管绩效评价需求

水是人类生存与发展必不可少的重要物质资源之一，城市水务行业是重要的基础设施行业，对其他行业和整个社会的发展起着重要的支撑和保障作用。水务主要包括城市防洪、水源保护、水系治理、取水、供水、排水与污水处理以及中水回用等领域。城市水务主要包括城市供水、排水与污水处理以及再生水利用等，这些行业具有典型的自然垄断性、外部性等特征。从城市水务行业改革历程来看，经历了由计划经济体制向市场化改革的制度变迁过程。市场化改革倒逼城市水务行业转变管理方式，由政府宏观管理转变为政府监管。如何建立与城市水务行业技术经济特征相适应的现代政府监管体系，并对城市水务行业实行科学监管具有重要的现实意义。政府监管涉及事前监管、事中监管和事后监管，作为事中监管和事后监管的监管绩效评价是提升政府监管绩效的重要手段。但无论从理论上还是从实践上来看，依然缺乏完善的监管绩效评价指标体系与方法论支撑，这限制了城市水务行业监管绩效的有效评价以及纠偏与提升城市水务行业的监管效能。为此，在深化城市水务行业市场化改革、大力推进 PPP 的背景下，建立与当前市场化改革相适应的城市水务行业监管绩效评价体系成为一项重要的理论与现实课题。

第一节　城市水务行业的传统管理体制

城市水务行业的改革与发展是与一系列的制度变迁过程相匹配

的，这些制度演化是建立在传统管理体制难以适应城市水务行业发展以及经济社会发展的前提之下的。为此，本部分将对城市水务行业的技术经济特征、传统管理体制的理论基础以及主要弊端进行分析，以厘清传统管理体制到市场化下的现代监管体制的逻辑演变规律。

一 城市水务行业的技术经济特征

城市水务行业按其分销和再循环流程可分为采水、制水、分销使用、排水和回收处理等环节。主要包括原水、自来水的生产和供应、排水与污水处理以及再生水利用等业务。城市水务的生产供应过程是将江河水、水库水、湖泊水与海水等地表水资源和含水层水、裂隙水、岩溶水与泉水等地下水资源，以及雨水、废污水等非常规水源作为原水，通过管网系统输送至供水加工厂，并经过凝聚、絮凝、沉淀、过滤和消毒处理等工艺加工成品水，然后通过自来水输送管道网络系统，把自来水分销给企事业单位和居民消费者。各类消费者使用后的污水又流入下水管道排污系统，再经过城市排污管道进入城市污水处理厂后，经过一级处理和二级处理后，形成可以回灌地下水或再次利用的再生水（或称为中水），以及可以需要进一步处理的污泥。在水资源相对或较为短缺的地区，经过处理的污水往往作为再生资源，通过管网由污水处理厂送至供水厂并经过多重工艺生产出不同分类的水循环再利用，从而提高水资源的利用效率。城市水务行业是一个典型的网络型行业，其经济特征主要表现在区域垄断性、规模经济性、资产专用性、不可替代性、公益性以及安全性等。

（一）区域垄断性

不同区域之间城市水务行业的网络与服务的分割性决定其具有典型的区域垄断性特征，这是城市水务行业区别于电信、电力以及铁路等全国自然垄断网络型行业的最显著特征。城市水务行业的区域垄断性主要表现在三个方面：一是水资源开发利用的区域性。水资源开发利用往往依赖于一定数量的人口和一定范围的地理区域，不同区域的水资源禀赋之间存在一定的差异，两者共同构成城市水资源开发利用的区域性。二是取水范围的区域性。水的传输和配送依赖于固定的管网系统，管网设施的跨区域布局不具有成本经济性。三是服务范围的区域性。城市水务需要借助于固定的物理网络传输水产品，受自然条件、水资源区位分布、经济发展以及居民消费等因素的影响，城市水务难以实现跨区域或在全国范围内的自由流动。此外，为了保证管网压力和管网径流的均匀分布，城市供水厂或污水处理厂的布局需要建立在合理的服务半径基础之上。因此，区域垄断性是城市水务行业的显著特征。

（二）规模经济性

随着社会分工与专业化的发展，规模经济的重要性越发凸显，对规模经济的追求日益渗透到各种经济活动之中。规模经济最核心的含义是指在投入增加的同时，产出增加的比例超过投入增加的比例，单位产品的平均成本随着产量的增加而降低，即规模收益（或规模报酬）递增；反之，产出增加的比例小于投入增加的比例，单位产品的平均成本随着产量的增加而上升，即规模收益（或规模报酬）递减；如果投入与产出的比例保持不变，即规模收益（规模报酬）不变。当规模收益递增时，称作规模经济；当规模收益递减时，称作规模不经济。①

规模经济的前提是投入的增加和产出规模的扩大。由此可见，规模经济与市场需求密切相关。经济学原理表明，任何产品的价值只有在市场上得以实现，即消费者需求产生时，生产者才能补偿成本并获得一定利润。换言之，在产出规模扩大的过程中，只有当产品需求能够维系的情况下，才存在规模经济。事实上，市场上的任何一种产品都或多或少地存在一定的差异，消费者需求不仅取决于该产品的价格，还取决于消费习惯、消费偏好以及消费时尚等。这意味着任何产品的价值实现均受到市场需求的约束，对某种产品的需求受多种因素的影响。能否实现规模经济往往取决于产品的需求价格弹性，产品的需求价格弹性越大，就越有可能从规模的扩张中获得规模经济收益。反之，产品的需求价格弹性越小，规模损失的可能性就越大。

对于一个给定的城市供水或污水处理网络设施，接入网络的居民

---

①　谷书堂、杨蕙馨：《关于规模经济的含义与估计》，《东岳论丛》1999 年第 2 期。

数量越多，或者说消费量越大，平均成本就越低，即城市供水或污水处理行业存在显著的规模经济性。因此，对某一特定区域的市场，最终竞争的结果必然是城市供水或污水处理企业的数量较少。换言之，城市供水或污水处理市场的竞争是不充分的。在现有技术条件下，自来水的传输成本非常高，建立全国性的传输管网来调度全国城市供水、寻求全国供水平衡是不经济的。此外，由于不同来源的污水成分较为复杂，混合运输不仅难以控制污染，还会发生难以预见的化学反应，所以城市供水和污水处理市场具有典型的区域性特征。中国由于受到地域以及经济环境的影响，各个地区的城市供水和污水处理企业实际上是以城市为中心建立起来的，这意味着城市规模决定了城市供水和污水处理企业的经营规模和经营范围，最终往往形成城市供水和污水处理企业在本地独家垄断经营的局面。

（三）资产专用性

资产专用性是指用于特定用途后被锁定且难以改作他用的资产，若改作他用则会降低自身价值，甚至可能会变成丧失价值的资产。不同产业具有不同的要素品质、要素结构和产业特征，即资产在一定程度上具有专用性。因此，资产要素在不同产业之间的再配置必然会产生一定的交易成本。如果某一产业要素的资产专用性越强，将原有资产用于新用途的转换成本越高，那么该产业的进入壁垒和垄断程度就越高。相反，资产的同质性越强，变更经营领域的成本就会越低。[①]

城市水务基础设施对地理区位、电力设施、周边建筑物、厂区占地面积和总体设计、地质条件以及水文条件等都具有特殊要求。这说明城市水务行业的大部分资产具有较强的专用性，与其他网络型产业如电信产业相比，具有显著的沉淀成本特征，而且当期运营成本在总成本中所占的比例较低。[②] 这一特征说明，相对于总成本而言，城市水务行业维持再生产或回收运营成本所需要的运营收入较低。

沉淀成本带来的主要问题是，投资形成的资产在事后容易被侵

① 威廉姆森：《资本主义经济制度》，商务印书馆2002年版。
② 美国供水、天然气和电力等部门中，比例分别为10%、32%和57%。

占，即投资最后可能无法得到合理的补偿。由于运营商的相当一部分投资属于沉淀性投资，一旦投资完成之后，只要营业收入超过运营成本，或者说，即使水价或污水处理服务费低于平均成本，运营商仍然愿意继续提供服务。运营商因为担心监管机构会利用这种激励特征，可能缺乏事前进行投资的动力。为解决这种时间错位问题，政府需要有效的承诺工具，保证投资者的投资激励；否则，社会部门缺乏相应的投资激励将难以进入城市水务市场，最后不具有市场化或市场化程度较低的城市水务基础设施投资将由政府财政来买单，从而增加了政府的财政压力。

（四）不可替代性

城市水务行业最终提供的产品是被净化的水，所提供的服务是城市污水的收集与处理及其供水的净化与消毒等过程。显然，提供产品和服务具有不可替代性。一方面，因为水本身属于稀缺资源，水的资源功能在经济上是不可替代的；另一方面，这种产品和服务是城市居民生产和生活的必需品，需求者的需求价格弹性较低。这两个方面共同决定了城市水务行业所提供的产品和服务具有极强的不可替代性，不必担心其他产品或服务的替代性竞争。

（五）公益性

与其他城市基础设施相比，城市水务行业具有典型的公益性特征，无论是企事业单位还是居民消费者，无论是富人还是穷人，其生存都离不开城市水务行业所提供的产品和服务。所以，在公共政策的制定过程中，应强调其公共服务性，比如政府承诺普遍服务等政策目标。正因如此，中国大部分城市的供水价格和污水处理费长期存在“成本倒挂”现象。根据2016年《中国城市供水统计年鉴》，2015年，有80%以上的设市城市供水厂出现亏损现象。这种社会性资费使政府必须给予运营商提供大量的、不同形式的补贴，从而维系城市水务企业的正常运营。由此可知，城市水务行业具有典型的公益性特征。

（六）安全性

城市供水企业所提供的产品质量直接关系着消费者健康。产品质量的一种解释是饮用水质量，即物理性质。虽然消费者能够观察到供水颜色，判断供水气味和味道，但供水中可能含有的重金属、微生物以及药剂等是否符合标准，消费者是难以辨别的。从这个意义上讲，供水是一种典型的信任品。因此，需要对城市供水质量进行严格的政府监管。供水质量的另一层含义是经营企业提供服务的水平，即消费者需要有足够的水压，以免污水外溢，并且能够及时地维修水管泄漏等。

综上所述，城市水务行业的技术经济特征说明该产业特别是分销环节具有显著的自然垄断性，或者在竞争上是不充分的，因此在一定程度上需要进行政府管制。城市水务行业具有区域垄断特征，从经济性管制角度来看，为了更好地利用地方信息，减少信息不对称的影响，分散化的管制权力更有效，即主要由地方政府行使管制职能。此外，城市水务行业的投资者（无论是国有、民营还是外资）的资产容易受到侵占①，具体表现为水价和污水处理费问题常常被政治化，被人为地限制在较低的水平上，不能保证总成本的回收。为此，城市水务行业需要设计合理的管制制度设计，避免企业财务状况继续恶化、投资者缺少必要的投资激励、网络覆盖范围增长缓慢、服务质量难以得到保证等问题。最后，在城市水务管制中，需要将价格、质量等多个维度纳入监管绩效分析框架中，探究城市水务行业监管绩效问题，对城市水务行业改革与发展具有至关重要的现实意义。

二　城市水务行业传统管理体制的理论基础

长期以来，城市水务行业的公益性与垄断性特征意味着，在同一个地理区域范围内不可能存在由多家竞争性企业提供城市水务服务，否则将违背规模经济原则，增加城市供水与污水处理企业成本，甚至发生企业无法正常生产运营的局面。因此，在城市水务行业中极易发生市场失灵，无法获得竞争市场下的高效率。为此，一些学者认为②，

---

① 尽管政府在一定程度上有保护产权的动机，但同时很容易通过管制手段，侵占投资者的资产，即占有沉淀资产带来的租金。

② Viscusi, W. K., J. M. Vernon and J. E. Harrington, Jr., *Economics of Regulation and Antitrust*, Massachusetts: The MTI Press, 2000, pp. 433 – 434.

在一定的地域范围内，由一家或少数几家国有企业垄断经营是城市水务等城市公用事业的最佳选择。一些学者认为，对城市水务等城市公用事业而言，由垄断企业按获取正常利润的价格定价能够实现较高的生产效率和社会分配效率。由于利润最大化是私人企业追求的主要目标，在经营过程中能够提升生产效率，但缺乏仅仅获得正常利润的动机，可能制定垄断高价或在政府管制下要挟政府提价，从而不利于社会分配效率的提升，进而造成消费者剩余的损失。同时，在信息对称的情况下，通过政府价格管制能够实现低价的目标，但由于政企之间的信息不对称性，政府难以获知企业的所有信息，以此为基础制定的管制价格往往偏离社会最优水平。同时，在利润动机和管制价格的双重约束下，私人企业将会进一步地通过压低不可观测的质量来降低生产成本，从而损害生产效率。

与国外传统理论相类似，城市水务行业国有企业垄断经营依然是国内学术界的主要观点。陈尚前（1997）认为，对于电力、煤气、供水、邮政、电信、铁路等是典型的自然垄断行业，由于自然垄断性，政府不应将其推到竞争市场中去，而应保持其行业的独家垄断地位，使其生产成本最低，获得规模经济。马建堂和刘海泉（2000）认为，限制私人垄断是国有企业的重要功能之一，在供气、供水、供电等自然垄断行业，要对私人垄断加以控制。因此，在一些具有自然垄断特征的行业，有必要设立国有企业，以国家垄断取代私人垄断，提升使用者的效用和企业的社会服务水平。

城市水务等城市公用事业的自然垄断性和公益性等特征意味着，在城市水务行业不可能存在多家竞争性企业；否则，就会造成规模经济损失，大大增加城市供水或污水处理企业的成本，甚至阻碍城市供水或污水处理企业简单再生产的可维持性。因此，城市水务行业是一个典型的市场失灵领域，不可能发挥市场竞争机制的作用，并主张在一定的地域范围内，由一家或极少数几家国有企业垄断经营。根据传统经济理论，城市水务行业应该形成由政府直接投资、国有企业垄断经营的管理体制。在新中国成立后很长一段时间里，基本上对城市水务行业实行这一管理体制。其主要特征是：城市水务企业由政府建，企业领导由政府派，资金由政府拨，价格由政府定，企业盈亏由政府统一负责，企业无须承担任何经营风险。即实行政企合一的管理体制。在自然垄断性和私人企业逐利性的指导下，在新中国成立后相当长一段时间内，中国对城市水务等城市公用事业实行国有企业垄断经营、政企合一的管理体制。

三　城市水务行业传统管理体制的主要弊端

由于资源禀赋的限制以及城市水务行业的供需失衡，传统管理体制下政企合一、行政垄断的城市水务行业在新中国成立后的相当长时间内发挥了重要的历史作用。但是，随着社会经济和城市水务行业的发展，国家经济体制改革的深化和对外开放程度的深入，传统管理体制的弊端逐步显现。

（一）运行效率低下

在传统管理体制下，城市供水或污水处理企业的投资、人事以及价格等重要决策都由政府统一确定，这使得国有企业缺乏现代企业特征，有失企业自主决策权。国有企业的主要目标是实现社会公共利益，满足城市水务产品需求，并非追求利润最大化。一般而言，价格管制约束下的利润最大化问题就是成本最小化问题，国有企业在缺少利润驱动的情况下，难以将成本最小化作为追逐目标，结果造成生产成本的膨胀与浪费。同时，国有企业还需实现上级部门赋予的多重强制性目标。其中，保障稳定供应是最基础、最核心的目标。而且政府为了实现政治平稳性和升迁动机，往往指令国有企业执行非营利性目标。传统管理体制下的国有企业并非真正意义上的市场主体，也不以利润最大化作为主要目标，无须承担市场风险，收入来自政府财政支出，企业缺乏降低成本、提升效率的动力。显然，传统管理体制下的国有企业垄断经营势必会导致经营的低效率问题。

（二）竞争活力缺失

在传统管理体制下，城市水务行业的主要业务是由地方政府的企业（或机构）垄断经营的，地方政府既是管理政策的制定者，又是具体业务的实际经营者，这就决定了这一垄断性质是一种典型的行政垄断，而非基于自然垄断的经济性垄断。在行政垄断下，往往会导致企业组织管理效率低下的问题，其结果使企业实际达到的生产成本大大高于按企业能力可能获得的最小生产成本，从而降低了资源利用效率。在缺乏外部竞争压力的情况下，企业缺少追求成本极小化的激励，因此，企业浪费较为严重，企业成本费用大幅增加，最终使产品的平均成本大大高于“最低可能成本”。其主要原因在于国有企业的国有性和垄断性使城市水务企业丧失活力，普遍缺乏外部竞争压力，从而在较大程度上抑制了企业通过技术创新和管理创新提高生产经营效率的动力。

（三）投资动力不足

传统管理体制下城市水务企业的国有性和公益性特征决定了政府财政是其投资的最主要来源。城市水务基础设施建设是整个城市基础设施建设的重要组成部分，由于地方政府财政资金约束和城市水务基础设施供需矛盾突出，这导致了长期以来依赖政府财政投资的城市水务行业面临着投资严重不足、设施建设滞后等现实问题，从而限制了城镇化的快速发展，制约了工业化进程的快速推进，阻碍了城市居民福祉的提升。国有企业的资产保值增值属性往往背离经济绩效属性以及非激励性的定价机制等多重因素的作用，以及传统管理体制下缺乏社会资本进入政策支持，往往导致城市水务行业缺乏有效的投资保障，难以实现充足的投资动力。

（四）价格机制失效

在传统管理体制下相对于城市供水行业而言，城市污水处理行业的发展极为缓慢。同时，城市污水处理费的价格形成机制尚未形成，而传统管理体制下的城市供水行业定价机制是以成本为核心、以财政补贴为源头的缺乏效率的定价机制。理论上的最优价是由供给和需求共同决定的均衡价格，但现实中由于城市供水企业提供的产品和服务的自身非竞争性以及难以进行区域间比较竞争性，两者决定了以无竞争状态下的成本为基础的定价机制难以反映供需均衡和激励属性，同时传统供水价格的单一价无法反映水量差异激励和用水主体差异。因此，传统管理体制下城市水务行业价格形成机制具有低效率性和有失公平性的双重属性，从而导致了价格形成机制失效。

第二节　城市水务行业市场化改革动因

长期以来，政府是我国城市水务行业建设与运营的管理部门，作为政府下属事业单位以及与政府有着密切关系的国有企业作为城市水务企业的经营部门，从而形成政企合一、政监不分的局面，这导致了供需失衡、成本倒挂、效率低下、员工冗余等多重问题，随着经济社会的发展，传统管理体制下的城市水务行业弊端越发凸显。针对城市水务等市政公用行业的高成本、低效益的运行现状，21 世纪以来，我国逐步加快了对城市水务等市政公用行业的市场化改革进程。产权改革、竞争改革和监管改革是城市水务行业市场化改革的核心，主要包括：一是允许外资企业和民营企业进入城市水务行业，参与城市水务项目的特许经营权竞标，实现投资主体多元化；二是建立市政公用行业的特许经营制度和现代企业制度；三是转变政府职能，从监管行业到监管市场，从对企业负责转变为对公众负责，从而实现政府监管体制的重大转变。为此，本节将主要从城市水务行业市场化改革的现实需求、市场化改革的国际经验和市场化改革的政策导向三个方面出发，对城市水务行业市场化改革的动因进行分析。

一　城市水务行业市场化改革的现实需求

市场是与计划相对应的新型体制，城市水务行业市场化改革的最基本动因是解决或缓解长期以来计划经济体制下或传统管理体制下形成的供需矛盾突出、运行效率低下、政府补贴负担过重以及计划价所导致的价格严重扭曲等弊端。从城市水务行业发展的历程来看，市场化是城市水务发展的必然选择。

（一）解决有效供给不足问题

在传统管理体制下，政府财政资金是城市水务行业的主要投资来源。由于政府财政支持的行业和领域较多，投资于城市水务领域的资金显得十分不足，由此长期形成城市供水普及率和城市污水处理率普遍偏低的局面[①]，进而导致城市人民基本生活和生产需求与城市水务行业供给之间的矛盾较为突出，形成了城市水务行业的发展严重滞后城镇化进程客观需求的局面。在传统管理体制下，由资金不足所引发的供需矛盾问题不仅是城市水务行业的特殊性问题，也是整个基础设施领域发展的共性问题。快速城镇化倒逼城市水务行业变革，其中，扩大城市水务行业的综合生产能力，提高城市水务行业的普遍服务能力是其中的重要任务。为解决政府财政负担过重的问题，扩宽城市水务行业的投融资渠道，通过多元化的资金支持城市水务行业提升供给能力和服务水平，是城市水务行业快速发展的重要途径。因此，这要求不能仅仅依靠政府财政投资，应该扩宽投融资渠道，引入多种投资主体，实现城市水务行业投资主体的多元化。其中，政府可将有限的财政资金投资于城市水务行业中的非竞争性、缺乏市场化的网络性领域或环节，从而更好地发挥国有资本作用。通过激发多元化投资主体的潜能，提升城市水务行业的有效供给能力。

（二）解决运行效率低下问题

随着中国由计划经济体制向市场经济体制变迁，以及城镇化的快速发展，城市居民对城市供水水量与水质以及城市污水处理能力的需求日益提升，这对增强城市供水行业运行效率、提升水质生产与监测能力、提高供水企业的服务质量以及增加城市污水处理效率提出了新的要求。显然，传统计划经济体制下的城市供水行业运营体制难以满足人民群众日益增长的物质需求。一方面，相对于日益增长的城市水务需求总量而言，城市供水行业与污水处理行业的产品和服务质量的供需矛盾日益突出。另一方面，传统计划经济体制下的城市供水行业运营方式不利于提升水量和水质，制约了服务群体社会福利的提升。面对社会对城市供水水量和水质要求的日益提升，需要提高城市供水

① 城市水务行业在引进社会资本、建立现代企业制度之前的用水普及率和污水处理率普遍偏低，其中，1992 年用水普及率仅为 48.0%，污水处理率为 14.86%；2002 年建设部出台《关于加快市政公用行业市场化进程的意见》标志着城市水务等行业掀起了新一轮市场化改革，2002 年用水普及率为 77.85%，污水处理率为 39.97%。显然，城市水务行业的普遍服务能力相对较低。

产品的供给效率，提升供水产品品质，改善运行效率和服务质量，从而满足社会公众日益增长的物质需求。为此，需要将可经营的城市供水环节以及污水处理企业交给市场，通过引入竞争机制，调动社会资本的积极性，通过放松进入管制让更多有实力的社会资本进入城市水务行业，拓宽融资渠道，提升企业生产技术和管理效能，增强城市水务行业的供给能力，增进社会公众的服务满意度。

（三）解决价格机制失灵问题

缺少利润动机是传统管理体制下由事业单位运营的城市水务企业的典型特征，对该类企业主要实行全成本的补贴机制。在事业单位性质的城市水务行业实行第一轮的国有化改革以来，城市水务行业的定价机制略有变化，但以财政补贴为主体、以缺乏竞争状态下的成本加成机制为核心的城市水务定价机制难以体现效率性。同时，传统管理体制下的价格机制较为单一，只涉及运行过程中的调价机制，而且这一调价机制不具有市场属性，并非根据企业成本、城市物价指数等多个指标的变化及时调价或时段调价，从而将长期造成成本与价格的倒挂现象。此外，城市水务价格形成机制具有单一价格特征，无法反映质量性与用户群体的差异性等特征。相对于传统管理体制下的城市水务价格形成机制，市场化下的城市水务价格形成机制具有激励社会资本进入属性，同时体现用户群体的差异性，因此，具有较强的激励性特征，有助于实现效率性和公平性，能够在较大程度上纠偏传统管理体制下城市水务价格形成机制的低效性，进一步修正传统管理体制下长期导致的城市水务行业价格机制失灵问题。

二　城市水务行业市场化改革的国际经验

发达国家城市水务行业市场化改革实践为中国在城市水务行业推进市场化改革进程提供了重要的借鉴。在世界范围内，较早探索城市水务行业改革并取得良好效果和具有丰富经验的国家主要有英国、美国、法国和荷兰等。它们从最初的由政府负责投资和运营的模式导致低效率、高成本问题，逐步通过引入民间资本实现投资主体多元化，提升城市水务行业的运营效率和服务水平。为此，下面将对英国、美国、法国和荷兰4个国家的市场化改革模式进行分析。

（一）以私有化为特征的英国模式

20世纪初期，英国政府对城市水务行业分阶段实行国有化改革，建立由政府垄断的城市水务体制。随着国家垄断经营城市水务行业的不断发展，经营效率降低、财政赤字增加等问题也逐渐暴露出来。1973年英国颁布《水法》，英国国会批准对城市水务行业进行重组改革。政府将分散的城市水务企业主体整合成10个水务局，实行按流域分区管理，进行全面的私有化改革并取得成功。总体来看，英国城市水务行业改革经历行业早期整合、行业重组和私有化三个阶段。1989年是城市水务行业全面私有化的元年，将10个水务局的资产与人员转移至有限公司，并通过在伦敦证券交易所上市来筹集资本，实现公共资本的一次性注入。同时，政府免除了城市水务公司的主要政府债务，还提供必要的资本税收补贴。

英国城市水务行业改革采取的措施主要有股份制改造、整体或部分出售国有资产；放开城市水务行业的市场准入；采用政府出资，私人承包提供产品或服务的方式；设立机构对城市供水价格和水质进行有效监管。具体来说，水经济督察服务办公室对价格进行管制，水务督察办公室对水质进行监测，国家河流局对污水排放进行监督。英国城市水务行业的私有化促进了其运营效率的提高和可持续发展。通过有效管制，能够促使私营城市水务企业承担社会责任，提升水质和服务水平，获取合理利润。

（二）以公有为主导、市场为导向的美国模式

美国城市水务行业的产权结构改革经历了“私有—私有与公有共存—公有主导”的发展历程。美国政府对城市水务企业私有化非常慎重，自第二次世界大战以来私人部门比例占美国城市水务行业总体在15%左右，整体上美国城市水务行业主要采取以公有为主导的模式，多数城市水务企业资产归城市政府所有，也有一些城市由政府和私人部门共同管理，例如，美国亚特兰大市采取民营方式把城市水务系统交给法国水务公司苏伊士里昂管理，实现政府和企业的“双赢”。此外，美国地方政府筹集城市水务设施建设资金所采取的主要形式是发行市政债券，即由地方政府或其授权代理机构发行债券，所筹资金用

于城市水务基础设施建设。

（三）以委托运营为特征的法国模式

法国城市水务模式是在保留产权公有的前提下，通过委托运营合同引入私营公司参与城市水务设施的建设和运营。法国模式的本质是将城市水务行业设施的运营权外包给私营企业，整个环节不涉及设施所有权的转移问题。法国城市水务行业吸引私人部门进入是在1982年《分权法案》和1992年《水法》颁布之后，但只限于净水处理、配送、管网保护以及污水的收集和处理等环节，多数城市水务行业依然保持所有权的公有。法国城市水务行业运营模式主要有四种情形：一是直接管理模式。即市政当局不仅投资、建设，而且还设立公司直接经营，负责城市水务行业服务运行的全部费用，实现产权和经营权的统一，其性质是完全的公有企业，受托企业为公共部门服务，不直接从用户获取营业收入，而是从地方财政预算中支出报酬。目前法国除了个别大中城市因历史原因仍沿用这一模式之外，一般只有小型乡镇采用这种自主管理的模式。二是委托运营。市政当局投资、建设，把城市水务设施运行部分委托给私人经营者，财产所有权归市政府所有。经营公司出经营周转资金，由私人水务公司向用户收取水费，出租合同期一般为5—20年。此类项目的产权和经营权虽然没有分离，但经营权被委托代管。这种租赁管理方式，占公用部门与专业私营部门在公用事业方面合作总量的75%，在法国供水和污水处理部门应用得尤为普遍。三是特许经营。市政当局批准立项，与公司签订合同，委托私人公司进行供排水工程的投资、建设和经营，经用户收取水费偿还投资。合同期满后，将供水设施和管网资产归市政当局，这是有期限的私有化。与租赁管理不同，特许经营权管理要求受托企业承担投资费用，一般合作期限相对较长。这种模式从其出现至今已有一个多世纪的历史，经历了充分的考验。四是混合管理。介于委托经营和直接管理的模式。例如，市政府可以决定自主管理水厂和配水干管，而把配水支管和引入管（又称进户管）交由企业管理，连同直接面向用户的商业行为（开账单和征水费）也交给了私营水务公司办理。另外，还有一些新的形式，如私营水务公司代理市政水务服务，由政府给予报酬或者两者间进行利润分红。[①]

（四）以公有私营为特征的荷兰模式

荷兰城市水务行业采用公有股份有限公司的运营模式，完全实现公司化运作，具有较高的效率和服务质量。总体而言，荷兰模式能够借助于公司法的保护来规避政治干预，公有水务公司总经理比公用事业单位或法人化的公用事业单位的同行享有更多实质性的自主权。同时，公有水务公司的成本回收和运营方式显著优于完全公有事业单位。此外，公有水务公司虽然坚持全成本回收模式，但并不以利益最大化为目的。荷兰城市水务行业的公有私营模式的发展实践证明，即便是国有企业，若真正实现政企分开、企业化运作，在有力的民主监管体系和水价体系的支撑下，能够达到所期望的效率目标。公有水务公司模式并非荷兰个例，在德国、比利时等西欧国家以及部分北欧国家也较为常见。但公有水务公司模式在发展中国家较为少见，只有菲律宾的"水务区"和智利的"公有股份公司"等案例。

总体而言，发达国家城市水务行业改革提高了企业的运行效率，减轻了政府的财政负担，增强了城市水务企业的创新动力。城市水务行业的改革能够降低生产成本，提高劳动生产率，提升产品和服务的质量。但也存在一些问题，主要表现在两个方面：一是政企分离问题。政府从城市水务企业的垄断经营者，转变为竞争经营的组织者和管理者，通过特许权经营、国有股权出让等项目方式退出企业的日常生产经营活动，让城市水务企业根据政府所颁发的特许经营权的条款，按照市场经济原则进行生产经营活动，成为生产经营的真正决策者。二是加强对城市水务行业的有效管制。由于社会资本投资的城市水务企业在利润驱动下会背离公益性目标，因而需要强化城市水务行业的政府管制。

三　城市水务行业市场化改革的政策导向

20 世纪 80 年代以来，城市水务行业在一系列市场化改革政策的

---

① 李佳：《我国城市供排水行业市场化改革的研究》，硕士学位论文，复旦大学，2012 年，第 59—60 页。

催化下，实现了跨越式的发展，这些政策的实质是以产权改革为核心，通过社会资本的进入推进了城市水务行业的产权改革进程，经历了由鼓励和引导为基调的产权改革向PPP的产权改革转变。其中，从政策的广度来看，关于市场化改革的政策主要涵盖多个行业或多个领域且法律位阶较高或跨行业、跨部门以及单一由建设部门出台的有关城市水务等市政公用行业市场化改革政策两个方面。为了分析方便，我们将前者称为宏观政策，后者称为微观政策。

（一）宏观政策明确了基础设施市场化改革的主基调

城市基础设施市场化改革的政策导向经历了鼓励和引导社会资本进入和PPP两个阶段，这些政策为未来一段时间内城市水务行业等基础设施建设与市场化改革明确了基本方向。其中，鼓励和引导社会资本进入为市场化改革初期社会资本尤其是外国资本进入中国城市水务等基础设施行业，提升城市水务行业的供给能力，增强城市水务行业的运行效率提供了重要的政策支持。目前，以提升效率为核心的新一轮PPP政策的出台为城市基础设施进行量质转换、推进内涵发展提供了重要的政策指引。

1. 鼓励和引导社会资本进入基础设施领域

在计划经济体制向市场经济体制变迁的过程中，投资严重不足、供需矛盾突出是城市水务等基础设施领域发展过程中存在的普遍问题，为此，如何创新融资渠道、降低供需“剪刀差”成为当时城市水务等基础设施行业改革的重点。在此背景下，2003年11月，党的十六届三中全会指出：“要加快推进和完善垄断性行业改革，大力发展和积极引导非公有制经济，允许非公有资本进入法律法规未禁止的基础设施、公用事业及其他行业和领域。”2004年7月，国务院发布了《关于投资体制改革的决定》（国发〔2004〕20号），进一步提出：“放宽社会资本的投资领域，允许社会资本进入法律法规未禁入的基础设施、公用事业及其他行业和领域。鼓励和引导社会资本以独资、合资、合作、联营、项目融资等方式，参与经营性的公益事业、基础设施项目建设。”2005年3月，国务院又发布了《关于鼓励支持和引导个体私营等非公有制经济发展的若干意见》（国发〔2005〕3号），强调平等准入、公平待遇原则，允许非公有资本进入法律法规未禁入的行业和领域。2010 年 5 月，国务院颁布了《关于鼓励和引导民间投资健康发展的若干意见》（国发〔2010〕13 号），强调进一步拓宽民间投资的领域和范围，鼓励民间资本参与市政公用事业建设。支持民间资本进入城市供水、供气、供热、污水和垃圾处理、公共交通以及城市园林绿化等领域。鼓励民间资本积极参与市政公用企事业单位的改组改制，具备条件的市政公用事业项目可以采取市场化的经营方式，向民间资本转让产权或经营权。积极引入市场竞争机制，大力推行市政公用事业的投资主体、运营主体招标制度，建立健全市政公用事业特许经营制度。改进和完善政府采购制度，建立规范的政府监管和财政补贴机制，加快推进市政公用产品和收费制度改革，为鼓励和引导民间资本进入市政公用事业领域创造良好的制度环境。显然，这些政策出台的最主要动因是鼓励和引导非公有资本进入城市水务等基础设施领域，缓解其投资不足、供需矛盾等突出问题。

2. 建立以 PPP 为核心的基础设施改革方向

在非国有资本进入城市水务等基础设施后增强了城市水务行业的普遍服务能力，但也出现了一系列问题。同时，人民日益增长的需求质量与城市水务运行效率和服务水平之间的矛盾已经成为当前城市水务行业发展的基本矛盾。为此，以效率为导向的新一轮 PPP 改革政策应运而生。基础设施和公用事业特许经营主要是为了引入民间资本，一方面，拓宽公用事业的资金来源；另一方面，有利于打破现有垄断局面，提高公用事业建设效率和服务意识，运用市场化的思维来运营城市公用企业。2015 年 4 月，国务院出台了《基础设施和公用事业特许经营管理办法》，这标志着国家积极鼓励和吸引社会资本投资基础设施建设，盘活社会资金、提高资金的使用效率，创新基础设施建设的投融资渠道，提升基础设施建设行业的发展新局面已经形成。境内外法人或其他组织均可通过公开竞争，在一定期限和范围内参与投资、建设和运营基础设施及公用事业并获得合理收益。完善城市公用事业特许经营项目的价格或收费机制，根据协议由政府给予项目公司必要的财政补贴，并简化规划选址、用地、项目核准等手续，是城市公用事业特许经营的应有之义。政策性、开发性的金融机构给予城市公用事业差异化的信贷支持，贷款期限最长可达30年，允许对特许经营项目开展预期收益质押贷款，鼓励以设立产业基金等形式入股提供项目资本金，支持项目公司成立私募基金，发行项目收益票据、资产支持票据、企业债、公司债等拓宽融资渠道成为支持公用事业特许经营的重要内容。由此可见，《基础设施和公用事业特许经营管理办法》对中国城市基础设施的发展具有里程碑式的意义，提高了城市基础设施市场化改革的法律位阶，为未来较长一段时间内城市基础设施的市场化改革指明了方向。2013年以来，国家发改委和国家财政部连续出台了一系列的PPP政策文件，PPP成为我国当下最火爆的词语和最热门的话题，围绕PPP的各类会议、论坛、活动层出不穷，上到中央、下到地方更是加快推出各类PPP项目试点，PPP似乎还未完成预热程序就已经提前进入爆发阶段，这确定了PPP成为新一轮城市基础设施领域市场化改革的主基调。

（二）微观政策为水务行业的市场化改革指明了方向

国务院等部门出台了城市基础设施市场化改革和PPP的政策文件为城市水务行业等基础设施领域的发展提供了广阔的空间。为有效地解决宏观政策的实际应用性问题，国家住房和城乡建设部等部门相继出台多项政策，这些政策进一步明确了城市水务行业市场化改革的基本方向，促进了新一轮城市水务行业的快速发展。

1. 城市水务行业市场化改革的核心

单纯依靠国有企业内部竞争并非真正意义上的市场经济竞争，而单纯的民营化不能从根本上促进效率的提升，因此，竞争与民营化是共同推进城市水务行业市场化改革的两个轮子。这是因为，国有经济内部的竞争是同一国家所有制下的竞争，不能实现市场经济中的高效率竞争。而单纯的民营化只能将国有城市水务企业转变为私人垄断经营，无法形成竞争性的市场结构，从而无力提升城市水务企业的运行效率。因此，只有将竞争与民营化有机地结合起来，才能实现高效率的竞争，从而提高城市水务企业的运营效率和服务能力，实现让消费者分享效率之利的目的。城市水务行业市场化改革的基本逻辑是：一定数量的非国有企业（民营企业或外资企业）进入城市水务行业，形成在位企业和新进入以及潜在进入企业之间的特许经营权竞标阶段的竞争，以及不同区域内具有可比性的多种社会主体在运营期内的区域间比较竞争。为此，以市场化改革为核心，以进入阶段的特许经营权竞标和运营阶段的区域间比较竞争为重点的市场化改革，将有助于通过竞争机制提升城市水务行业的经济绩效。

2. 城市水务行业的市场化改革政策

作为国务院有关市场化改革政策的具体化，国家建设部分别于2002年12月和2004年3月出台了《关于加快市政公用行业市场化进程的意见》和《市政公用事业特许经营管理办法》，这对包括城市水务行业在内的市政公用事业市场化改革以及推行特许经营制度作了明确规定，提出规范市场准入、完善特许经营制度、强化产品和服务质量的监督检查、落实安全防范措施以及加强成本监管等重要内容。从这两个文件来看，城市水务行业市场化改革的实质主要包含两方面内容：一是民营化改革，鼓励更多的民间资本进入城市水务行业，更多的民营企业成为城市水务行业的市场运行主体。二是引入并强化市场竞争机制，通过企业进入阶段的竞标机制选择最有效率的企业获得城市水务项目的特许经营权，从而提高城市水务企业的选择效率，以及运行过程中的区域间比较竞争，提高城市水务行业的运行绩效。

国家住房和城乡建设部于2012年6月出台了《进一步鼓励和引导民间资本进入市政公用事业领域的实施意见的通知》，该通知提出“民间资本参与市政公用事业建设，应与其他投资主体同等对待；鼓励民间资本通过政府购买服务的模式，进入城镇供水、污水处理、中水回用、雨水收集、环卫保洁、垃圾清运、道路、桥梁、园林绿化等市政公用事业领域的运营和养护；完善法规政策体系，确保政府投入，落实政府监管责任，建立预警与应急机制，健全公众参与和社会监督制度”。进一步细化了“新36条”，明确了民间资本进入城市水务等城市公用事业的主要形式。以供水行业为例，需要对其推行政府购买服务的方式。换言之，要严格控制城市供水行业的BOT、TOT等涉及资产转让的项目。

2014 年，国家发展改革委、住房和城乡建设部联合下发《关于加快建立完善城镇居民用水阶梯价格制度的指导意见》，该意见指出“建立完善居民阶梯水价制度，要以保障居民基本生活用水需求为前提，以改革居民用水计价方式为抓手，通过健全制度、落实责任、加大投入、完善保障等措施，充分发挥阶梯价格机制的调节作用，促进节约用水，提高水资源利用效率。2015 年年底前，设市城市原则上要全面实行居民阶梯水价制度；具备实施条件的建制镇也要积极推进阶梯水价制度。各地要按照不少于三级设置阶梯水量，第一级水量原则上按覆盖 80% 居民家庭用户的月均用水量确定，保障居民基本生活用水需求；第二级水量原则上按覆盖 95% 居民家庭用户的月均用水量确定，体现改善和提高居民生活质量的合理用水需求；第一、第二、第三级阶梯水价按不低于 1∶1.5∶3 的比例安排，缺水地区应进一步加大价差。实施居民阶梯水价要全面推行成本公开，严格进行成本监审，依法履行听证程序，主动接受社会监督，不断提高水价制定和调整的科学性和透明度。由此可见，改善与规范城市供水价格制度，建立并完善阶梯水价制度，对全面深化城市供水行业市场化改革，节约用水和提升城市供水企业的收入水平具有重要的现实意义。

第三节　城市水务行业市场化改革历程

长期以来城市水务企业由政府主管部门或指定机构运营，由此产生投资不足、效率较低等弊端。为了解决上述问题，城市水务行业开启了渐进式的市场化改革历程。与其他领域的改革相类似，中国城市水务行业的改革可以追溯到 1978 年，但早期尽管在经营方式和融资体制上作了改革的尝试，但城市水务行业形成真正意义的市场化改革格局始于 20 世纪 90 年代初。从城市水务行业市场化改革的历程和特点来看，城市水务行业具有渐进式特征。事实上，自 20 世纪 90 年代初以来，城市水务行业开始尝试性地引入外国资本，解决投资不足问题，这在产权和竞争两个方面体现了市场化改革的基本特征，但该阶段的管制体制依然是政监合一，缺乏相对独立的管制机构和有效的、高位阶的管制法规。基于此，本书将1992年作为城市水务行业市场化改革元年，同时根据非国有资本进入的企业性质、企业数量以及法规制度的完善程度等特征，将城市水务行业的市场化改革历程划分为三个阶段。

一　国际水务巨头进入与现代企业制度建立阶段

国际水务巨头进入与现代企业制度建立阶段始于1992年党的十四大，到2002年建设部出台《关于加快市政公用行业市场化进程的意见》之前发展十分迅速。其中，1992年党的十四大提出了建立社会主义市场经济体制的改革目标，城市水务行业以贯彻执行《全民所有制工业企业转换经营机制条例》为主线，积极推进城市水务企业改革，逐步沿着建立现代企业制度的方向发展，一大批城市水务企业按照《中华人民共和国公司法》的规定进行改组改制，成立国有独资公司。政府开始改革过去直接参与城市水务企业投资和运营的体制，推进政企分开。在“政企分开”的体制下，政府减少了对城市水务行业的直接投资和行政干预；国有城市水务企业则在很大程度上代替了原来政府的部分职能，负责企业的投资、运营和管理。该阶段的典型特征是在推进政企分开的同时，政府仍然控制城市水务企业的运营环节。在中央禁止城市政府参与银行贷款担保等融资行为后，企业遭遇融资“瓶颈”。为了解决这一难题，20世纪90年代以来，我国政府先后颁布实施了一系列有关促进城市水务行业市场化改革的政策法规和指导文件，确立了以BOT①（建设—运营—移交，Built - Operate - Transfer）模式和合作公司方式为主，以固定回报形式投资城市供水水厂（不包含管网）的城市水务行业市场化改革的基本方向。该阶段

① BOT是20世纪80年代以来提出的一种新的项目融资模式。根据世界银行《1994年世界发展报告》的定义，BOT至少包括三种形式：一是BOT（Built - Operate - Transfer），即建设—运营—移交，企业自己融资，建设某项基础设施，并在一定时期内经营该设施，然后将设施无偿地移交给政府，政府给予某些企业新项目建设的特许权时，一般采用该模式；二是BOOT（Built - Own - Operate - Transfer），即建设—拥有—运营—转让，基础设施项目由企业融资建设完工后，在规定的期限内拥有并运营，期满后将项目移交给当地政府部门；三是BOO（Built - Own - Operate），即建设—拥有—运营，企业根据政府赋予的特许权，建设并运营某项基础设施，但是并不将其移交给政府部门。

的主要特征和实践内容是：坚持市场化基本方向，通过招商引资模式，实现国际大型供水企业运营城市水务项目，逐步转变管理体制，由政监合一转为政监分离。在国内资本相对不足、国际资本市场较为充裕的条件下，通过招商引资，吸引国际水务巨头进入中国市场，成为市场化改革初期快速提升我国城市水务行业能力与效率的必由之路。该时期通常以项目融资为载体，通过项目招商引资吸引国际资本进入城市水务行业。但国有或国有资本控股企业依然处于绝对地位，国际资本所占比例较少，国际水务巨头主要处于对中国法规政策与城市水务市场的探索阶段。其主要特征如下：

（一）利用国际组织和外国贷款拓宽城市水务的融资渠道

长期以来，城市水务行业一直以国有资本垄断经营为主，国家和地方政府几乎成为城市水务行业的唯一投资者。由于政府财政投资难以满足城市水务行业的资金需求，城市水务企业只能借助于银行贷款等较窄的融资渠道缓解融资问题，但由于多数企业长期处于保本微利甚至亏损状态，难以按期归还贷款，这种困境极大地制约了城市水务企业的贷款或融资能力。

为了改变单纯依靠政府投资城市水务行业所造成的被动局面，进一步扩宽融资渠道，20 世纪 80 年代初以来，随着中国整体改革开放的深入，政府开始越发重视通过引进外资发展城市水务等基础设施的必要性，并将其作为改革现行投融资体制的一项重要内容。截至 1998 年年底，中国先后利用世界银行、亚洲开发银行等国际金融组织和日本、奥地利、法国、德国等主要发达国家政府提供的中长期优惠贷款，吸引外商直接投资建设城市供水项目 140 多项，利用外资金额 18 亿美元。由此可见，以政府担保的直接融资为主的形式吸引世界银行、亚洲开发银行以及主要发达国家的贷款，是城市水务行业市场化改革初期的典型特征。

（二）通过政策引导国际资本参与中国城市水务企业运行

1992 年，第一家由外资运营的中山坦洲供水 BOT 项目的正式实施，开启了外资进入中国城市水务市场的先河。在该时期政府部门逐步出台相关政策，旨在规范外资企业进入城市水务行业的市场秩序，如原对外贸易经济合作部于1994年发布了《关于以BOT方式吸收外商投资有关问题的通知》，该通知提出外商可以以合作、合资或独资的方式建立BOT项目公司，以BOT投资方式吸引外资应符合国家关于基础设施领域利用外资的行业政策和有关法律，政府机构一般不应对项目做任何形式的担保或承诺。1995年，国家计委、电力部以及交通部联合发布了《关于试办外商投资特许权项目审批管理有关问题的通知》，该通知主要内容：政府部门通过特许权协议，在规定的时间内，将项目授予外商为特许权项目成立的项目公司，由项目公司负责项目的投融资、建设、运营和维护。在特许期内，项目公司拥有特许权项目设施的所有权，以及为特许权项目进行投融资、工程设计、施工建设、设备采购、运营管理和合理收费的权利，并承担对特许权项目的设施进行维修保养的义务。政府部门具有对特许权项目监督、检查、审计以及如发现项目公司有不符合特许权协议规定的行为，予以纠正并依法处罚的权力。相关制度的出台为规范国际水务巨头进入中国城市水务市场提供了重要的法规政策保障。在该时期国际水务巨头开始进入中国城市水务市场，如法国威立雅集团、英国泰晤士水务公司以及柏林水务国际股份有限公司等。在该阶段国际资本进入少数城市的供水市场，以BOT方式建设城市自来水厂，针对单个新建项目（主要是水厂项目）放开了一定期限的产权，通过地方政府给予投资者固定回报的方式，解决了城市供水项目的融资难题。

表1-1　1992—2001年BOT、未开放管网阶段的城市水务行业市场化改革案例

年份	主要事件
1995	中法水务公司与沈阳水务公司合资经营沈阳第八水厂
1997	威立雅控股55%与天津市有关部门成立合资企业天津通用水务公司，负责经营天津凌庄水厂
1998	法国通用水务集团和成都自来水公司采用BOT方式进行融资
2000	中法水务公司与保定自来水公司组成合资水厂，合作期20年
2001	法国昭和水务公司与上海奉贤自来水公司第三水厂合作成立昭和自来水公司

资料来源：朱晓林：《中国自来水业规制改革研究》，东北大学出版社2009年版，第62页。

（三）确立现代企业制度大力推进大型水务集团快速发展

长期以来，城市水务企业多以政府部门下属的事业单位形式存在，资金由政府拨，企业员工具有事业编制性质，不具有现代企业特征，从而形成人员结构臃肿、运行效率和服务水平低下的局面。1993年中共十四届三中全会出台《关于建立社会主义市场经济体制若干问题的决定》，提出要“进一步转换国有企业经营机制，建立适应市场经济要求，产权清晰、权责明确、政企分开、管理科学的现代企业制度”。同年，原建设部下发《全民所有制城市供水、供气、供热、公交企业转换经营机制实施办法》，提出企业转换经营机制的目标是：使企业适应市场需求，逐步成为依法自主经营、自负盈亏、自我发展、自我约束的公用产品生产和经营单位，成为独立享有民事权利和承担民事义务的法人。城市水务等市政公用企业按照国家规定的资产经营形式，依法行使经营权。1995 年，建设部下发《市政公用企业建立现代企业制度试点指导意见》，该意见的主要内容是在部分市政公用企业进行公司制改革试点，要求市政公用企业改为有限责任公司或改组为国有独资公司。这个时期，国内一些城市水务企业建立现代企业制度，发展成为大型企业集团，其中深圳水务集团最具代表性。提高城市水务行业集中度是解决深圳特区发展过程中人口需求与自来水供需之间矛盾的重要方式。1996 年 10 月，自来水企业为深圳市属国有大型独资有限责任公司。1998 年，深圳市政府决定，市自来水建设投资体制由过去政府投资为主改为企业投资为主，积极实施跨区域经营战略。2001 年，深圳市以自来水公司为基础，牵头组建总资产约为 60 亿元的大型水务集团，提高了供水行业的供给能力，提升企业的运行效率和服务水平。

总体而言，该时期中国城市水务企业逐步建立现代企业制度，但在产权改革和经营方式上并未发生显著变化。该时期通过吸引外资逐渐打破城市水务企业国有垄断经营的格局，但外资比例依然较低。通过建立现代企业制度和吸引外商投资，提升了城市水务行业的供给能力，实现了城市水务企业技术水平的升级与运行效率的提高。在该阶段无论是城市水务企业建立现代企业制度，还是采取 BOT 等方式筹集资金建设城市供水设施的共同特征都是在政府的推动与控制下进行的。

二　鼓励和引导社会资本进入城市水务行业阶段

2002 年 12 月，建设部出台《关于加快市政公用行业市场化改革进程的意见》，标志着城市水务行业进入鼓励和引导社会资本进入的新阶段，该意见明确了市场化是城市水务行业改革的基本方向，通过引入竞争机制，建立特许经营制度，逐步规范市场准入，鼓励社会资金、外国资本采取独资、合资、合作等形式，参与市政公用事业建设，形成多元的投资结构，真正打破区域行政垄断。2003 年 10 月，党的十六届三中全会明确提出“放宽市场准入，允许非公有资本进入法律法规未禁入的基础设施、公用事业及其他行业和领域”。2004 年 4 月，国家建设部出台《市政公用事业特许经营管理办法》，这标志着城市水务等城市公用事业将进入特许经营新阶段。2005 年 2 月，国务院颁布《关于鼓励支持和引导个体私营等非公有制经济发展的若干意见》，指出“在规范转让行为的前提下，具备条件的公用事业和基础设施项目，可向非公有制企业转让产权或经营权”。市场化改革政策的出台开启了国际大型水务企业和国内民营资本进入城市水务行业的新篇章。该阶段城市水务行业的市场化改革是以中央政策为主导，通过特许经营制度，为城市水务行业市场化改革提供重要的制度保障，从而形成国际水务巨头和国内民营企业大量进入城市水务行业的局面。与第一阶段相比，该阶段的显著特征是城市水务行业进入了管网市场化的新阶段。

（一）政策引导社会资本进入城市水务行业

在政府政策的引导下，民营企业和国际水务企业加快了进入城市水务行业的步伐。如 2002 年，法国威立雅集团获得上海浦东供水运营和管理合同，合同期限长达 50 年，该项目是第一个允许国外企业提供完整供水服务的合同，包括供水生产、管网配送和客户服务。又如为改变浙江省新昌县原有 4 万吨/日的供水规模无法满足要求的客观情况，新昌县通过多方招商，将世界上规模最大的水务集团之一——法国里昂水务集团下属子公司中法水务投资有限公司引来作为合作伙伴，并与新昌水务发展有限公司共同组建了新昌中法供水有限公司，负责开发建设投资1亿多美元的引水供水工程项目。2002年3月，中外合资新昌中法供水有限公司正式落户浙江新昌，这是该县首次引进外资开发引水工程项目和经营供水市场，据悉这在浙江省也是首例，此举打破了长期以来国有企业独家垄断经营城市供水行业的格局。该项目投产后，新昌县城市供水能力达到16万吨。① 此外，民营企业开始进入城市水务行业，如2003年成立的山东第一家民营股份制供水企业——邹平县黄河供水有限公司。2001年以来，滨州市邹平县GDP获得快速增长，用水供水矛盾逐渐突出，面对水资源危机，邹平县政府决定向社会融资，组建股份制供水企业，并于2003年1月成立邹平县黄河供水有限公司，从此，山东迈出了打破供水行业国有企业垄断经营的第一步。② 此外，还有一些国际水务巨头和民营企业进入城市水务行业，这里不再列举。

（二）特许经营模式由单一向多元方向发展

为缓解城市水务行业的供需矛盾，规范城市水务市场运营，2004年，建设部出台《市政公用行业特许经营管理办法》，该办法的出台规范了城市水务等市政公用事业的运营。通过竞标方式选择城市水务特许经营项目运营主体的模式主要有BOT、TOT（转让—运营—转让）模式。此外，还有MBO（管理层收购）、BT（建设—移交）、BOO（建设—运营—拥有）、ROO（改造—运营—拥有）等。随着市场化改革的深入和相关政策的引导，城市水务行业特许经营模式已由单一走向多元。具体而言，2002年以前，城市水务企业多采用BOT模式，主要目的是吸引外资。2003年以来，城市水务特许经营呈现出两种特征，对经济发达地区的城市水务项目而言，存在国有企业经营和仅包含经营权的特许经营（如委托运营和作业外包）两种方式；而对于经济较为发达以及经济欠发达地区而言，城市政府迫于水务服务

---

① 佚名：《打破城市供水国有单位独家经营局面——“洋水务”进入新昌水市场》，《浙江日报》2002年3月22日。

② 佚名：《打破水老大垄断　山东成立首家民营供水企业》，《中广新闻》2005年8月30日。

压力，往往采用BOT、TOT和ROT等模式。综合来看，2003年以来，城市水务项目的特许经营模式开始考虑城市特征和项目性质问题，从而降低了城市水务行业特许经营模式的资源错配性。

这一阶段，城市供水行业市场化改革进入快速发展时期，国际水务巨头和国内民间资本进入城市供水行业的数量在增加，同时特许经营模式由第一阶段BOT的“单一模式”，逐步扩展到BOT、TOT、ROT、BT等多种模式相结合的“多元模式”。该阶段实现了城市供水行业的跨越式发展，缓解了城市化进程中城市供水行业的供需矛盾，在较大程度上提升了城市供水企业的运行效率和服务水平。

三 推进社会资本进入与转变政府监管职能阶段

2002年以来，城市水务行业进入了市场化改革的快车道，多种所有制企业相继进入城市水务行业，但在市场化改革过程中也暴露出一系列的问题，如固定资产回报、政府承诺缺失等。这些问题的核心原因是政府监管失灵。为规范城市水务行业特许经营，提高项目的运行效率和服务水平，减轻政府压力，2005年9月，建设部出台了《关于加强市政公用事业监管的意见》，该意见明确提出，要规范市场准入，完善特许经营制度，加强产品和服务质量的监督检查，落实安全防范措施，强化成本监管，转变管理方式，落实监管职责，完善法律法规，依法实施监管，健全监管机构，加强能力建设，统筹监管、稳步推进产权制度改革等重要内容。自此，城市水务行业进入规范特许经营制度的新时期与强化城市供水行业政府监管的新阶段。

近年来城市水务等市政公用事业改革成为一项重要的研究课题，国家相继出台多项鼓励社会资本进入城市水务等市政公用事业的政策，这为促进新一轮城市水务行业的发展，规范城市水务项目的市场准入指明了方向。2012年6月，住房和城乡建设部印发《关于进一步鼓励和引导民间资本进入市政公用事业领域的实施意见》，明确提出“鼓励民间资本通过政府购买服务的模式，进入城市供水等市政公用事业领域的运营和养护”，以及“落实政府监管责任，切实加强对市政公用事业的投资、建设、生产、运营及其相关活动的管理和监督，确保市政公用产品与服务质量”。2013年11月，党的十八届三中全会指出，“允许社会资本通过特许经营方式参与城市基础设施建设和运营”，同时要求“制定非公有制企业进入特许经营领域具体办法”。2015年2月，财政部、住房和城乡建设部两部委联合发文“关于市政公用领域开展政府和社会资本合作项目推介工作的通知”，提出“PPP项目推介工作应注重强化监管，避免资产一卖了之，明确市政公用产品和服务主体责任，提高质量，优化价格，关注百姓切身利益”，明确城市供水项目要坚持规范运作、实行厂网一体以及规范PPP项目操作流程，以及需要住房城乡建设部门进一步完善和落实市政公用领域特许经营管理制度，拓宽社会资本的进入渠道。经过20余年的市场化改革，目前已确立在政府监管的前提下推进城市水务行业的特许经营，鼓励和吸引社会资本以PPP的方式参与城市水务项目的建设和运营，这进一步强化了政府监管在城市水务行业市场化改革中的重要地位。

第四节　城市水务行业监管绩效评价“短板”

长期以来，我国对城市水务行业实行计划经济体制下的传统管理体制，随着市场化改革的深入，传统计划经济体制住建转化为以市场化为特征的现代政府监管体制。但由于长期以来传统管理体制的束缚，与市场化改革相适应的城市水务行业现代监管体制还较为缺乏。长期以来，我国坚持以结果为导向的城市水务行业评价理念，形成了以产业绩效为核心的绩效评价手段。然而，在现实中对政府监管指标的考量，以及建立与市场化改革相适应、与现代监管理念相匹配的城市水务行业监管绩效评价指标体系并进行科学评价，成为当前城市水务行业改革与发展过程中的薄弱环节。这主要表现在监管指标体系的错配、监管数据的获取渠道较为有限以及监管绩效评价方法较为单一等多个方面，从而形成城市水务行业监管绩效评价与市场化改革进程脱钩的局面，这在一定程度上限制了城市水务行业监管绩效的提升，制约了行业运营效率的提高，阻碍了行业的快速发展。为此，非常有必要逻辑求索出当前城市水务行业监管绩效评价的主要“短板”。具体表现在以下几个方面：

一　城市水务行业监管绩效评价体系错配

关于城市水务行业监管绩效评价的研究，一个重要问题是对监管成本或监管风险的测度。原则上，需要对成本和产出绩效进行比较，进而识别出一系列监管手段或工具是不是监管绩效提升的原因。但在城市水务行业监管绩效评价过程中，存在数据缺失等现实问题，难以有效地测算出监管所带来的成本以及监管可能产生的收益，从而在城市水务行业监管绩效评价过程中可能产生一系列的错配问题。一般而言，城市水务行业监管绩效评价体系错配主要表现在根本不存在城市水务行业监管绩效评价指标体系和存在城市水务行业监管绩效评价指标体系但指标体系不合理两个方面。从 20 世纪 80 年代中国城市水务行业市场化改革历程以及国际发达国家政府监管理念的引入，中国城市水务行业发展绩效评价体系已逐步形成。现有城市水务行业绩效评价体系呈现出以结果为导向、将行业发展绩效等同于行业监管绩效的双重特征。城市水务行业监管绩效单纯地指由于监管所带来的绩效水平的提升，而行业绩效是行业发展、企业动因以及政府监管等多重因素综合作用的结果。因此，城市水务行业发展绩效与监管绩效不具有等价性。如果除监管以外的其他影响城市水务行业绩效的指标提升，那么城市水务行业的发展绩效将大于监管绩效；反之行业发展绩效将小于监管绩效。

（一）利用行业发展绩效代替监管绩效

目前，学术界和政府部门对城市水务行业绩效问题的研究，主要涉及行业绩效、民营化绩效和监管绩效三个方面，且对这三个方面的评价具有类似性或近似等同性。从评价范围来看，行业绩效最大，民营化绩效和监管绩效相对较小。其中，行业绩效是产权变化、监管变迁、竞争多元化以及其他因素综合作用的结果，因此行业绩效包含了民营化绩效和监管绩效。同时，民营化绩效和监管绩效具有一定的交叉性，两者之间的绩效大小不具有可比性。

从城市水务等城市公用事业监管绩效评价的理论研究与实践经验

来看，王俊豪等（2013）从行业发展水平、行业收费水平、行业服务质量水平、行业运营效率水平和行业普遍服务水平五个维度建立了城市水务行业民营化绩效评价指标体系，但该研究实质上是对城市水务行业发展绩效的评价，缺乏将民营化绩效从行业发展绩效中剥离出来的过程，可能造成城市水务行业民营化绩效评估的偏误。李乐（2014）总结了美国公用事业政府监管绩效评价指标体系，从外部经济绩效与社会责任绩效两个维度建立了城市公用事业监管绩效的评价指标体系。外部经济绩效主要衡量城市公用事业的价格稳定与均衡水平。其中，公用事业价格稳定与均衡水平包括能源（包括电力、石油、天然气）价格的稳定与均衡；水（污水处理）价格的稳定与均衡；交通通信价格的稳定与均衡。社会责任绩效的指标体系分为减少事故发生率、促进公共服务的公平合理、处理顾客投诉以及顾客满意度调查等方面。李虹（2007）以电力行业为例，从相对电价、实际电价和备用容量率三个指标出发，对中外电力行业监管绩效进行比较。价格是电力行业监管的重点，但单纯地通过电价高低反映监管绩效的结果显然有失全面性。同时，备用容量率并非越高越好。此外，一些学者利用监管投入与监管产出指标，建立了公用事业监管绩效的评价指标体系（王蕾、唐任伍，2012）。由此可见，学术界主要利用指标对比原则或综合评价方法对城市水务等城市公用事业的监管绩效进行评价，上述研究存在监管绩效评价范围的扩大化、监管指标设计不合理等问题。为此，需要结合中国城市水务行业的发展实际，建立适应城市水务行业政府监管实际的监管绩效评价指标体系，并对城市水务行业的监管绩效进行实证研究。

（二）利用政策评估代替监管绩效评价

20 世纪 80 年代以来，中国经历了以产权改革、竞争改革和监管改革为核心的城市水务行业市场化改革历程，监管手段与监管方式发生了根本变化。一般而言，政府或行业主管部门往往通过出台并实行有关监管政策促使城市水务行业的监管变迁。基于此，学术界建立了利用监管政策实施前后的绩效变化结果来近似评估监管绩效的有效性。利用虚拟变量、差分内差分以及倾向值得分匹配等方法研究政策效应问题成为近年来应用计量经济分析领域的热点。运用政策评估工具评价城市水务行业的监管绩效虽然弥补了综合评价方法无法获知绩效影响因素问题，但无法对多个评价主体的城市水务行业的监管效果进行比较分析。

综上所述，利用行业绩效分析框架近似替代监管绩效评价，以及将民营化绩效、行业绩效等价于政府监管绩效，都将会带来城市水务行业监管绩效评价的指标错配与结果失衡问题。同时，运用计量分析工具评价监管政策的实施效果，能够在一定程度上揭示出监管政策的平均处理效应，但无法反映评价主体之间的异质性，难以甄别评价主体之间监管绩效的高低，以及难以识别影响评价主体监管绩效差异的主要因素。基于此，需要厘清城市水务的行业发展绩效、民营化绩效以及监管绩效之间的逻辑，力图通过指标重构与方法创新，实现将监管绩效从行业发展绩效分析框架中剥离出来，从而建立相对“干净”的城市水务行业监管绩效评价指标体系，并对其监管绩效进行客观评价。

二　城市水务行业监管指标数据难以获得

在城市水务行业监管绩效的评价过程中，监管数据缺乏是当前城市水务行业利用发展绩效近似替代监管绩效的重要原因，这主要表现在政府监管部门的有关内部数据缺乏有效的公开途径，从而形成实际监管绩效评估主体难以获得现有尚未公开的监管数据的窘境。同时，传统管理体制导致我国政府对城市水务行业发展绩效指标数值越发重视，忽视了监管收益与监管成本的统计与测算。上述两方面原因导致了在实践过程中难以获得有效的监管数据，这降低了城市水务行业监管绩效评价的有效性。

（一）城市水务监管数据公开渠道不畅

中国城市水务行业经历了从国有到部分民营化的产权改革、由区域完全垄断到区域间比较竞争、由政府宏观管理到政府监管职能转变的改革历程。城市水务行业的制度变迁为研究城市水务行业政府监管一系列问题提供了沃土，但城市水务行业的实证分析较为少见，在仅有的研究中存在多种绩效评价指标与结论混同的现象，难以有效甄别城市水务行业的监管绩效。形成上述局面的主要原因在于城市水务行业有关统计数据多为企业或行业发展数据，一些政府通过调研方式获取了一些监管指标数据，但是，政府出于保密等多重考虑，往往不对外公开有关监管指标数据，从而扭曲了城市水务行业监管数据的公开渠道，不利于城市水务行业监管绩效评价指标体系的构建与有关数据的获取。

（二）城市水务监管指标设计严重不足

理论上城市水务行业监管绩效评价指标体系的构建是基于监管特征的基础上，构建反映城市水务的行业供需关系与监管供需关系的一系列指标的集合，但现实中依据理论分析构建的评价指标体系往往发生“有指标、无数据”的缺陷。一般而言，城市水务行业有关指标的获取渠道主要有《中国城市建设统计年鉴》《中国城市供水统计年鉴》《中国城镇排水统计年鉴》、中经网统计数据库等，这些数据中往往具有宏观性、监管指标缺失性等特征，无法实现理论上的指标体系与现实中的数据提供之间的有机匹配。同时，由于城市水务行业监管绩效反映的是监管主体的绩效，由于监管主体或政府及其政府部门的特殊性，在保密性以及调研的限制性等特征的控制下，在未经过政府部门授权的情况下获取城市水务行业监管绩效有关评价指标将难上加难。为此，现实公开数据的监管指标缺失与监管数据的政府不愿公开性与实地调研较难等原因并存，形成当前城市水务监管指标严重不足，进而导致了一些重要的城市水务行业监管绩效评价指标数据难以获得。为此，需要探索有关路径，创新城市水务行业监管绩效评价指标体系的数据获取渠道。

三　城市水务行业监管绩效评价手段单一

城市水务行业监管绩效评价手段主要包括评价主体选择、评价方法选取以及评价结果应用三个方面。从城市水务行业绩效评价实践与绩效评价理论研究现状来看，呈现出政府是城市水务行业绩效评价主体、定性评价方法为主以及评价结果的“晒太阳”性等特征，总而言之，当前城市水务行业绩效或监管绩效研究的评价手段较为单一，这降低了更为客观地反映城市水务行业监管绩效评价结果的难度。

（一）评价主体的政府性较强

在城市水务行业绩效或监管绩效的评价过程中，呈现出评价主体的集中化与单一化特征，即在对城市水务行业监管绩效评价过程中，评价主体往往是政府或行业主管部门，缺乏第三方无利益主体的评估机构对城市水务行业的监管绩效进行有效评估。由于上级政府或行业主管部门与下级政府或行业主管部门之间长期以来形成的稳定关系，在现实中城市水务行业绩效或监管绩效的评价主体往往在关系网络甚至在“寻租设租”下政府评价主体被俘虏等因素的影响下，可能会产生对城市水务行业监管绩效评价的不科学，甚至是不公正的评价。

（二）评价方法的有效性不强

目前，在对评价城市水务行业绩效或监管绩效的过程中，往往存在效率基准、绩效基准和政策评价基准三个维度的绩效评估方法。其中，效率标准是利用投入与产出的双维度指标来评价城市水务行业的监管绩效；绩效基准是从监管产出角度评价城市水务行业的监管绩效；而政策评估基准是通过对比政策出台前后城市水务行业的监管绩效进而反映监管绩效的有效性问题。目前，关于城市水务行业监管绩效评价方法和对监管绩效的理解也存在较大的差异，非常不利于建立科学的、统一的城市水务行业监管绩效评价方法体系，进而制约了城市水务行业监管绩效的科学评价。

（三）评价结果的应用性较弱

评价结果的应用性较弱是指评价结果的应用范围较为有限，不利于城市水务行业监管绩效评价指标体系的重构与修正。主要表现在：省级城市水务行业主管部门通过对市县城市水务行业主管部门的考核，获取各市县城市水务行业监管绩效的指标数值，确定各市县城市水务行业监管绩效的排名，进而明确各个市县城市水务行业监管绩效的“短板”。但由于奖惩职权与行政考核权限的不匹配，从而无法建立对城市水务行业监管绩效较好地区的奖励机制，以及对城市水务行业监管绩效较差地区的惩罚机制。一些省市在对城市水务行业的监管绩效进行考核中，提出将考核结果作为城市其他荣誉的重要参考，但由于可操作性有限，难以激励城市水务行业监管部门提高监管绩效，以及对城市水务行业监管绩效较差城市形成有效约束。

第五节　科学评价城市水务行业监管绩效的现实需求

城市水务行业的市场化改革倒逼其转变政府管理理念，建立现代监管机制。但传统管理体制制约着城市水务行业现代政府监管理念的变迁，进而可能导致城市水务行业形成低效的监管绩效。因此，评价城市水务行业监管绩效成为适应政府监管理念转变，实现城市水务行业快速发展过程中的一项重要任务。

一　城市水务行业监管绩效的相关概念界定

在对城市水务行业监管绩效研究过程中，明确绩效与监管绩效，绩效管理与绩效评价以及城市水务行业绩效与监管绩效是科学评价城市水务行业监管绩效的重要前提。为此，本部分将对上述有关概念进行界定。

（一）绩效与监管绩效

“绩效”源于西方，英文为“performance”。绩效是业绩和效率的统称，包括活动结果和活动过程效率两层含义。一般而言，绩效往往被理解为成绩和效果。然而，美国学者贝茨和博尔顿（Bates and Holton）指出，“绩效是一个多维建构，因观察和测量的角度不同，其定义和结果也不相同”。为此，本书在对城市水务行业监管绩效进行研究过程中，首要前提是对绩效的基本内涵进行界定。国内外学者关于绩效的认识主要有四种不同的观点，即结果论、行为论、综合论和胜任力论。[1] 结果论认为，绩效是结果，即在特定的时间范围内，特定工作职能或活动中产出的成绩记录。对绩效管理者而言，采用以结果为核心的方法较为可取，因为该种方式是从评价客体的角度而言的，而且将评价客体行为与目标有机联系在一起。以结果评价绩效的方法

---

① 吕小柏、吴友军：《绩效评价与管理》，北京大学出版社 2013 年版，第 4 页。

不仅在企业管理中有所应用，而且在其他方面应用也较为广泛。行为论指出，绩效是行为，它是人们实际能够观察到的行为表现，只包括一套与组织或组织单位的目标相互关联的行为或行动。[①] 行为论所言的行为并非所有行为，而是与目标实现相关联的行为。综合论认为，绩效由行为和结果两个方面构成，即绩效是行为和结果的综合体。行为由从事工作的人表现出来，将工作任务付诸实施。行为不仅是结果的工具，行为本身也是结果，是为完成工作任务所付出的脑力和体力的结果，并且能够与结果分开判断。这说明综合论的绩效评价理念既要考虑投入（行为），也要考虑产出（结果）。而胜任力论强调人的胜任力或竞争力是绩效的关键驱动因素，员工从一定的胜任力特质出发，以组织目标为导向，通过既定或可变的行为，达到既定的结果。

与“绩效”一词的四个维度的观点解释相对应，监管绩效也应该有结果论、行为论、综合论和胜任力论四种不同观点。从现有研究来看，结果论、行为论和综合论三种观点较为普遍。监管绩效与绩效的区别是对绩效进行限定，特指由监管活动所带来的绩效增量或监管收益与监管成本之间的差或比值。科学化与系统化的监管绩效评估是提升政府监管效能的重要关键因素及前提，关于监管绩效问题国际上通常用监管影响评估（Regulatory Impact Analysis，RIA）工具进行研究。监管影响评估通过检查和衡量新的或者修改的监管法规可能带来的成本、收益和效果，为决策者提供了全面的框架和宝贵的实用数据，用于评估各项备选方案，以及决策可能产生的后果。因此，关于监管绩效问题国际上多是综合论观点，即从监管成本与监管收益两个维度出发，探究监管的有效性问题。但一些研究成果也往往从结果角度出发，研究监管所带来的结果变化，是一种结果论观点。本书认为，无论是结果论还是综合论各有优势，结果论观点能够分析出监管结果的动态变化，而综合论能够分析监管收益是否大于监管成本，以及监管绩效的动态变迁过程。相比较而言，利用“结果论”观点来研究监管

---

① 袁竞峰、李启明、邓小鹏：《基础设施特许经营 PPP 项目的绩效管理与评估》，东南大学出版社 2013 年版。

绩效问题比综合论观点更有效率。由于城市水务行业的最大特征是公共利益，是城市生产和居民生活的必需品，政府监管的主要目的是保障供给和提升服务质量。为此，利用结果论分析视角研究中国城市水务行业监管绩效更加符合中国城市水务行业的现实需求。

（二）绩效管理与绩效评价

绩效管理与绩效评价既有联系又有区别。绩效管理始于绩效评估，是在对绩效评估进行改进与发展的基础上逐渐形成和发展起来的。一般而言，绩效管理是指为实现企业的战略目标，通过管理人员和员工持续沟通，经过绩效计划、绩效实施、绩效评估、绩效反馈四个环节的不断循环，持续地改善组织和员工绩效，进而提高整个企业绩效的管理过程。绩效评估是绩效管理过程中一个相对独立的阶段，简单地说是根据绩效指标和评估标准对企业、组织和个人的业绩进行打分的过程，该过程属于事后评估，而绩效管理则是持续改进的循环过程。

正确认识和理解绩效评价，是科学开展绩效评价的基础。绩效评价既是一项复杂的统计活动，也是一个定量思维的过程，依据某种目标、标准、技术或手段，对收到的信息，按照一定的程序进行分析、研究、判断其效果和价值的一种活动。绩效评价常常与理论探究相匹配，特别是方法论的研究过程之中，如评价指标、评价指标体系以及评价方法等。按照绩效评价内容的不同，可分为行业绩效、企业绩效、政府绩效、监管绩效等。

（三）城市水务行业绩效与监管绩效

城市水务行业绩效是指运用综合评价方法，利用适当的绩效评价指标体系，对照统一的评估标准，按照一定的评估程序，通过定量、定性对比和评估，对城市水务行业一定经营时期的经营效益和经营者业绩，做出客观、公正和准确的综合判断。简单地说，城市水务行业绩效是利用适当指标，将城市水务行业绩效转化为易懂信息的过程，是行业或企业内部从数据收集、分析、评估、报告到内外沟通城市水务行业绩效的一项程序和工具。城市水务行业绩效包括筛选城市水务行业绩效指标、构建城市水务行业绩效指标体系，收集相关数据，数据统计、分析和验证，定量评估、专家定性评估和补充评估，城市水务行业绩效评估报告撰写等过程。其中，城市水务行业绩效基准值和评价方法的选择是评价城市水务行业绩效的重要基础，通过评价判断城市水务行业绩效现状和改进方向是城市水务行业绩效评估的关键因素。

城市水务行业监管绩效与城市水务行业绩效的本质区别在于前者评价的是由于监管活动所带来的绩效。换言之，是对监管本身有效性的衡量，这与监管的目标、监管的手段、监管的方法存在必然的联系，而非城市水务行业绩效的简单替代。一般而言，城市水务行业绩效是城市水务行业发展绩效，即总体绩效，而城市水务行业监管绩效是单纯由于监管活动所带来的城市水务行业绩效的变化。无论是在理论上还是实践过程中，如何将监管行为从其他活动中剥离出来，从而实现“干净”地评价城市水务行业的监管绩效并非易事。关于城市水务行业监管绩效问题存在三种观点，即行业绩效替代监管绩效论、监管结果指标评价监管绩效论和监管政策绩效论。其中，行业绩效替代监管绩效论是从行业总体视角出发利用城市水务行业发展绩效近似替代城市水务行业监管绩效。监管结果指标评价监管绩效论是基于适当的城市水务行业监管绩效评价指标体系，利用综合评价方法，在统一的评价标准的基础上，按照一定的评价程序，通过定量、定性对比和评价，从而实现上级行业主管部门对下级行业主管部门的监管绩效情况做出客观、公正和准确的综合分析和判断，进而为明晰城市水务行业监管绩效的现状，发现城市水务行业监管绩效存在的典型问题以及纠偏城市水务行业监管绩效“短板”。监管政策绩效论是以重点监管政策为出发点，评价监管政策是否实现政策预期目标或者监管政策的收益是否大于成本。监管政策绩效有不同的程度和水平。理论上而言，监管政策绩效可以用数量，比如用实现目标的百分比来度量，如果监管政策绩效为100%说明监管政策完全有效，为0说明完全无效，其他介于有效与无效之间。广义的监管政策评价分为事前评价、事中评价和事后评价。狭义的监管政策评价主要指事后评价。一般而言，持“监管政策绩效论”观点的研究所选择的方法与运用综合评价手段的行业绩效替代监管绩效论和监管结果指标评价监管绩效论有所不同。区别在于监管政策绩效论的支持者所选择的方法更为丰富，主要有成本收益分析法、0—1 监管政策是否实施的虚拟变量研究法、数据包络分析法以及综合评价法等。

从严格意义上说，监管结果指标评价监管绩效论和监管政策绩效论两种观点更加契合城市水务行业的监管绩效评价。相比较而言，由于0—1 虚拟变量只能揭示出是否存在监管政策的效果，无法评价监管政策程度对监管政策实施效果的影响。由于无法获知监管政策实施的成本数据，因此，这增加了利用成本收益分析方法评价城市水务行业监管绩效的难度。而监管结果指标评价监管绩效论能够从结果导向上揭示出城市水务行业的监管绩效，既不会产生政策评价过程中数据的难获得性、虚拟变量的不连续性以及利用产业绩效替代监管绩效的偏误等问题，又能揭示出城市水务行业监管绩效的结果横向差异性和动态演变趋势，从结果视角厘清城市水务行业监管绩效存在的主要问题，更有效地实现城市水务行业监管绩效提升的目标。

二 城市水务行业监管绩效评价的主要作用

城市水务行业直接影响着城市居民的生产与生活以及区域的发展与生态安全，具有管网设施的自然垄断性和经营性业务的区域垄断性特征。因此，如果不对城市水务行业进行有效监管，城市水务企业将会制定垄断高价、提供低质量的城市供水和污水处理服务，甚至可能停止供应自来水或处理城市污水，从而发生无法实现普遍服务的事件。为此，城市水务的技术经济特征决定了需要从价格、质量、进入退出以及环境等方面制定相应的监管政策，通过监管消除政府和企业之间的信息不对称，通过监管激励城市水务企业提升运行效率和服务能力，通过监管保持城市水务服务的有效供应以及合理的价格或收费水平。随着城市水务行业的市场化改革，中国推行了一系列的城市水务行业监管政策和手段，力求推进城市水务行业的普遍服务与高效运行。为此，非常有必要从政府监管视角，科学评价城市水务行业监管绩效或监管有效性。城市水务行业监管绩效评价为城市水务行业政府监管提供了一个以绩效指标体系为基础的综合管理工具，是上级城市水务行业主管部门监管下级城市水务行业主管部门以及推进城市水务行业监管机构进行科学决策的重要手段和工具，城市水务行业监管绩效评价对转变城市水务行业监管模式、提高城市水务行业监管科学性、提升城市水务行业的运行效率、服务水平与经营效益具有重要作用。主要表现在以下三个方面：

（一）有助于客观反映城市水务行业主管部门的监管绩效

目前，中国在城市供水、排水与污水处理领域建立了相应的评价指标体系。其中，城市供水绩效评价指标体系是以企业或水厂作为评价单元，是对微观企业的服务绩效、运行绩效、资源绩效、资产绩效、财经绩效和人事绩效的单向评价与综合评价；而城市污水处理考核指标是以省、自治区、直辖市作为评价对象，是对省、自治区、直辖市城市水务行业主管部门的评价，新的评价指标涉及城市污水处理效能、污染物减排、污泥处置、监督管理等指标，是一种从结果出发的对整个所在省、自治区、直辖市城市污水处理绩效的考核。综上所述，现有评价有的是对企业的评价，目的是激励企业提高效能；有的是对省、自治区、直辖市行业主管部门的评价，目的是提升行业主管部门的监管绩效。但现有城市水务行业的有关绩效评价研究，对监管过程以及监管结果的评价所涉及的内容依然较少。从监管视角出发建立城市水务行业监管绩效评价体系并进行科学评价，能够弥补当前城市水务行业相关绩效研究的不足，同时揭开政府监管部门的“黑箱”，更为有效地反映城市水务行业监管部门的监管有效性。

（二）有助于探究制约城市水务行业监管绩效提升的机理

城市水务行业监管绩效评价是全面衡量城市水务行业监管部门监管有效性的重要途径。通过建立监管视角下的城市水务行业监管绩效评价指标体系，运用较为详细的数据进行科学评价，能够总结出各评价客体中城市水务行业监管绩效的差异。同时，运用统计手段、计量经济工具、新政治经济学以及制度经济学分析工具，剖析出城市水务行业监管绩效差异以及低效问题的形成成因，能够打开城市水务行业监管无效性背后的“黑箱”。当前关于城市水务行业有关绩效问题的研究，过多地强调绩效本身的比较研究，忽视了低效的城市水务行业

（监管）绩效背后的形成机理。为此，本书通过建立城市水务行业监管绩效的评价框架，探究制约城市水务行业监管绩效提升的原因，这为鉴别城市水务行业监管“短板”具有重要意义。

（三）有助于提出提升城市水务行业监管绩效的针对政策

市场化改革倒逼政府对城市水务行业变革管理方式，即由传统的行政管理转为对城市水务行业的政府监管，2002 年以来，国务院和国家住房和城乡建设部等部门出台了多项城市水务行业市场化改革与规范政府监管的相关政策，这在一定程度上促进了城市水务行业运行效率和服务水平的提升。21 世纪以来，中国城市水务行业获得了快速的发展，形成了多元化的产权结构，供水普及率和污水处理率等普遍服务能力获得了快速的提升，但与国外发达国家或地区相比，我国城市水务行业呈现出企业数量多、企业规模小、粗放型发展、监管手段和监管方式相对滞后等特征，这不利于快速城镇化进程对城市水务行业发展的客观需求。本书从政府监管视角出发，建立城市水务行业监管绩效指标体系，并通过举例的方式对城市水务行业的监管绩效进行评价，同时有针对性地提出相关政策，这对新时期转变政府职能、提升城市水务行业的监管绩效具有较强的针对性。

三　城市水务行业监管绩效评价的基本需求

城市水务服务是城市中最为重要的公共服务之一，公平高效和可持续的城市水务服务既是文明城市建设的重要内容，也是改善城市民生和环境质量的必然要求。城市水务服务涉及居民健康、社会稳定和环境安全，已成为城市最重要和最敏感的公共服务之一，其服务水平直接影响到城市居民生活和水环境质量。市场化改革推进了城市水务行业的发展历程，产权改革、竞争改革和监管改革是城市水务行业市场化改革的重要内容，是有别于传统计划经济体制下城市水务行业发展的重要表现形式，这与国外城市水务行业市场化改革的选择方式基本类同。市场化改革以来，发达国家曾经兴起了对城市水务行业产权改革、竞争改革和监管改革的绩效评价研究，与之相比，无论是学术界还是政府部门对中国城市水务行业的产权改革、竞争改革特别是监管改革绩效问题的评价研究还较为少见。其中，监管改革是转变政府管理方式，推进城市水务行业市场化的重要一环。为了适应新型城镇化与转变政府职能以及创新政府监管手段，建立城市水务行业监管绩效评价指标体系，着手推进城市水务行业监管绩效评价的公正性，是提升城市水务行业监管绩效过程中迫切需要解决的重要问题，成为当前城市水务行业改革与发展的基本需求。

（一）上级部门评价下级需要科学的监管绩效评价体系

从现代监管理论与国际监管实践来看，命令—控制型与经济激励型监管手段是政府监管的重要手段。当前中国对城市水务行业的（监管）绩效评价还处于尝试性阶段，论证评价指标体系的有效性与指标体系修正成为城市水务行业绩效评价的重要环节，对评价结果的应用以及评价结果的奖惩机制缺乏有效的激励机制。目前，我国针对城市水务行业建立了较为完善的城市供水企业、污水处理企业数据库，这为科学评价城市水务行业绩效提供重要的数据支持，但从政府监管视角进行城市水务行业监管绩效的研究还较为缺乏。同时，“三定”方案明确了国家住房和城乡建设部的职能是对各省份城市水务行业主管部门进行指导，这进一步降低了对省际城市水务行业监管绩效的有效评价与科学治理。为此，当前城市水务行业呈现出缺乏上级行业主管部门对下级行业主管部门的监管绩效的评价指标体系设计与科学评价的过程，以及对评价结果的激励性弱化的特征，制约了城市水务行业监管绩效的提升，不利于城市水务行业的有效监管。为此，依据城市供水、污水处理行业技术经济特征，分类建立城市供水、污水处理行业监管绩效评价指标体系，成为国家住房和城乡建设部对各省份城市水务行业主管部门对市县城市水务行业主管部门进行有效监管、提升监管效能的重要抓手。

（二）补齐现行监管的“短板”需要以监管绩效评价为前提

2015 年 12 月中央经济工作会议以来，习近平总书记针对当前经济新常态提出供给侧结构性改革的新战略，并从我国经济发展的阶段性特征出发，形成了“三去一降一补”这一具有重大指导性、前瞻性、针对性的经济工作部署。长期以来，我国对城市水务企业实行行政管理体制，城市水务企业的国有性质导致了运行效率和服务水平相对较低，市场化改革后中国城市水务行业进入了转变政府职能的快车道，但城市水务行业的市场化程度低、传统的行政管理色彩制约了城市水务行业监管绩效，监管成为当前城市水务行业发展的一大“短板”。补齐城市水务行业的监管“短板”需要依托城市水务行业监管绩效的有效评价，只有科学评价当前城市水务行业监管绩效，从横向的标杆绩效到纵向的监管绩效变迁两个维度，逻辑求索出城市水务行业监管绩效存在的主要问题，成为补齐现行城市水务行业监管“短板”的重要前提。

（三）快速城镇化需要建立水务行业监管绩效评价体系

随着城镇化的快速推进，城市水务行业发展迎来了新的机遇与挑战。城镇化进程倒逼城市水务行业提升运行绩效与管理水平，建立现代城市水务行业监管绩效评价体系，形成城市水务行业有效监管手段，从而为城市水务行业的量、质两个方面的发展提供重要保障。城镇化进程中城市水务行业面临着一些地区到户水质不合格、污水处理率仍有待提高、城市水务企业运行效率需进一步提升等重要问题。同时，随着快速城镇化的深入，城市居民对城市水务的质量需求不断提升，这将进一步倒逼城市水务行业政府主管部门不断提升监管绩效，而提升城市水务行业监管绩效的一个重要前提是对城市水务行业监管绩效进行客观评价。因此，为了适应快速城镇化过程中城市居民对城市水务行业发展的迫切需求，转变政府监管职能，实现城市水务行业监管与城镇化进程相匹配，迫切需要建立与城镇化进程相匹配甚至适度超前的城市水务行业监管绩效评价指标体系，并适时对城市水务行业的监管绩效进行客观评价。

第二章　市场化改革下城市水务行业发展绩效

中国在由传统计划经济体制转为市场经济体制的过程中，城市水务行业通过改革创新，促进了其基础设施能力的快速提升。近年来，为了补齐城市水务行业发展过程中的“短板”，国家大力推进供给侧结构性改革，通过体制机制创新，引导城市水务行业推行 PPP 模式，这在一定程度上增加了城市水务行业的有效供给，平衡了城市水务行业的地区差异，但在城市水务行业发展过程中依然面临着一系列的问题，如成本价格倒挂、地区发展不均衡、产权结构不合理、企业布局严重分散以及居民对到户水质缺乏有效信任等。城市水务行业发展的最终表现形式是通过一系列的绩效指标反映出来，即用城市水务行业的发展绩效来衡量，包括投资绩效、建设绩效、运营绩效、供应绩效、价格绩效等内容。城市水务行业发展绩效是城市水务行业发展过程中绩效的最终表现形式，而城市水务行业的监管绩效是由监管所带来的绩效，两者既有相同点又有异同点。城市水务行业的发展绩效既可能由监管导致，也可能来自行业自身发展的内在驱动力。鉴于目前学术界对城市水务行业绩效问题的研究涉及发展绩效和监管绩效两个层次，而且存在将监管绩效等同于发展绩效的趋势。为此，本书将从城市水务行业发展绩效和监管绩效两个方面分别进行研究，从而为城市水务等有关城市公用事业发展绩效与监管绩效研究提供参考。其中，城市水务行业的发展绩效主要涉及投资与建设绩效、运营与供应绩效、价格绩效和 PPP 绩效四个方面内容。

第一节　城市水务行业的投资与建设绩效

投资与建设是城市水务行业持续发展的重要保障，投资与建设绩效是城市水务行业发展是否与城市建设以及居民生产生活相匹配的重要衡量指标。衡量城市水务行业的投资绩效与建设绩效主要涉及三个维度：其一为总量维度，即用总体指标来反映中国城市水务行业发展过程中的投资规模与建设规模；其二为增量维度，即运用比较思维来反映城市水务行业的发展速度；其三为区域差异维度，即通过区域比较的方式反映区域之间城市水务行业的投资与建设差异。为此，本节将主要从总量维度、增量维度和区域差异维度三个方面，对城市水务行业的投资绩效与建设绩效进行评价。

一　城市水务行业投资绩效

改革开放以来，为了改变城市水务等城市公用事业基础设施建设能力落后的局面，提升城市水务行业的运营能力，我国各级政府以及城市水务企业通过增加固定资产投资的方式，力求转变城市水务行业发展过程中的投资供需矛盾问题。本部分将对市场化改革以来我国城市供水和污水处理两个行业的固定资产投资变化趋势进行分析。

（一）城市供水行业固定资产投资

根据《中国城市建设统计年鉴》中的有关数据，可知在2002—2015年我国市政设施的固定资产投资额呈现出快速增长态势，由2002年市场化改革初期的3123.23亿元增长至2013年的16349.8亿元，之后出现轻微的回落，到2015年我国市政设施固定资产投资额已达到16204.4亿元，2002—2015年市政设施固定资产投资增长超过了5倍，这说明市场化改革以来通过多元化的投融资手段，逐步提升了市政设施的固定资产投资，从而缓解了市政领域发展过程中的供需矛盾。其中，城市供水行业固定资产投资与市政设施投资的增长趋势基本一致。在市场化改革初期，我国城市供水行业固定资产投资额仅为170.9亿元，2015年达到619.9亿元，增长超过了3.6倍，2014

年城市供水行业固定资产投资也降至475.3亿元，但总体上呈现出显著的上升趋势（见图2-1）。其中，2006—2010年是城市供水行业固定资产投资高速增长阶段，五年时间，城市供水行业固定资产投资额增长翻了一番。

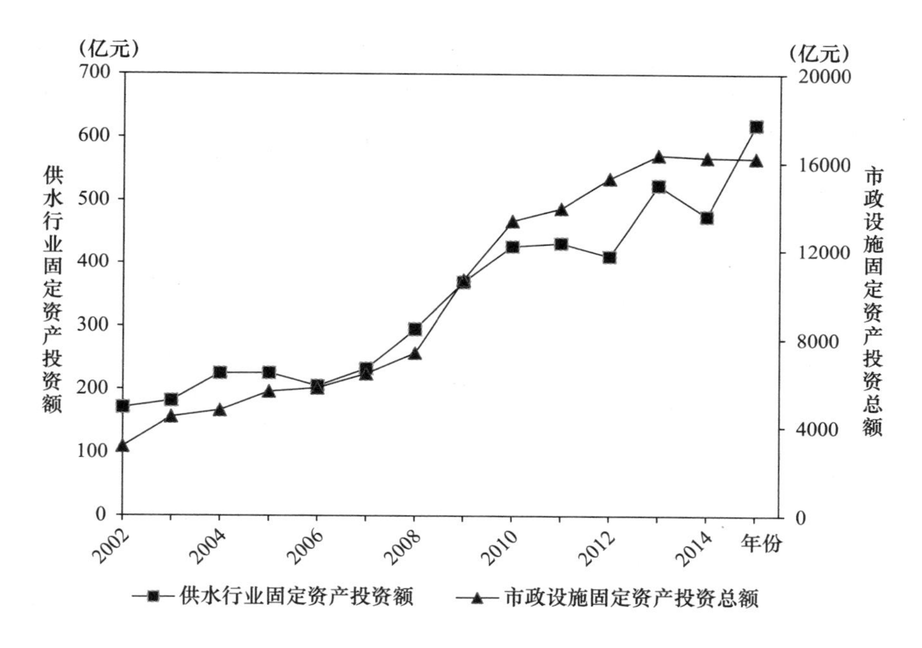

图2-1　供水行业固定资产投资与市政设施建设固定资产投资总额比较

资料来源：《中国城市建设统计年鉴》（2016），中国统计出版社2016年版。

同时，我国城市供水行业固定资产投资呈现出明显的区域性差异，2015年，东部地区城市供水行业固定资产投资达到308.11亿元，中部地区为181.38亿元，西部地区仅为130.44亿元。实际上，中国中西部地区长期处于缺水状态，但城市供水行业固定资产投资却远远低于东部地区。需要说明的是，虽然西部与东部地区的差距在逐步缩小，但相对而言，中西部地区的城市供水行业投资力度依然略显不足，因此，如何拓宽投融资渠道，加快中西部地区城市供水基础设施投融资力度，成为强化中西部地区城市供水基础设施的重要任务。

此外，本书还计算了2002—2015年我国城市供水行业固定资产投资占市政设施建设投资额的比重，进而说明城市供水行业固定资产投资增速的相对水平。结果显示，尽管城市供水行业固定资产投资增长较为迅速，但相对市政设施建设投资额以及其他行业的固定资产投资增速而言，城市供水行业固定资产投资的增长相对滞后。2002—2015年，我国市政设施建设投资总额增长了5倍多，而城市供水行业固定资产投资仅仅增长3倍多。由图2-2可知，总体上城市供水行业固定资产投资占市政设施建设投资额的比重呈现下降趋势。

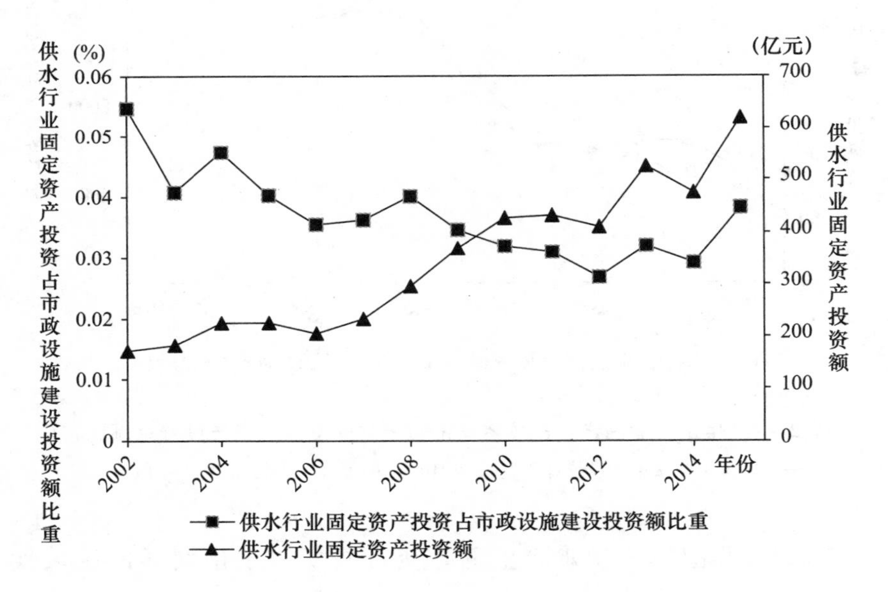

图2-2 供水行业固定资产投资占市政设施建设投资额比例

资料来源：《中国城市建设统计年鉴》（2016），中国统计出版社2016年版。

（二）城市污水处理行业固定资产投资

由图2-3可知，2002—2015年，我国城市污水处理行业固定资产投资呈现出不同的发展阶段。其中，2002—2006年，固定资产投资的增长较为缓慢，投资额大体为100亿—200亿元，平均投资额低于173亿元。2006—2010年是我国城市污水处理行业发展最为快速的阶段，投资额由 2006 年的 151.7 亿元增长到了 2010 年的 521.4 亿元，整体增长约 3.4 倍。而 2010 年之后投资额出现了短暂的下滑，到 2012 年投资额降为 279.4 亿元。但 2012 年以后，城市污水处理行业固定资产投资额又出现了快速的回升，到 2015 年投资额已达到 512.6 亿元。同时，我国城市污水处理行业的固定资产投资也呈现出显著的区域性差异。其中，2015 年，东部地区城市污水处理行业固定资产投资达到 180.99 亿元，中部地区为 152.42 亿元，西部地区仅为 45.09 亿元。整体来看，东部地区与中部地区城市污水处理行业固定资产投资额相差较小，但西部地区的城市污水处理行业的固定投资额较低，仅为东部地区的 1/4。

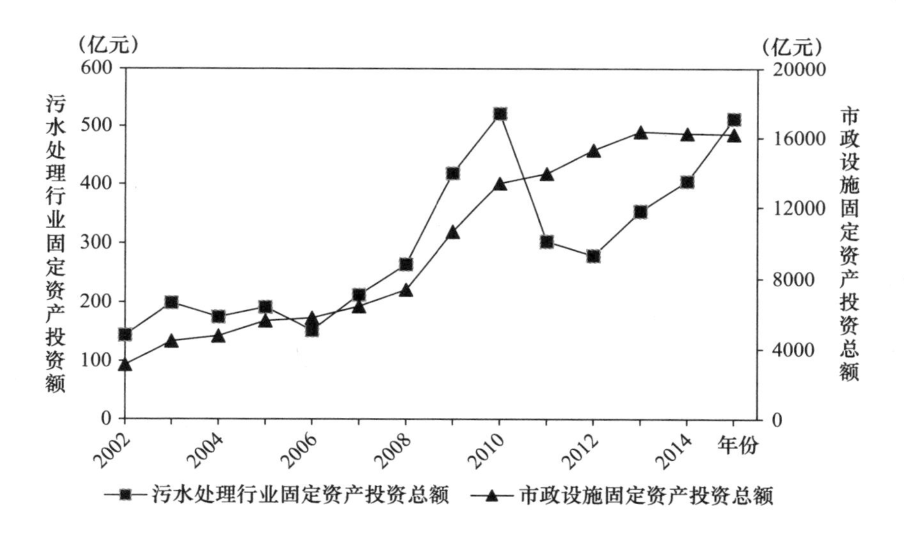

图 2-3 污水处理行业固定资产投资与市政设施建设固定资产投资总额比较

资料来源：《中国城市建设统计年鉴》（2016），中国统计出版社 2016 年版。

本书通过计算 2002—2015 年我国城市污水处理行业固定资产投资占市政设施建设投资额比重，来说明城市污水处理行业固定资产投资增速的相对水平。从图 2-4 来看，城市污水处理行业固定资产投资占比波动趋势与城市污水处理行业固定资产投资总额波动趋势基本一致。2002—2006 年，城市污水处理行业的固定资产投资占比呈现出下降趋势；2006—2010年，出现短时期的回升，之后再次下降；2012年以后城市污水处理行业的固定资产投资占比出现了新一轮的上升。

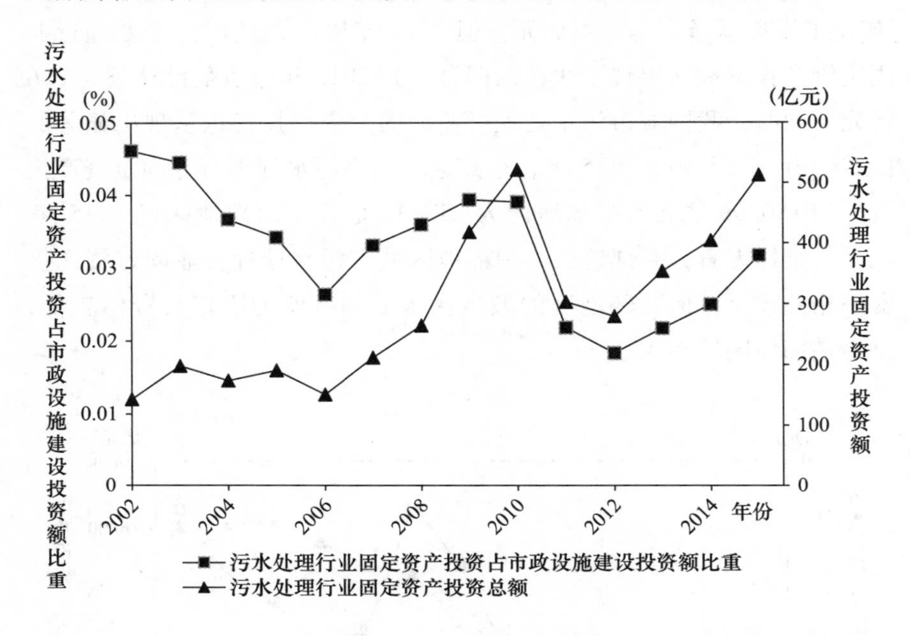

图2－4　污水处理行业固定资产投资占市政设施建设投资额比例

资料来源：《中国城市建设统计年鉴》（2016），中国统计出版社2016年版。

二　城市水务行业建设绩效

长期以来，城市供水企业的建设能力稳步提升，同时随着国家对水环境的重视程度日益提升，城市污水处理厂的座数和规模也呈现出快速增长的态势。衡量城市水务行业建设绩效的指标是多重的，其中企业数量和管网设施是其中的重要指标，为此，本部分将主要从企业数量和管网设施两个维度来刻画城市水务行业的建设绩效。

（一）城市水务企业数量

1. 城市供水企业数量

根据《中国城市建设统计年鉴》中的有关数据可知，截至2015年，中国城市供水厂达到2849座，相比2014年增加了48座，平均每个省份供水厂数为91.9座，比2014年每个省份平均增加了1.5座

（见图2－5）。其中，广东的水厂个数最多，为302座，相比2014年减少了24座水厂，但供水能力并未降低，这说明广东开始寻求规模化的发展模式，通过并购重组的方式推进城市供水企业的内涵式发展；其次为山东284家，四川、辽宁的水厂个数排在第3、第4位。同时，江苏、浙江的供水厂个数差别不大，分别排在了第5、第6位。相比而言，天津、海南、宁夏、青海以及西藏的城市供水厂个数较少，5个省份的城市水厂数量为107座，仅为排名第一的广东的1/3。省份之间由于人口数量、城市规模以及经济发展程度等异质性，使得城市供水企业数量存在显著的省际差异性。但总体而言，目前我国城市供水企业较为分散，仅在北京、深圳以及杭州等个别地区存在相对集中的、大型供水集团，而跨地区的供水企业兼并重组并不多见。此外，根据《中国城市供水统计年鉴》中在建水厂的数据可知，2015年全国共有在建水厂193座，生产能力1438.40万立方米/日。其中，2015年，河北、黑龙江、江西、河南以及四川的在建水厂个数均超过了10座。

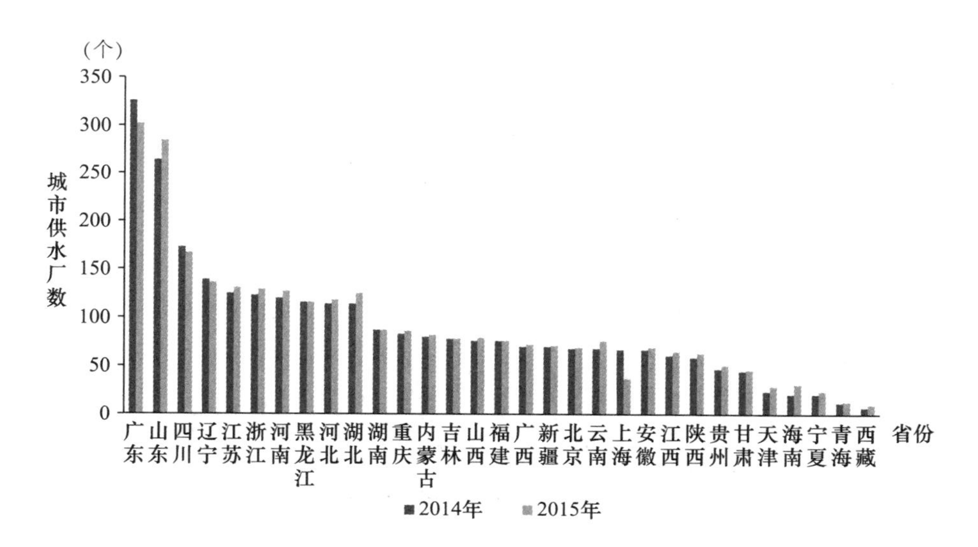

图2－5　2014—2015年各省份城市供水厂个数

资料来源：《中国城市建设统计年鉴》（2015、2016），中国统计出版社。

2. 城市污水处理企业数量

由图2－6可知，截至2015年，我国城市污水处理厂数量达到了1944座，比2014年增加137座，平均每个省份62.7座，相比于2014年平均每个省份增加4.4座。其中，广东省的城市污水处理厂数量最多，增长最快，2015年城市污水处理厂数量达到254座，新增28座；其次是江苏和山东，城市污水处理厂数量分别为196座和161座，新增城市污水处理厂数量分别为7座和10座；排名第4、第5位的省份分别是辽宁和浙江，其城市污水处理厂的数量明显少于前三家，仅有93座和83座；而城市污水处理厂数量排名后三位的省份分别是宁夏、青海与西藏，3个省份平均仅有9家城市污水处理厂，仅占排名第一的广东省的1/28。整体而言，我国省份城市污水处理厂的数量存在较大差异，东部沿海地区的城市污水处理厂数量相对较多。其中，广东、江苏以及山东3个省份的城市污水处理厂总数达到了611座。此外，17个省份的城市污水处理厂数量少于50座，大多分布在我国中西部地区。

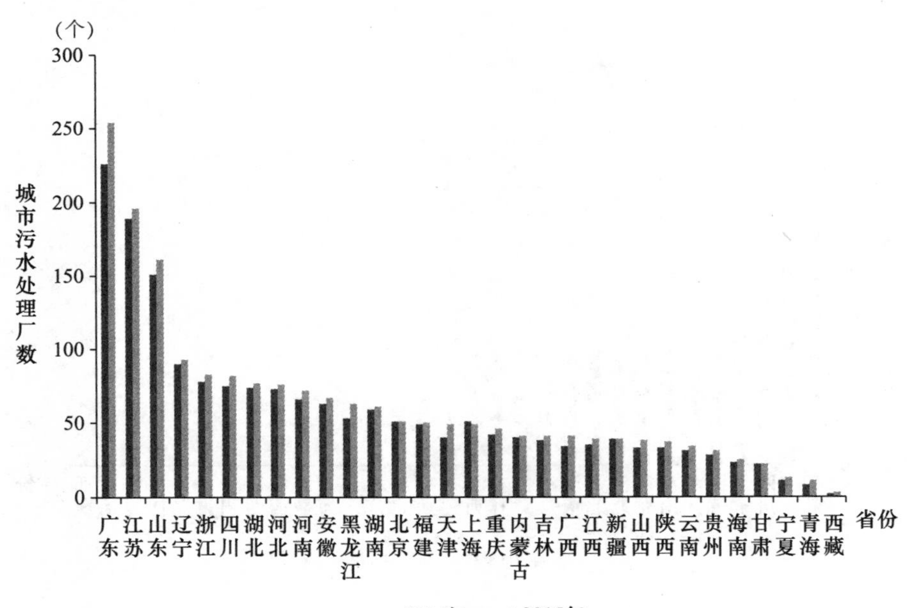

图2－6 2014—2015年各省份城市污水处理厂个数

资料来源：《中国城市建设统计年鉴》（2016），中国统计出版社2016年版。

全面推进城市污水处理行业市场化改革以来，我国城市污水处理厂的数量呈现出稳步增长的趋势，由2002年的537座增加到2015年的1944座，污水处理厂数量增加了1407座（见图2－7）。从发展阶段来看，2002—2007年发展速度较为缓慢，5年间新增城市污水处理厂数量仅为346座；而2007—2011年是我国城市污水处理厂数量增长最为快速的时期，4年间共增加城市污水处理厂705座；2011年以后城市污水处理厂的数量增长有所缓慢，4年间仅增长了1.2倍。

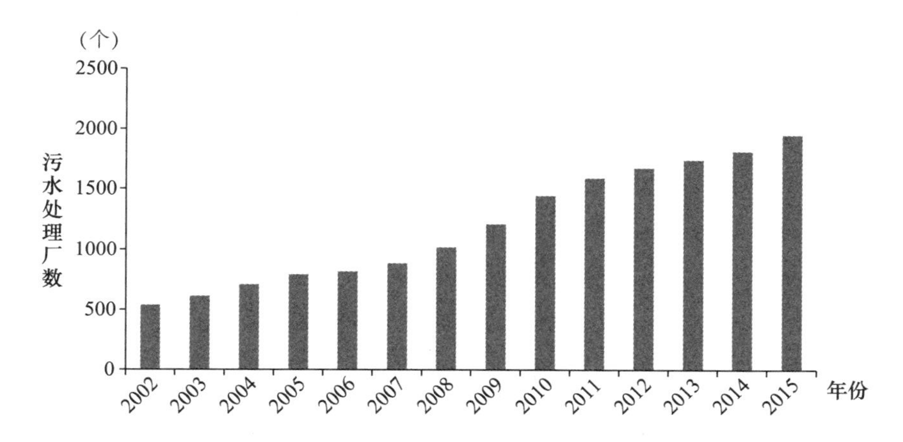

图2－7 全国历年污水处理厂个数

资料来源：《中国城市建设统计年鉴》（2016），中国统计出版社2016年版。

（二）城市水务行业管网设施能力

1. 城市供水行业管网设施能力

图2－8反映了中国城市供水行业管网设施建设的基本情况。2002—2015年，我国城市供水管道总里程由31.26万公里增加至71.02万公里，增长近2.3倍，城市供水管网设施建设规模的提高推动了我国城市供水行业的快速发展。2015年中国大部分省份的城市供水管道里程长而密集，而且东部、中部和西部三大区域呈现出一定的差异。其中，城市供水管道长度超过3万公里的省份主要有广东、江苏、浙江、山东、辽宁、上海、湖北和四川，多数西部省份的供水管道里程低于1万公里，如贵州、新疆、内蒙古、陕西、甘肃、海南、青海、宁夏和西藏等（见图2－9）。

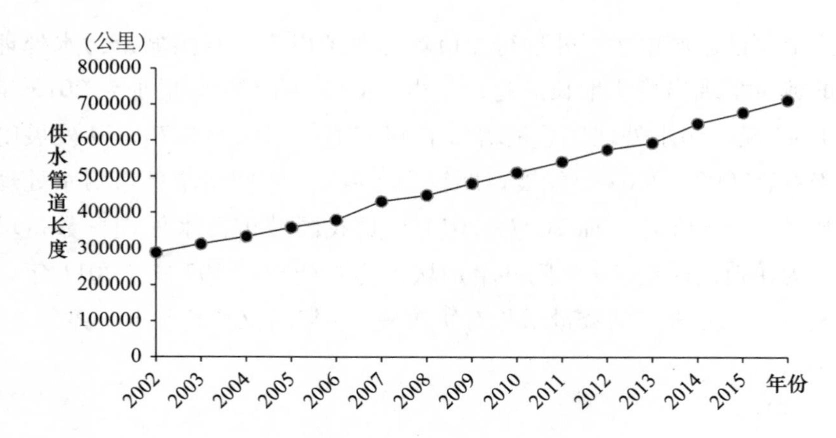

图 2－8　供水管道总长度

资料来源:《中国城市建设统计年鉴》(2016), 中国统计出版社 2016 年版。

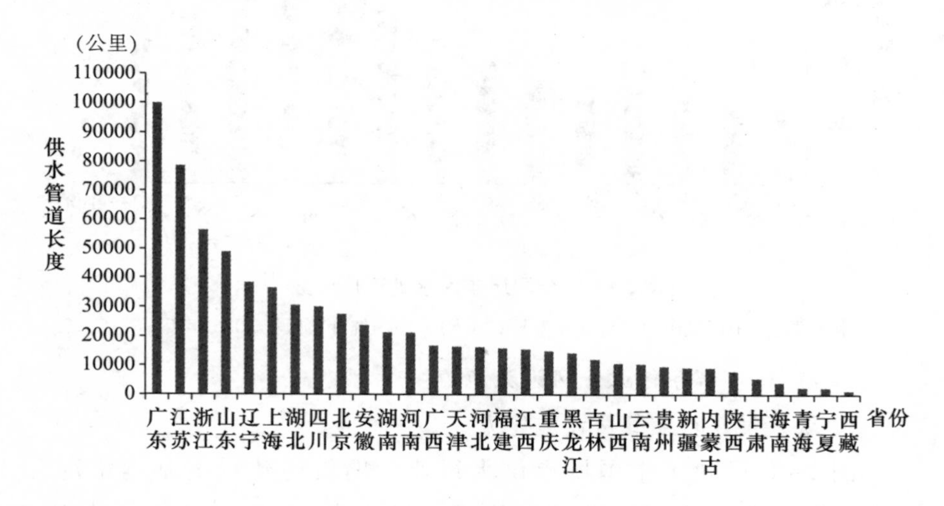

图 2－9　2015 年各省份城市供水管道长度

资料来源:《中国城市建设统计年鉴》(2016), 中国统计出版社 2016 年版。

进一步地，本书将利用当年施工的城市供水管道建设增量指标来反映当年我国城市供水管网建设的基本情况。图 2－10 为 2002—2015 年我国市政公用设施建设中供水管道建设年度施工规模和当年新开工情况。从城市供水管道建设来看，年度施工规模的波动较为明显。其中，2004 年施工规模为 24141. 25 公里，2010 年和 2015 年的施工规模分别为 22597 公里和 23829 公里，为近年峰值，2006 年、2007 年施工规模处于低谷，分别为 12091. 14 公里和 15405. 61 公里。同时，当年新开工情况波动方向与年度施工规模波动方向基本一致，2014 年是当年新开工的波峰，为 22323 公里；2006—2007 年新开工处于波谷，分别为 12128. 51 公里和 12091. 14 公里。

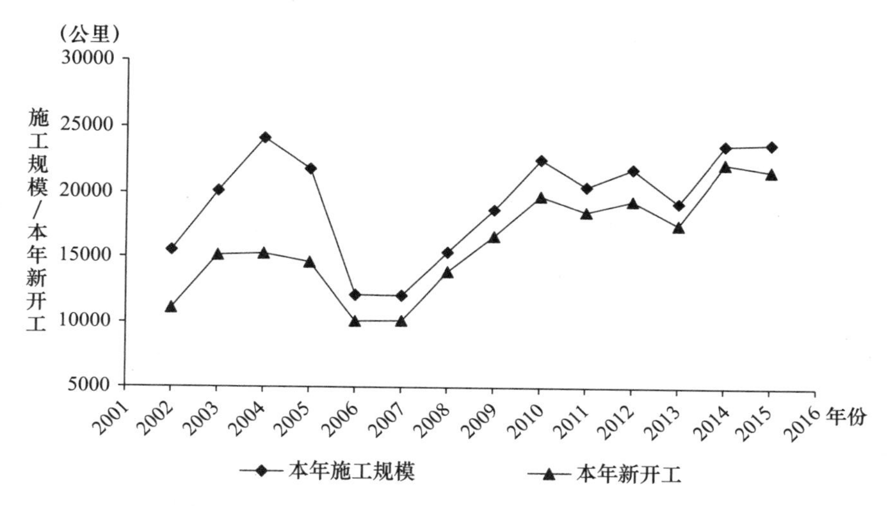

图 2－10　市政公用设施建设供水管道施工规模与本年新开工

资料来源：《中国城市建设统计年鉴》(2016)，中国统计出版社 2016 年版。

图 2－11 为我国市政公用设施建设中供水管道建设累计新增生产能力和新增生产能力情况。其中，2002—2015 年，我国年均新增生产能力为 15374. 37 公里。具体来说，2003—2007 年，新增生产能力逐渐下跌，2007 年新增生产能力已降为 9498. 19 公里。2008—2015 年，新增生产能力处于较高水平，2015 年新增生产能力达到 19384. 2 公里，同时累计新增生产能力达到了 22736. 12 公里。

2. 城市污水处理行业管网设施能力

2002 年我国城市排水管道总长度为 17. 3 万公里，经过 13 年的建设与发展，到 2015 年排水管道总长度已达到 54. 0 万公里，增加了 3. 12 倍。如图 2－12 所示，2002 年以来，我国排水管道长度一直处于平稳增长态势，各阶段的增长速度基本一致。另外，从各省份数据

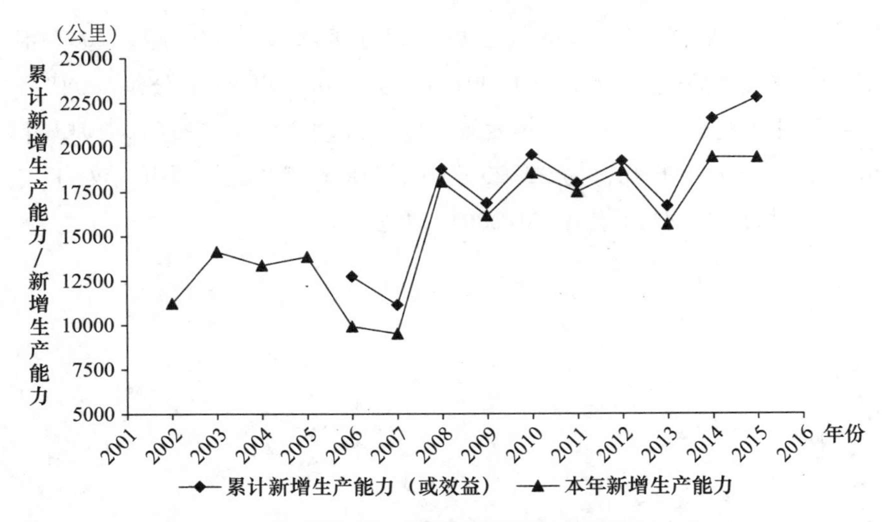

图 2－11　供水管道累计新增生产能力与新增生产能力

资料来源：《中国城市建设统计年鉴》(2016)，中国统计出版社 2016 年版。

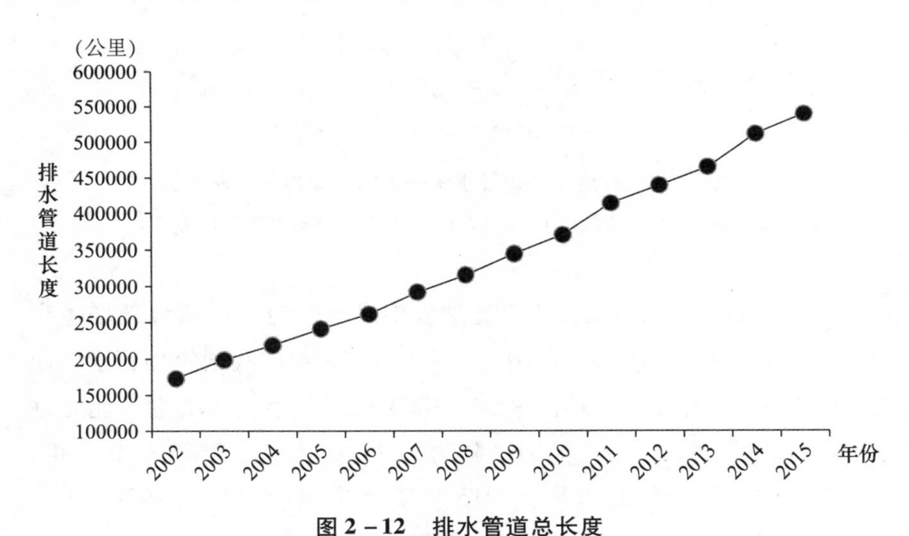

图 2－12　排水管道总长度

资料来源：《中国城市建设统计年鉴》(2016)，中国统计出版社 2016 年版。

来看（见图 2－13），不同地区的排水管道长度相差较大。其中，江苏省的排水管道长度最长，约 3.4 万公里；山东、浙江与广东的排水管道长度排在第 2—4 位，均超过了 1.5 万公里。而其他省份的排水管道长度相对较短，均低于 1 万公里。总体来看，城市排水管道长度超过0.5万公里的省份仅有13个。由此可见，经济发展程度不同的地区，排水管道长度差距很大，东部沿海地区的污水管道较长，仅江苏、山东、浙江、广东4个省份的排水管道长度占全国的40%，而东北及西北部地区的排水管道长度相对较短，多低于0.5万公里。

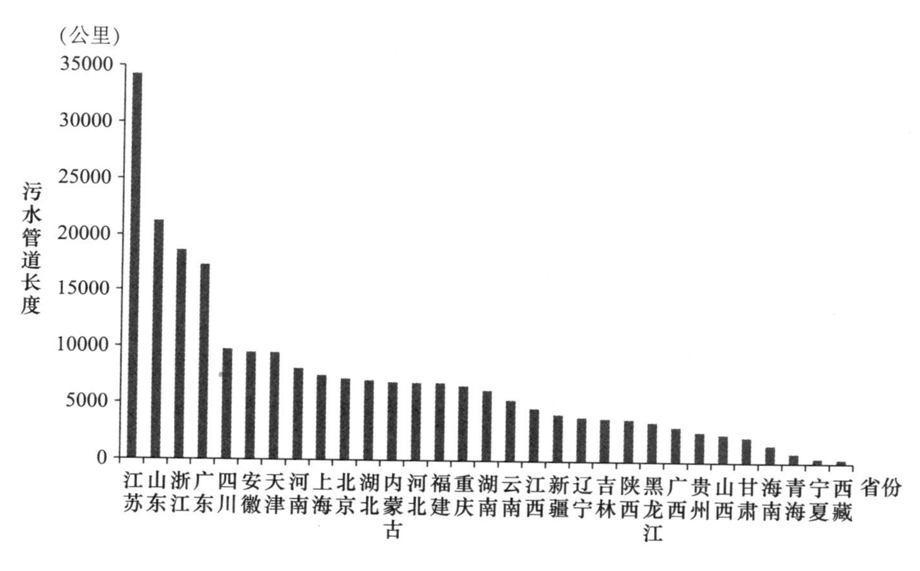

图2－13　2015年省际城市排水管道长度

资料来源：《中国城市建设统计年鉴》（2016），中国统计出版社2016年版。

图2－14分析了2002—2015年我国排水管道施工规模与本年度新开工的情况。2002年以来，城市排水管道本年施工规模呈逐步递增的趋势，仅2006年、2011年、2014年有过短时间的下降，其他时期几乎处于上升阶段。整体来看，施工规模已由2002年的12931.04公里增加到2015年的30650.78公里，总体增长2.37倍。另外，本年新开工的波动情况与施工规模波动情况基本一致，其中2007年和2011年是新开工的低谷期，分别为10962.17公里和19562公里。而新开工最高的年份是2010年，达到24600公里。

由图2－15可知，2002—2007年，新增生产能力维持在较低水平，平均每年仅为11971.59公里。2007—2010年，新增生产能力处于上升阶段，3年共增加11111.43公里，平均每年新增生产能力为

15752.96 公里。2010—2014 年，新增生产能力较为稳定，年均为 19822.6 公里。而 2015 年，新增生产能力与累计新增生产能力大幅提升，分别增加到了 47509.06 公里和 54358.03 公里。

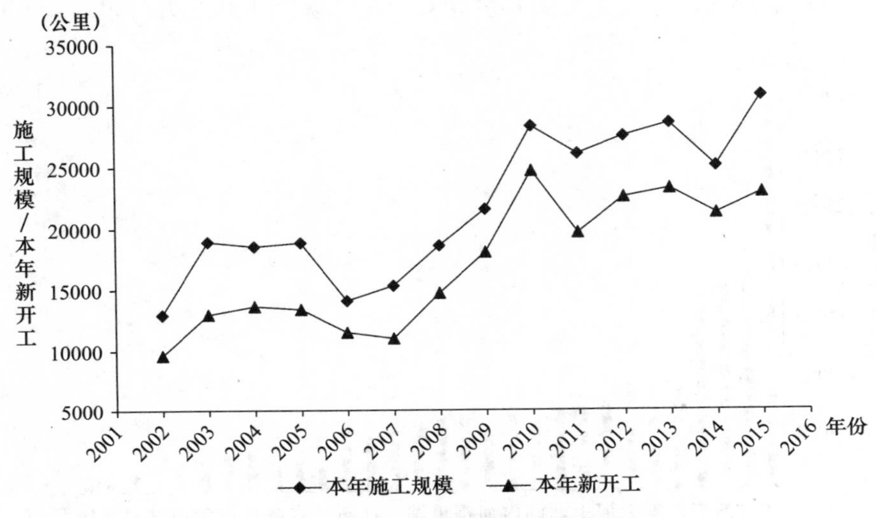

图 2-14　排水管道施工规模与本年新开工

资料来源：《中国城市建设统计年鉴》（2016），中国统计出版社 2016 年版。

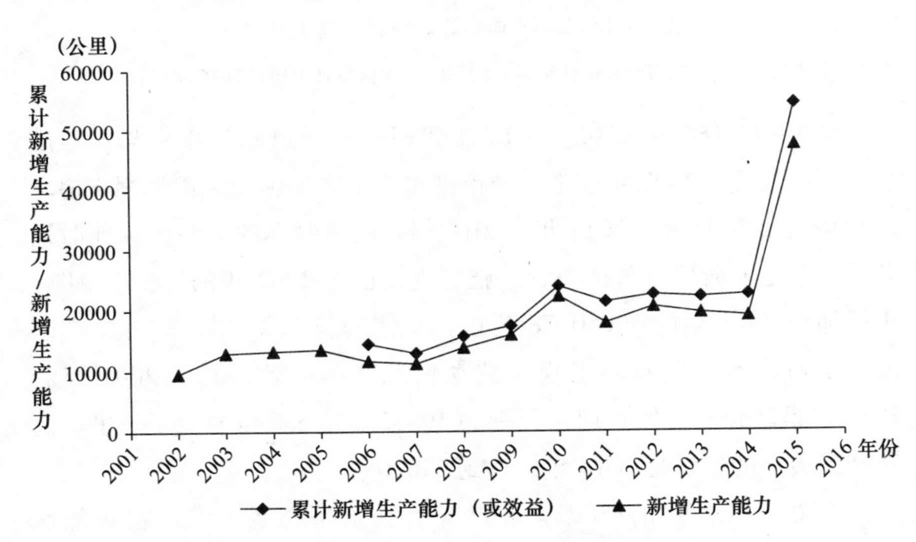

图 2-15　排水管道累计新增生产能力与新增生产能力

资料来源：《中国城市建设统计年鉴》（2016），中国统计出版社 2016 年版。

第二节　城市水务行业的运营与供应绩效

运营绩效是城市水务行业经营状况的重要表现，是城市水务企业持续发展的内生动力。供应绩效是城市水务行业普遍服务的重要衡量指标，是维系城市居民生产与生活的重要基础。通过对城市水务行业运营与供应绩效的分析，能够客观地揭示出城市水务行业的总体运营状况，客观地反映城市水务行业的供需矛盾。在供给侧结构性改革和效率至上的理念下，本节将从城市水务行业的运营和供应绩效两个维度出发，客观地评价中国城市水务行业的总体经济利润以及销售收入情况，从而为城市水务行业运营和供应绩效的提升，构建城市水务行业监管绩效的评价指标体系，形成适应中国城市水务行业平稳健康发展的监管政策提供理论支撑。

一　城市水务行业运营绩效

城市水务行业主要涉及城市供水行业和城市污水处理行业，其中，城市供水价格长期实行成本加成定价机制，理论上成本加成定价机制能够为城市供水企业“保本微利”提供重要保障，但现实中由于一系列因素的综合作用导致城市供水企业调价常常背离契约，城市供水调价机制形同虚设，从而导致城市供水成本价格倒挂现象十分严重，账面普遍亏损成为城市供水企业的常态。而城市污水处理企业存在多种收费机制，如政府付费、使用者付费以及政府付费加上差额补贴三种类型，相对于城市供水企业普遍亏损而言，多数城市污水处理企业维持着保本微利的经营状态。基于此，本部分将重点对城市供水行业和城市污水处理行业的运营绩效进行分析。

（一）城市水务行业利润

根据《中国城市供水统计年鉴》中的有关数据，本部分将重点分析城市供水行业的利润走向。由表 2－1 可知，2004 年以来，中国城市供水企业亏损数量总体上呈现出逐渐降低的趋势，其中，2004—2006 年，中国城市供水行业中亏损企业数量基本维持在 1100 家左右，

2006年以后城市供水行业中亏损企业的数量显著下降。城市供水行业中亏损企业数量降低可能是城市供水企业数量的减少和城市供水企业自身效益的提高两个方面共同作用的结果。整体来看，城市供水行业在2005年出现负利润后，2006年大幅增长，此后，除2009年、2012年和2015年外略有回落外，整体上呈现出稳定增长趋势，这在一定程度上说明近年来城市供水行业通过产权改革、监管体制创新、企业自主技术能力的提升，以及供给侧结构性改革的快速推进，极大地提升了城市供水行业的经营绩效，这在一定程度上缓解了成本价格倒挂问题。

表2－1　2004—2015年规模及以上城市供水企业盈利与亏损情况

单位：个、亿元

年份	亏损企业单位数	亏损企业亏损总额	利润总额
2004	1131	21.42	5.09
2005	1204	32.00	－1.46
2006	1164	28.68	24.24
2007	681	30.90	30.89
2008	740	47.73	27.07
2009	759	51.13	25.35
2010	698	57.53	60.25
2011	317	46.69	74.80
2012	358	53.95	72.55
2013	370	53.67	104.13
2014	383	55.41	151.22
2015	292	43.82	62.21

资料来源：《中国统计年鉴》（2016），中国统计出版社2016年版。

进一步地，在对全国城市供水企业总利润进行分析的基础上，为了进一步揭示出城市供水行业经营利润的区位差异，本部分将以省份为单位，对城市供水行业的各省份利润总额和净利润进行分析。从表2－2可以看出，总体来看，各省份城市供水企业的经济利润存在显著差异。其中，2015 年城市供水企业净利润排在全国前 5 位的省份分别是广东、四川、江苏、浙江和江西，而福建、吉林、山西、内蒙古和辽宁的年净利润在 1000 万元以下，排在全国后 5 位。其中，辽宁的城市供水企业年净利润仅为排名第一的广东省的 1‰。由此可见，中国城市供水企业盈利能力存在显著的区域差异性。需要说明的是，江西省城市供水企业固定资产净值排在全国后 6 位，但净利润却排在全国前 5 位，这在一定程度上说明江西省城市供水企业具有较强的盈利能力。

表 2－2　　2015 年全国各省份供水企业的利润情况　单位：万元、人

省份	利润总额	净利润
全国	622140.39	489701.72
北京	10117.36	8923.46
天津	7050.27	7031.36
河北	5781.33	4535.89
山西	183.72	137.79
内蒙古	83.53	83.53
辽宁	56.60	79.60
吉林	949.00	911.00
黑龙江	6371.20	5195.32
上海	24634.00	18641.00
江苏	90567.28	69557.95
浙江	56405.71	46857.05
安徽	15769.84	10763.37
福建	12079.43	947.63
江西	39321.78	30827.65
山东	14667.21	12480.49
河南	2705.87	1854.18
湖北	12360.43	11485.43
湖南	7187.41	5644.36
广东	104424.81	85861.66
广西	27219.77	23196.55

续表

省份	利润总额	净利润
海南	11946.04	9035.03
重庆	13361.98	11654.34
四川	105484.25	69923.44
贵州	11696.04	9782.78
云南	24742.90	20993.57
陕西	5104.22	4300.46
宁夏	4531.92	4234.13

注：西藏、甘肃、青海和新疆4个省份数据缺失，因此不在本表的统计范围之内。

资料来源：中国城市供水排水协会：《中国城市供水统计年鉴》（2016）。

（二）城市水务行业销售收入

销售收入是维系城市水务行业生存与发展的重要指标，能够在一定程度上揭示出城市水务行业的总体规模和发展潜力。为此，本部分将以城市供水行业为例对其销售收入进行分析。

为分析城市供水行业的利润构成情况，本部分将重点研究省际城市供水行业的销售收入变化。由表2－3可知，广东省城市供水行业销售收入位居全国第1位，约为119亿元。江苏、浙江、上海和四川的城市供水行业销售收入位列全国第2—5位。由此可见，广东、江苏、浙江、上海以及四川的城市供水行业运营规模位居全国前列，具有极强的规模经济效应。相比较而言，宁夏、海南、内蒙古、陕西、湖南等省份的城市供水企业的销售收入较少，这一方面与所在省份的供水规模有关，另一方面主要源于这些地区尚未形成与城市发展水平相匹配的城市供水价格以及供水水费收缴率较低。

表2－3　2015年全国各省份城市供水企业的销售收入情况　单位：亿元

省份	销售收入
全国	840.13
北京	36.44
天津	33.35

续表

省份	销售收入
河北	23.96
山西	16.13
内蒙古	9.94
辽宁	37.19
吉林	17.14
黑龙江	28.28
上海	52.00
江苏	76.05
浙江	75.53
安徽	24.56
福建	25.70
江西	32.60
山东	40.10
河南	22.31
湖北	17.05
湖南	15.13
广东	118.91
广西	18.03
海南	9.67
重庆	16.63
四川	44.40
贵州	10.65
云南	16.80
陕西	14.74
宁夏	3.97

资料来源：中国城市供水排水协会：《中国城市供水统计年鉴》（2016）。由于数据缺失，该表中不包括西藏、甘肃、青海和新疆4个省份的数据。

二　城市水务行业供应绩效

增强城市供水与污水处理行业的综合生产能力，提高城市水务行业的普遍服务能力，是适应城市水务的公益属性的重要内容，是城市水务行业发展过程中最为重要的指标。为此，本部分将从城市水务行业的综合生产能力和普遍服务能力两个维度，对城市水务行业的供应绩效进行分析。

（一）城市水务行业综合生产能力

1. 城市供水行业综合生产能力

2002 年，我国城市供水行业供水综合生产能力为 23546 万立方米/日，2015 年增长到 29678.26 万立方米/日，城市供水行业综合生产能力日均增加 471.7 万立方米/日。如图 2-16 所示，2002—2015 年，城市供水行业综合生产能力增长较为缓慢，“十一五”时期仅增长了 2.36%；2011—2015 年，我国城市供水行业综合生产能力增加了 11.28%，比“十一五”期间增长了 8.92%。

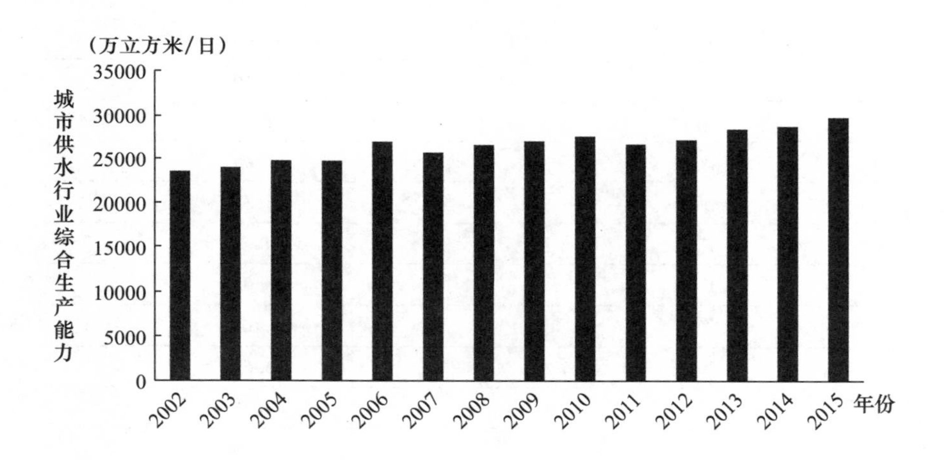

图 2-16　2002—2015 年城市供水行业综合生产能力变化情况

资料来源：《中国城市建设统计年鉴》（2016），中国统计出版社 2016 年版。

2015 年，城市供水行业综合生产能力总计 29678.26 万立方米/日，省份均值为 957.36 万立方米/日。其中，广东、江苏、北京、浙江以及山东的城市供水行业综合生产能力较强（见图 2-17），排在全国前 5 位；广东最高，达到了 3913.77 万立方米/日；江苏次之，为 3104.12 万立方米/日；共有 12 个省份的城市供水行业综合生产能力超过了1000万立方米/日。相比较而言，贵州、海南、宁夏、青海以及西藏的城市供水行业综合生产能力较低，排在全国后5位。其中，西藏最低，仅为56.5万立方米/日。由此可见，我国城市供水行业综合生产能力呈现出显著的区域差异性。其中，东部地区的城市供水行业综合生产能力较强，而中西部地区的城市供水行业综合生产能力相对较弱。未来一段时间内，应结合省份人口、经济发展水平、供水设施需求，保障东部地区城市供水行业综合生产能力，加大对中西部地区城市供水设施的投入，缩小中西部地区与东部地区城市供水行业综合生产能力的差距。

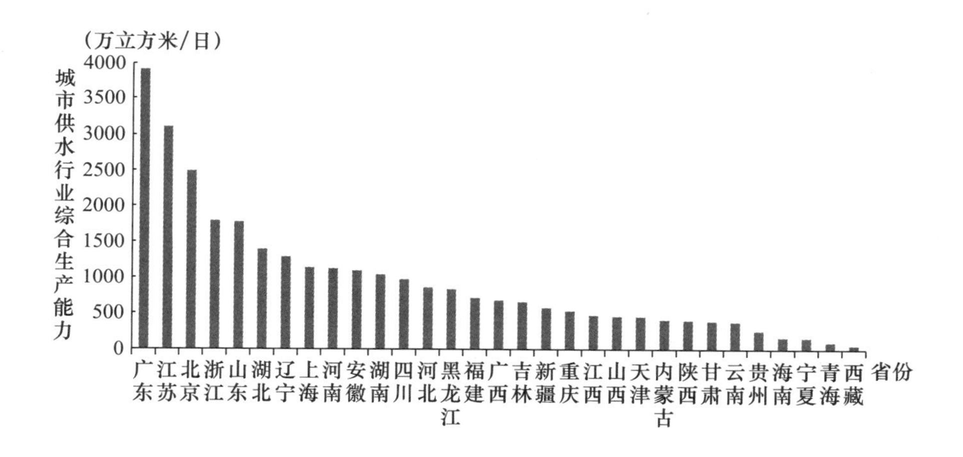

图2-17　2015年中国省际城市供水行业综合生产能力变化情况

资料来源：《中国城市建设统计年鉴》（2016），中国统计出版社2016年版。

本部分采用城市供水综合生产能力的当年施工规模、当年新开工规模、累计新增生产能力和当年新增生产能力四个指标衡量当年施工建设增量。由图2-18可知，2003年施工规模为1969.68万立方米/日，2009年、2010年和2015年为近年来供水综合生产能力建设的高峰期，分别为5323.61万立方米/日、5390万立方米/日和6149.84万立方米/日。2010年以后回落到1000万立方米/日左右。城市供水行业综合生产能力建设新开工规模在2008年达到峰值，为2588.9万立方米/日，随后2010—2014年以来稳定在1000万立方米/日左右，而到2015年又达到另一个峰值，为5759.12万立方米/日。

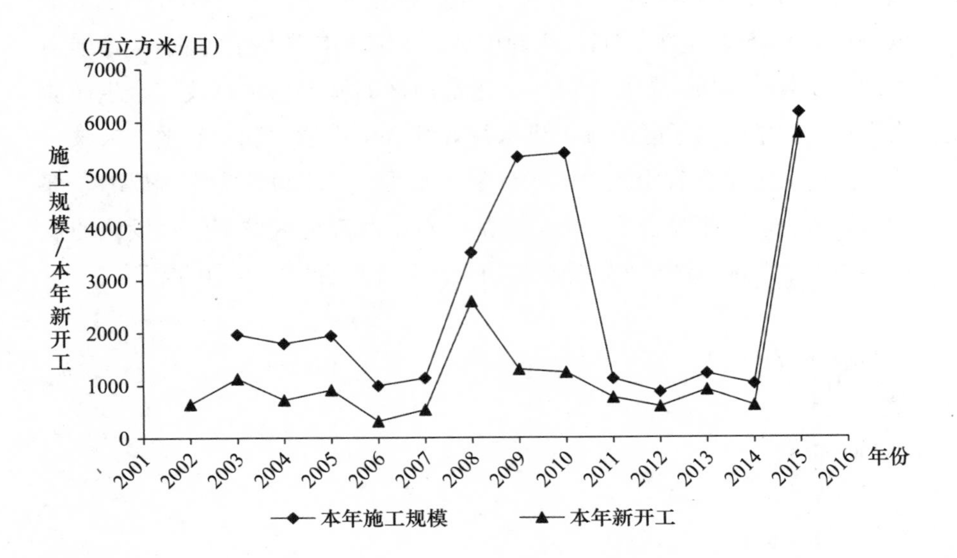

图2-18　城市供水综合生产能力施工规模与本年新开工

资料来源：《中国城市建设统计年鉴》(2016)，中国统计出版社2016年版。

图2-19为2002—2015年我国城市供水综合生产能力建设累计新增生产能力和新增生产能力情况。其中，2010年，我国城市供水行业新增生产能力达到峰值，累计新增生产能力与新增生产能力分别为4345万立方米/日和4230万立方米/日，此后逐步趋于稳定。2014年，我国城市供水行业累计新增生产能力为633万立方米/日，新增生产能力为530万立方米/日。到2015年，累计新增生产能力突增到5788万立方米/日，当年新增生产能力为561万立方米/日。综上所述，2010年前后是我国城市供水行业综合生产能力建设的高峰阶段。与“十一五”时期相比，“十二五”期间，我国年均城市供水行业综合生产能力的建设施工规模、新开工、累计新增生产能力以及新增生产能力分别下降了57.89%、38.98%、56.75%和65.27%。

2. 城市污水处理行业综合生产能力

随着市场化改革进程的加快，我国城市污水处理能力大幅增加，由

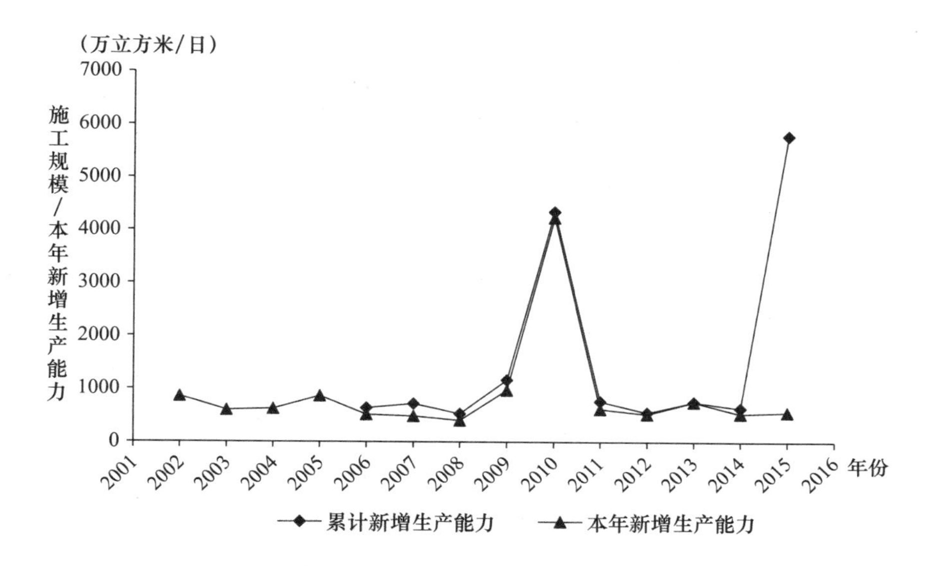

图 2－19 城市供水行业综合生产能力累计新增生产能力与新增生产能力

资料来源：《中国城市建设统计年鉴》(2016)，中国统计出版社 2016 年版。

2002 年的 3578 万立方米/日增加到 2015 年的 14038.4 万立方米/日，共增加了约 4 倍，年均增长 804.6 万立方米/日。具体来说，“十一五”期间，城市污水处理能力增加了 63.9%，“十二五”期间，城市污水处理能力仅增长了 24.2%。总体而言，全面推进城市污水处理行业市场化改革以来，城市污水处理行业综合生产能力稳步提升，但提升速率呈现出减速增长的态势。具体如图 2－20 所示。

从省份层面来看，广东省城市污水行业的综合生产处理能力最高，约 1961.5 万立方米/日，比排名第二的江苏省多了 796.2 万立方米/日。山东排名第 3 位，其城市污水处理行业综合生产能力为 994.1 万立方米/日，是广东省的 1/2。而排名第 4、第 5 位的城市分别是浙江和辽宁，其城市污水处理行业综合生产能力分别为 823.7 万立方米/日和 787.1 万立方米/日。污水处理能力排名后 5 位的是贵州、甘肃、海南、宁夏、青海与西藏，其平均处理能力为 70.02 万立方米/日（见图 2－21），是广东省的 1/28。另外，从地区分布来看，东部地区城市污水处理行业的综合生产能力为 8544.5 万立方米/日，中部地区为

3521.0 万立方米/日，西部地区仅为 1972.9 万立方米/日。由此可见，东部、中部和西部三大区域的城市污水处理行业的综合生产能力存在较大的差距，原因在于东部地区比中西部地区的城市污水处理厂的数量多，同时东部城市污水处理厂的效率也明显高于中西部地区。

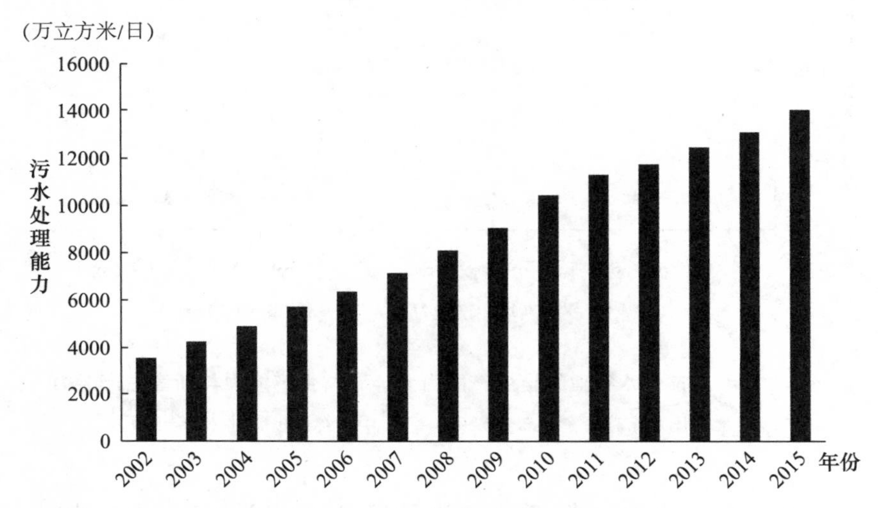

图 2－20　2002—2015 年中国城市污水处理行业综合生产能力变化情况

资料来源：《中国城市建设统计年鉴》(2016)，中国统计出版社 2016 年版。

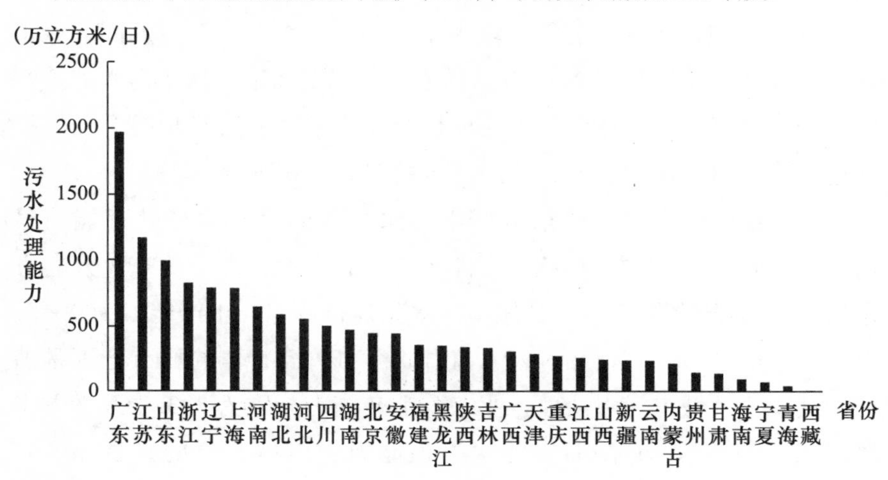

图 2－21　2015 年中国各省份城市污水处理行业综合生产能力变化情况

资料来源：《中国城市建设统计年鉴》(2016)，中国统计出版社 2016 年版。

本书采用当年施工规模、当年新开工规模、累计新增生产能力和当年新增生产能力四个指标分析我国城市污水处理行业的综合生产能力。由图 2－22 可知，2002—2012 年，城市污水处理行业施工规模与新开工规模呈现出逐步降低的趋势，分别由 2001 年的 1831. 24 万立方米/日、916. 7 万立方米/日降到 2012 年的 1148 万立方米/日、547 万立方米/日。2013 年是施工规模的高峰，为 7213 万立方米/日，此时新开工规模也增长为 1943 万立方米/日。到 2015 年，施工规模与新开工又分别降到了 1322. 6 万立方米/日和 993 万立方米/日。

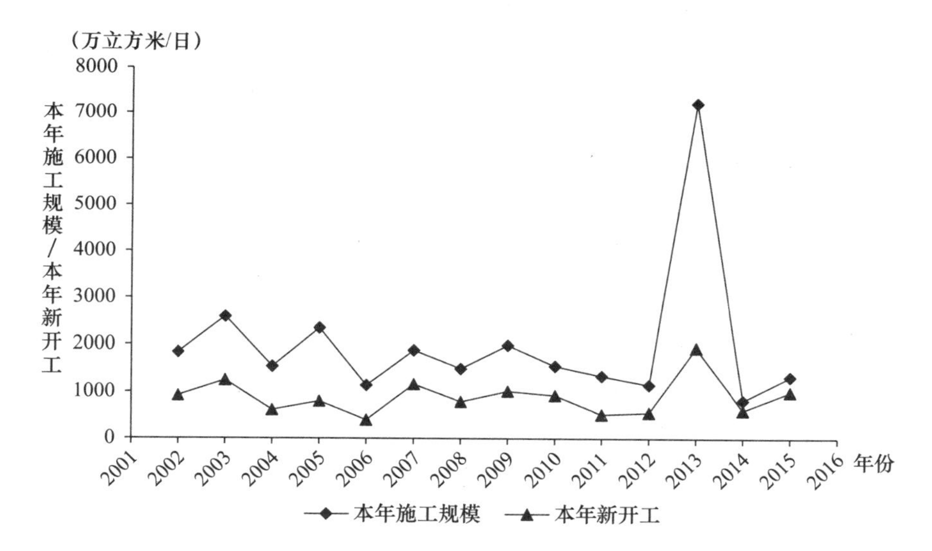

图 2－22　城市污水处理能力的施工规模与本年新开工情况

资料来源：《中国城市建设统计年鉴》（2016），中国统计出版社 2016 年版。

图 2－23 为我国 2002—2015 年城市污水处理行业累计新增生产能力与新增生产能力情况。2002—2012 年，我国城市污水处理新增生产能力维持在较低水平，年均新增生产能力约为 823. 95 万立方米/日，2005 年出现峰值，当年新增生产能力为 1309. 11 万立方米/日。2013 年，城市污水处理累计新增生产能力与新增生产能力获得了快速的提升，分别增长为 6407 万立方米/日、1834 万立方米/日。之后又回落到初期水平，到 2015 年，我国城市污水处理能力累计新增生产能力与新增生产能力分别为 937. 5 万立方米/日、885. 9 万立方米/日。

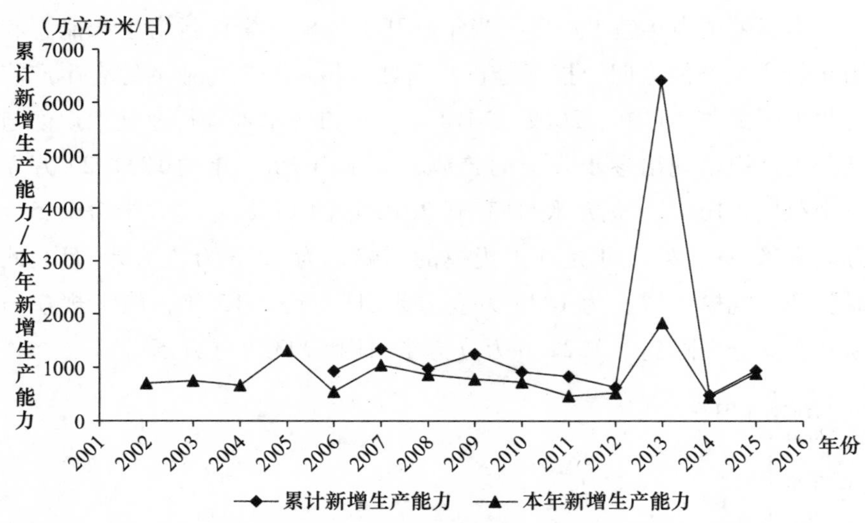

图 2－23　城市污水处理能力累计新增生产能力与新增生产能力

资料来源：《中国城市建设统计年鉴》（2016），中国统计出版社 2016 年版。

（二）城市水务行业普遍服务能力

1. 供水普及率

图 2－24 显示，2002—2006 年，我国城市供水普及率维持在 90% 以下；2007 年以来，城市供水普及率获得了快速的增长；到 2015 年，城市供水普及率为 98.07%，比 2002 年城市供水普及率增加了 20.22%。具体来说，2002—2007 年，城市供水普及率增长较快，2007 年相对 2002 年而言，城市供水普及率增加了 15.98%，年均增加 5.33%。2007—2015 年增长较为缓慢，共增加了 4.24%，年均增长仅为 0.53%。

2. 污水处理率

由图 2－25 可知，2002—2015 年，我国城市污水处理率增长迅速，已由 2002 年的 39.97% 增长到 2015 年的 91.9%，共增加了 51.93%，年均增长约为 4%。从市场化改革初期的 2002—2005 年，城市污水处理率增加了 11.98%，年均增长 3.99%。“十一五”期间，城市污水处理率增加了 26.64%，年均增长 6.66%。“十二五”期间，城市污水处理率仅增加 8.27%，年均增长 2.07%。由此可见，“十一

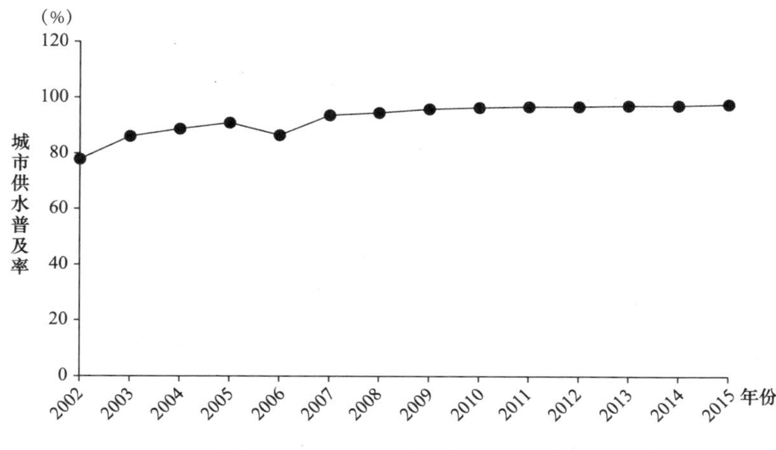

图 2－24　2002—2015 年中国城市供水普及率变化情况

注：自 2006 年起，用水普及率指标按城市人口和城区暂住人口合计为分母计算。

资料来源：《中国城市建设统计年鉴》(2016)，中国统计出版社 2016 年版。

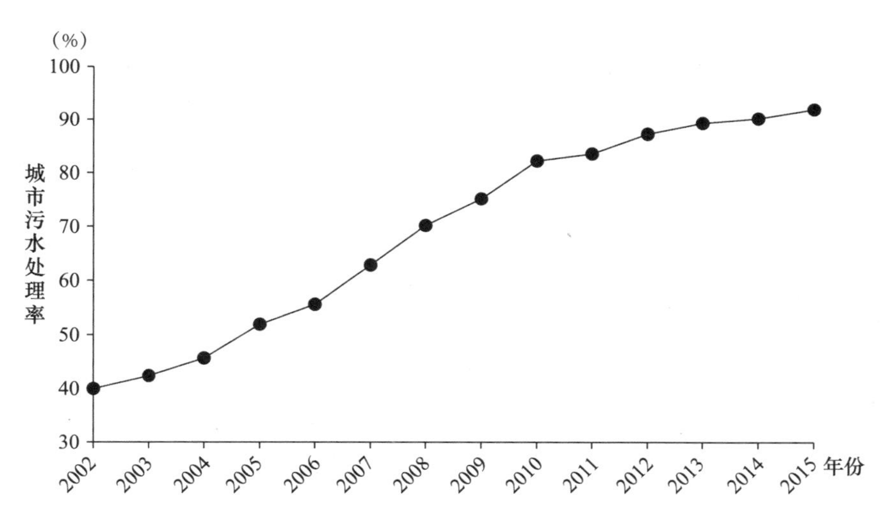

图 2－25　2002—2015 年城市污水处理率变化情况

资料来源：《中国城市建设统计年鉴》(2016)，中国统计出版社 2016 年版。

五”期间，城市污水处理率增长最快，是“十二五”期间城市污水处理率增长率的 3 倍，这主要由于初期的城市污水处理率的基数相对较小，具有较强的增长趋势。总体来看，市场化改革以来，城市污水处理率获得了快速的提升，2012 年已经达到 91.9%，随着城镇化进程的加快和城市污水处理截污纳管率的提升，城市污水处理率将会进一步提升。

第三节 城市水务行业的价格绩效

价格是城市水务行业改革的核心内容，由于城市水务行业所提供的产品或服务具有非一般意义上的商品属性，从而形成城市水务行业价格主要有市场化下的竞标定价与监管下的市场调节价。从提升城市水务行业监管绩效的角度来看，现有城市水务定价与调价机制是与城市水务行业的发展相适应的，但由于政企利益冲突和竞标者“陷阱”的存在，在现实中往往存在城市水务行业的价格形成机制失灵问题。在城市水务行业的价格形成体系中，主要涉及定价与调价机制的基本理论、城市供水行业价格水平与阶梯水价和城市污水处理收费三个方面问题，这些价格体系所取得的成效与存在的主要问题，将对完善社会主义市场经济体制下城市水务行业的价格形成机制具有重要的现实意义。为此，本节将主要从上述三个方面对城市水务行业的价格绩效进行评价。

一 城市水务行业定价与调价机制研究

定价机制与调价机制是揭示城市水务行业确定初始价格与价格调整的理论基础。其中，市场经济条件下初始价格的确定是基于竞标均衡下的价格决定机制。而调价机制是缺乏质量属性考虑的成本加成定价机制。为此，本部分将重点从城市水务行业的初始定价机制与价格调整机制两个方面进行理论分析。

（一）城市水务行业的初始定价机制研究

城市水务行业的初始定价是建立在竞标机制下的价格决定机制，初始定价是最初特许经营期内向特许经营企业支付费用的理论基础。为此，本部分将重点从城市水务行业的初始竞标价格决定机制，以及确定初始价格或调价后的费用支付形式两方面问题。

1. 城市水务的初始竞标价格机制

城市水务行业的初始定价是项目特许经营过程中所决定的初始价

格。一般而言，市场化下的城市水务行业初始价格一般通过竞标机制决定。特许经营权竞标是城市水务行业 PPP 项目的核心，竞标是不同投标主体在综合考量价格等多种属性所形成的博弈均衡结果。众所周知，城市水务的特许经营期一般较长，如 15—20 年，甚至更长。目前，世界上没有任何一个厂商能够或者敢于对整个特许经营期进行一次性竞价，往往都是对特许经营起始期（3—5 年）进行竞价。对资金实力雄厚的厂商而言，有效的竞争或价格投机策略往往是：采用“先亏”的办法，用较低的初始竞标价格击败其他竞争对手，从而获取项目的特许经营权。然后在特许经营期内，企业作为区域垄断性厂商，由于缺乏实际竞争者以及潜在竞争者竞争不足等原因，从而使特许经营企业与政府谈判过程中占据讨价还价的优势。这种由当初被动的竞争者转变为特许经营期内的主动垄断者、由市场进入时的“竞争价格”演变为市场占据后的“谈判价格”的过程，是城市水务行业特许经营项目的监管难题。

按照城市水务 PPP 项目是新建项目还是已建项目，以及对已有项目是否涉及资产权的转让，城市水务特许经营项目的初始竞标机制存在一定差异。对新建项目而言，只涉及运营服务价格。对已有的且涉及资产转让的项目而言，涉及资产转让价格和运营服务价格两种价格。对已建但不涉及资产转让的项目（只涉及运营的委托运营项目）而言，只需决定运营服务价格。显然，无论是新建项目还是已建项目，若不涉及资产转让则只需通过竞标机制来决定运营服务价格。而涉及资产转让的已有项目则需要同时决定转让价格和运营服务价格。其中只涉及运营服务价格的城市水务 PPP 项目的决策机制主要存在初始单一价格和按量递减阶梯价格两种模式，初始单一价格模式占据较大比重。按量递减阶梯价格实质上是对传统保底服务量的替代，即在从 0 到区域 1 内城市水务服务维持较高的服务价格，高于区域 1 低于区域 2 维持比 0 到区域 1 稍低的服务价格，高于区域 2 维持比区域 1 到区域 2 更低的价格。按量递减阶梯价格的本质是对需求量不足时企业可能亏损的一种弥补。竞标转让价格和运营服务价格主要适用于涉及资产权转让且有运营服务环节的 TOT 项目。

综上所述，价格是城市水务行业PPP项目初始竞标机制的核心变量。从众多城市水务行业PPP项目的竞标机制以及中标结果来看，“初始价格最低者”中标在城市水务PPP项目竞标过程中占据较大比重。同时，存在以低于生产成本的价格中标城市水务PPP项目，并在特许经营期内以中断服务或变更股权等方式，要挟地方政府提高城市水务行业的服务价格，最终导致政府高额补贴或回购城市水务PPP项目的负面效应。因此，当下以初始低价中标为核心的城市水务PPP项目为地方政府埋下了隐患，要权衡短期目标与长期发展，建立有效的城市水务行业初始竞标机制，实现城市水务行业PPP项目的初始定价与调整价格之间的平衡。

2. 城市水务行业的三种付费机制

从城市水务行业的发展实践来看，主要存在政府付费、使用者付费和可行性缺口补贴三种不同的费用支付机制。

政府付费是指政府直接付费购买公共产品和服务。在政府付费机制下，政府可以依据项目设施的可用性、产品或服务的使用量以及质量向项目公司付费。政府付费是公用设施类和公共服务类项目较为常用的付费机制，一些城市污水处理项目往往采用该种机制。政府付费与使用者付费的最大区别在于付费主体是政府，而非项目的最终使用者。根据项目类型和风险分配方案的不同，在政府付费机制下，政府通常会依据项目的可用性、使用量和绩效中的一个或多个要素组合给项目公司付费。

使用者付费是指由最终消费用户直接付费购买公共产品或服务。项目公司直接从最终用户处收取费用，由于在使用者付费项目中项目公司的成本回收和收益取得与项目的使用者实际需求量（市场风险）直接挂钩，为确保城市水务项目能够顺利获得融资支持和合理回报，建议项目公司在项目合同中增加唯一性条款，即要求政府承诺在一定期限内不在项目附近批准新建与本项目存在竞争关系的项目。

可行性缺口补贴是指使用者付费不足以回收项目公司成本和合理回报的情况下，由政府给予项目公司一定的经济补助，以弥补使用者付费之外的缺口部分。可行性缺口补贴是在政府付费机制与使用者付费机制之外的一种折中选择。在实践过程中可行性缺口补助[①]存在多种形式，主要包括土地划拨、投资入股、投资补助、优惠贷款、贷款贴息、放弃分红权、授予项目相关开发收益权等其中的一种或多种。

在设计城市水务行业的付费机制时，通常需要考虑以下因素：第一，项目产出是否能够计量。城市水务项目所提供的公共产品或服务的数量和质量是否可以准确计量，决定了能否采用使用量付费和绩效付费方式。为此，第一，需要明确城市水务项目的产出数量和质量是否能够计量以及计量的方法和标准，并在城市水务项目的合同中明确上述方法和标准。第二，适当激励。付费机制应当能够保证项目公司获得合理的回报，以对项目公司形成适当、有效的激励，确保项目实施的效率和质量。第三，灵活性。城市水务项目的运营期较长，为了更好地应对项目实施过程中可能发生的各种情形变化，在付费机制下需要设置相应的调整机制。第四，可融资性。对需要由项目公司进行融资的城市水务项目，在设置付费机制时还需考虑该付费机制在融资上的可行性以及对融资方的吸引力。第五，财政承受能力。多数城市水务项目，尤其是采用政府付费和可行性缺口补助机制的项目，财政承受能力关系到项目公司能否按时、足额地获得付费，因此需要事先对政府的财政承受能力进行评估。

（二）城市水务行业的价格调整机制研究

城市水务行业调价机制的基本原则是“保本微利”，由此产生以成本加成定价机制为核心的城市水务行业价格调整机制。在理论上该机制有力地保护了生产企业的切身利益，但扭曲了效率溢价，不利于有效激励城市水务企业，甚至会产生“鞭打快牛”现象。本部分将对成本定价下的价格调整机制的现状以及存在的典型问题进行分析。

1. 成本加成定价下的价格调整机制现状

新中国成立初期城市供水实施福利水价。1985 年，国务院颁布

---

① 根据财金〔2015〕21 号文件相关规定，其常见的计算公式为：当年运营补贴支出数额 = ［项目全部建设成本 ×（1 + 合理利润率）×（1 + 年度折现率）n/财政运营补贴周期（年）］+ 年度运营成本 ×（1 + 合理利润）− 当年使用者付费数额；其中，n 为折现年数。

《水利工程水费核定、计收和管理办法》，国家开始对城市供水价格进行管理。1994 年，国务院发布《城市供水条例》（国务院令第 158 号），进一步明确了水费缴纳责任以及城市供水价格制定原则。为了进一步规范城市供水价格，保障供水、用水双方的合法权益，节约并保护水资源，原国家计委和建设部于 1998 年和 2004 年分别制定和修订了《城市供水价格管理办法》（计价格〔1998〕1810 号），《城市供水价格管理办法》主要依据《中华人民共和国价格法》《城市供水条例》等法律法规和部门规章，由原国家计委和建设部在探索前期城市水价管理实践经验的基础上，联合起草的一个比较完备的城市供水价格管理规范性文件。《城市供水价格管理办法》是在城市供水价格管理体制改革不断深化的背景下出台的，为全国各地城市供水价格的分类与构成、供水价格制定的原则与具体参数、供水价格的申报与审批、供水价格的执行与监督等指明了方向和路径，标志着我国城市供水价格管理步入了法制化和规范化的轨道。

《城市供水价格管理办法》明确了水价制定的内容，具体包括：制定城市供水价格应遵循补偿成本、合理收益、节约用水和公平负担的原则；供水企业合理盈利的平均水平应当是净资产利润率的 8%—10%①；城市供水应该逐步实行容量水价②和计量水价相结合的两部制水价或阶梯式计量水价（简称“阶梯水价”）；城市居民生活用水可根据是否具备先行条件来决定是否实行阶梯水价。阶梯水价可分为三级，级差为 1∶1.5∶2，这与《关于加快建立完善城镇居民用水阶梯价格制度的指导意见》（发改价格〔2013〕2676 号）中规定的 1∶1.5∶3 的说法不一致。同样，城市污水处理行业收费机制实行的是“收支两条线”，财政补贴城市污水处理企业支出并保障合理利润，其实质依然是成本加

---

① 主要靠政府投资的，企业净资产利润率不得高于 6%。主要靠企业投资的，包括利用贷款、引进外资、发行债券或股票等方式筹资建设供水设施的供水价格，还贷期间净资产利润率不得高于 12%。

② 容量水价 = 容量基价 × 每户容量基数；容量基价 =（年固定资产折旧额 + 年固定资产投资利息）/年制水能力；计量水价 = 计量基价 × 实际用水量；计量基价 = [（成本 + 费用 + 税金 + 利润）-（年固定资产折旧额 + 年固定资产投资利息）]/年实际售水量。

成定价机制，即指政府对自然垄断产品定价时，以企业上报并经政府审核的实际成本为基础，加上政府确定的利润率，作为产品或服务价格。因此，当前城市水务价格调整机制的典型特征是在补偿城市水务企业成本的基础上让其获得合理收益，具有典型的成本加成性。

2. 成本加成定价下的价格调整机制缺陷

成本加成定价下的价格调整机制是将城市供水企业完全等价于公益性企业，以保障城市水务的供给稳定为重要前提而忽视了城市水务的效率性。城市供水或污水处理企业是典型的自然垄断企业，是极度缺乏竞争性的企业，不仅没有企业之间的直接竞争，甚至同一地理区域内城市水务企业的区域间缺乏竞争。在没有竞争且信息不对称的情况下，城市水务企业提供的成本缺乏实际意义，因此以成本为基础的成本加成定价机制存在一定的弊端。主要表现在：难以激励城市水务企业降低成本、提高效率，客观上也无助于产品或服务价格的降低，从而无法增加消费者福利。成本加成定价机制使得城市水务企业丧失创新动力，弱化造血功能，逐步降低了城市水务企业的竞争力。同时，成本审核与价格制定的主体缺乏对成本数据真实性的科学判断，难以通过成本加成机制确定合理、有效的城市水务价格。最后，在政企之间不完全信息动态博弈情形下，由于对城市水务企业价格调整机制的监督极为困难，由此可能因为行政权力介入下的“设租”行为导致企业被迫“寻租”，以及企业为了虚报成本、争取高价而主动进行寻租。由此可见，成本加成机制是个价格调整“黑箱”，缺乏有效激励，抑制了城市水务企业的创新动力，制约了城市水务企业监管绩效的提升。

二　城市供水行业价格评价研究

水价是城市供水企业运营的核心，是城市供水生产和消费的桥梁，是市场化改革的重要标志。在中国城市供水行业市场化改革的背景下，计划经济时代的福利水价在1998年之后逐步转向带有市场价色彩的“监管价格”。必需品性、商品性和资源稀缺性特征下如何科学决定城市供水价格成为一个国际性难题。本部分将对中国城市供水行业价格水平进行评价，同时对近年来新推行的城市供水阶梯水价制度的有效性进行分析。

（一）城市供水行业价格水平评价

在城市公用事业中，城市供水行业的价格形成机制最为复杂，具有市场性和计划性或监管性的二重性特征。即城市供水行业价格并非简单地由供求关系决定，也并非遵循合同中的调价公式，而是由多种复杂因素交织在一起综合作用的结果。同时，城市的异质性特征也决定了城市供水行业价格水平具有一定的差异性。为此，本部分将从城市水价主要特征、城市水价基本构成和城市水价地域差异三个方面对城市供水行业价格水平进行评价。

1. 城市水价主要特征

城市水价具有典型的地域差异性、非市场决定性、成本构成的无效性和政府的强监管性特征。具体来说，与电力等全国性网络行业相比，城市供水行业具有典型的区域垄断性，水资源条件、城市规划与布局、供水市场发育程度、供水企业运营与技术水平等是影响城市供水企业成本的重要内容，因此统一性的成本监审架构和单一化的成本监审部门难以准确地确定城市供水行业的成本构成。同时，城市供水行业的自然垄断性决定了水价的非市场性，即无法通过供需关系决定供水价格，而是政府在权衡多种因素的基础上所形成的扭曲价格。这些因素主要包括政治事件、人事安排、物价指数、引资政策以及许多其他因素。此外，在成本构成上一些无关费用进入成本加总项目，进而提高城市供水价格调整的成本基数。而且为了维护社会稳定和公共安全，城市供水价格也是城市政府重点监管的对象，具有较强的政府监管性。

2. 城市水价基本构成

在一定程度上城市供水价格构成的历史沿革是城市供水行业成本体系逐步完善的过程。在城镇化的初始阶段，水价内容仅限于城市从自然水中取水、净化、输送和排放的成本与收益，即传统意义的城市供水价格；当城市污水排放对自然的影响超出了自然水体的自净能力，水价中加入了污水处理和环境补偿费用，也就是传统意义的污水处理费和排污费；当城市就近水源不能满足城市发展的总量供水需求时，远距离调水甚至跨流域调水的成本进入水价，形成水利工程水价；当水资源总量稀缺，不能满足以需代供的水资源配合方式，水资源开始以成本形式进入水价构成，形成水资源费。1998 年 9 月，国家发展计划委员会和建设部发布《城市供水价格管理办法》，确定了城市供水行业的定价是建立在保本微利原则基础上的成本加成定价机制。城市供水应逐步实行容量水价和计量水价相结合的两部制水价，容量水价用于补偿供水企业的固定成本，计量水价用于补偿供水的运营成本，并以此为基础上加上合理利润形成最终水价。2004 年 11 月，国家对《城市供水价格管理办法》进行修订。2004 年 4 月国务院办公厅发布的《关于推进水价改革促进节约用水保护水资源的通知》（国办发〔2004〕36 号）明确提出城市水价的四元结构，即水资源费、水利工程供水价格、城市供水价格和污水处理费。城市水价的四元构成具有不同属性，需要对不同组成部分实行差异化的、可操作性的定价目标，也需要为水价不同组成制定不同的收费形式、使用原则和管理层次。

3. 城市水价地域差异

由于城市居民供水是城市供水中最为重要的组成部分，居民供水价格也是社会公众普遍关注的重大民生问题。为此，本部分将以中国 35 个重点城市为例，对其居民供水价格的差异性进行评价。为了方便，本部分按照实际情况将居民供水价格分为 3—4 元、2.5—3 元、2—2.5 元、1.5—2 元和 1—1.5 元 5 个区间，并对 35 个重点城市的单一水价或城市供水价格进行分类（见表 2－4）。结果表明：天津、长春和郑州 3 个城市的城市供水价格处于第一高的价格区间。其中，天津供水价格最高，为 4.00 元/立方米，是最低的南京城市供水价格的 2.82 倍；长春次之，为 3.60 元/立方米；郑州为 3.10 元/立方米。西安、济南、石家庄价格次之，价格为 2.5—3.0 元。其中，西安城市供水价格为 2.85 元/立方米，济南为 2.80 元/立方米，石家庄为 2.50 元/立方米。多数城市供水价格落在 1.5—2.5 元/立方米的区间内。极少数城市（如南宁、南京）的城市供水价格较低。其中，南宁为 1.45 元/立方米，南京为 1.42 元/立方米。显然，与经济发展水平和资源成本相比，南京城市供水价格处于非常低的水平。总体而言，中国35个重点城市的城市供水价格之间存在较为明显的差异，呈现出典型的梭形结构，同时城市供水价格并未完全形成与城市发展水平相适应的供水价格结构，存在供水价格错配现象，这在一定程度上限制了城市居民的节约用水效应。

表2－4　中国35个重点城市2016年12月城市居民供水价格比较

价格区间	城市名称
(3, 4]	天津、长春、郑州
(2.5, 3]	西安、济南、石家庄
(2, 2.5]	昆明、哈尔滨、宁波、重庆、呼和浩特、沈阳、太原、大连、深圳、厦门、成都、北京、贵阳
(1.5, 2]	广州、上海、杭州、青岛、合肥、海口、兰州、福州、银川、乌鲁木齐、南昌、拉萨、武汉、长沙
(1, 1.5]	南宁、南京

资料来源：Wind资讯。

（二）城市供水行业阶梯水价评价

近年来，我国各城市加快推进城市居民阶梯水价改革，在实施范围、实施力度以及水表等基础设施安装等方面取得了显著的成效，但不同城市在阶梯水价的推行时间、阶梯水量划分标准以及价格比例等方面均存在一定的差异。为此，本部分将对城市居民阶梯水价的实施现状进行评价。

1. 阶梯水价的时空分布

深圳是最早对单一水价制度进行改革的地级市，该市于1990年5月1日起实施居民累进式水价。进入21世纪推行居民阶梯水价的城市逐渐增多，表2－5给出了1997—2014年283个地级城市阶梯水价的实施情况。由表2－5可知，我国推行阶梯水价的城市由1997年的2个增加到2014年的143个。近年来，多数地级城市在水资源的约束下逐步推行居民递增阶梯水价制度。但无论从推行居民阶梯水价的城市数量，还是从现行阶梯水价的规范程度来看，都与全面推行阶梯水价制度的目标存在一定的偏差。

表 2－5　　1997—2014 年推行阶梯水价的城市数量及其比重

年份	1997	1998	1999	2000	2001	2002	2003	2004	2005
城市数（个）	2	2	2	5	8	10	19	24	28
比重（%）	0.71	0.71	0.71	1.77	2.83	3.53	6.71	8.48	9.89
年份	2006	2007	2008	2009	2010	2011	2012	2013	2014
城市数（个）	42	53	58	76	86	91	105	124	143
比重（%）	14.84	18.73	20.49	26.86	30.39	32.16	37.10	43.82	50.53

注：由于曲靖、玉溪两市只是在 2011 年 9 月 1 日至 2012 年 5 月 31 日以及 2012 年 3 月 1 日至 5 月 31 日这一时段实施阶梯水价，为此表 1 在统计时不作考虑。此外，海口 2012 年出台阶梯水价方案，由于没有抄表到户，无法实施阶梯水价，本表也未进行统计。

资料来源：根据各市物价局网站等相关资料整理并计算得到。

进一步地，通过对各省份推行阶梯水价比例分析（见表 2－6）可知，截至 2014 年年底，山西所有城市都推行了居民阶梯水价制度，福建、江苏、湖北、广东 80% 以上的城市推行了阶梯水价，而陕西、海南、黑龙江以及西藏尚未推行居民阶梯水价。从推行居民阶梯水价的城市来看，经济较为发达、清洁水资源相对较少的地区更加重视推行阶梯水价制度，而清洁水资源相对较多且经济欠发达地区推行居民阶梯水价制度相对缓慢。

表 2－6　　2014 年年底中国地级城市推行阶梯水价的省份比重

省份	推行阶梯水价城市比重（%）	省份	推行阶梯水价城市比重（%）
山西	100.00	湖南	38.46
福建	88.89	云南	37.50
江苏	84.62	青海	33.33
湖北	83.33	内蒙古	33.33

续表

省份	推行阶梯水价城市比重（%）	省份	推行阶梯水价城市比重（%）
广东	80.95	四川	33.33
辽宁	78.57	江西	27.27
贵州	75.00	吉林	25.00
浙江	72.73	山东	17.65
广西	71.43	陕西	0.00
河南	64.71	海南	0.00
安徽	58.82	黑龙江	0.00
新疆	50.00	西藏	0.00
河北	45.45	—	—

注：同表2－5。

资料来源：根据各市物价局等相关资料整理得到。

2. 阶梯水量的划分标准

城市居民阶梯水价的阶梯通常依据水量的不同来确定。2013年，国家发改委、住建部两部委的文件指出阶梯水量的确定原则，即“第一级水量原则上按覆盖80%居民家庭用户的月均用水量确定，第二级水量原则上按覆盖95%居民家庭用户的月均用水量确定，第三级水量为超出第二级水量的用水部分”，同时给出各省份居民生活用水阶梯水量的建议值，但缺少阶梯水量划分标准的确定依据。为此，各地在确定阶梯水量时采用不同的分类原则，不同原则的社会公平效应和阶梯水价效果不尽相同（见表2－7）。相对而言，在准确掌握实际用水人数的情况下，3（4或5）人以下按每户用水量同时超额人数增加固定数额、3（或4）人以下按每户用水量同时4（或5）人以上按每人月用水量的阶梯水量确定方式，更具可行性，也有助于发挥阶梯水价的节水效应。

表 2－7　　城市居民阶梯水量的分类原则及其比重

分类原则	比重（%）	优势	劣势	适用条件
每户用水量	55.99	易于操作	不利于节约用水	易于操作且无须掌握服务区域的人口详细情况的城市
每人月用水量	10.21	最为公平	统计最为困难，交易成本最高	准确掌握服务区域内人口分布情况的城市
每户不多于 3 人按每户用水量，3 人以上每增加 1 人增加固定数额	3.52	在合理确定各级阶梯水量和水价的情况下，能够获得节水效应，又可避免收集用户信息带来的高成本问题	需要依据所在服务区域内详细的人口结构信息确定是以 3 人还是 4 人作为阶梯的划分基准	需要大致了解服务区域人口结构信息
每户不多于 4 人按每户用水量，4 人以上每增加 1 人增加固定数额	17.61			
每户不多于 5 人按每户用水量，5 人以上每增加 1 人增加固定数额	0.35			
每户不多于 3 人按每户用水量；4 人及以上按每人月用水量	3.17			
每户不多于 4 人按每户用水量；5 人及以上按每人月用水量	14.79			

续表

分类原则	比重（%）	优势	劣势	适用条件
分别确定4人以下（包括4人）和4人以上每户用水量	0.70	—	无法获得公平和成本节约效应。5人以上用户更能享受阶梯水价带来的好处，4人以下用户第一阶梯用水量如果核定过高将不利于节水	5人以上用户家庭占据一定比重

注：佛山市对顺德区、三水区、高明区以及禅城区实施居民阶梯水价，但各区价格水平不同，而且顺德区与其他三区对阶梯的划分标准存在差异。为此，笔者按照三水区、高明区以及禅城区的阶梯水价划分标准进行分析。同时，部分城市按人户结合进行阶梯水价分类，将这部分城市的分类标准设为按人口数进行分类。

资料来源：根据各市物价局等相关资料统计并分析得到。

3. 阶梯水价的级差比例

针对目前我国地级城市存在二级阶梯水价（累进式定价）、三级阶梯水价和四级阶梯水价三种分类方法，不同阶梯价格存在一定的比例关系。本部分将对地级市阶梯水价的等级进行分类。由表2－8可知，第一，在推行二级阶梯水价的城市中，占全国3.87%的城市将一、二级阶梯比例固定为1∶1.5，1.42%的城市小于1∶1.5，另外有0.35%的城市大于1∶1.5。为此，为实现阶梯水价目标，推行二级阶梯水价的城市涉及“升梯”与不同阶梯水价的科学确定问题。在推行三级阶梯的城市中，二、三级阶梯城市的水价比例多为1∶1.5∶2，占32.75%。以两部委的阶梯水价制度为参照，多数城市需要对现行阶梯水价的价格比重进行调整优化。

随着城市居民阶梯水价的推行、居民节水意识的提高以及节水技术的应用，城市居民人均日生活用水量有所下降，2000—2012年，城市居民人均日生活用水量由220升降到172升。近十年来，全国城镇

表 2-8　　地级市阶梯水价等级分类与比例

阶梯分类	阶梯水价比重（%）	分类	符合条件的城市比重（%）
无阶梯	49.29	—	49.29
二级阶梯	5.31	一级：二级 = 1：1.5	3.87
		一级：二级 < 1：1.5	1.42
		一级：二级 > 1：1.5	0.35
三级阶梯	45.05	一级：二级：三级 = 1：1.5：2	32.75
		一、二级阶梯价格比例较低 二、三级阶梯价格比例较低	2.46
		一、二级阶梯价格比例较低 二、三级阶梯价格比例较高	0.35
		一、二级阶梯价格比例相等 二、三级阶梯价格比例较低	4.23
		一、二级阶梯价格比例相等 二、三级阶梯价格比例较高	0.35
		一、二级阶梯价格比例较高 二、三级阶梯价格比例较低	0.35
		一、二级阶梯价格比例较高 二、三级阶梯价格比例较高	4.23
四级阶梯	0.35	一级：二级：三级：四级 = 1：2：3：4	0.35

资料来源：根据各市物价局等相关资料统计与分析得到。

化率提高了 10 个百分点，用水人口增长了 49.6%，城市年用水总量仅增长 12%。[①] 由此可见，城市居民节水效应较为显著，但城市居民依然存在较大的节水空间，而不合理的水价形成机制以及供水行业薄弱的基础设施限制了居民节水效应的提升。

4. 阶梯水价的推行困境

在水资源日益短缺和水质型缺水越发严重的客观形势下，为强化居民节水意识，我国政府多次推行居民阶梯水价制度，但在实际推行

① 杜宇、何雨欣：《城市居民人均生活用水减量》，《人民日报》2014 年 5 月 18 日。

阶梯水价过程中部分地区缺乏推行阶梯水价的硬件保障、阶梯水量的划分标准以及水价级差的确定不合理等，这制约了阶梯水价制度的有序推进。为此，本书将从“一户一表”推进缓慢、阶梯水价划分标准有待优化、水价级差的确定仍需完善和精准计费难以实行四个方面进行分析。

第一，“一户一表”推进缓慢。居民阶梯水价制度改革的基本前提是“一户一表、计量入户”，即指一户家庭安装一只结算计量水表，该水表安装在住宅的公共部位，由水务（或供水）公司按户计量收费。目前我国还不存在100%“一户一表、计量入户”的地级城市，这严重阻碍了居民阶梯水价制度的推行。原因在于：智能水表的投资主体不明、责任不清，这迫使政府、企业和居民三方缺乏更新改造水表的动力。一般而言，智能水表价格和安装费分别在500元和200元左右，在投资主体不明的情况下，更换智能水表的费用大多由供水企业承担，这增加了城市供水企业的负担。如国内第一家实行抄表到户的银川市自来水总公司不仅背负着水表更新改造带来的财务负担，而且由于水表技术不过关也使自来水公司蒙受了巨大的经济损失。①

第二，阶梯水量划分标准有待优化。目前，阶梯水量的阶梯划分标准主要分为单纯以户为单位、每人每月用水量和根据居民人数不同实行差别水量三大类，各种划分标准各有利弊。其中，单纯将户作为划分标准具有操作简单的特点。但由于不同用户之间存在人数上的差异，因此这一标准往往有失公平。而每人每月用水量、每户按居民人数实行差别水量两种划分标准都需要准确统计每户实际用水的居民人数，这与按户收取固定水费和以户为单位收取水费的情况相比，大大增加了供水企业的统计负担。同时该种划分标准从理论上能够实现户间公平，但实际上可能由于存在统计误差而背离公平。

第三，水价级差的确定仍不完善。国家两部委的意见指出，“第一、二、三级阶梯水价按不低于1:1.5:3的比例安排，缺水地区应进一步加大价差”，但各级政府在确定本市水价级差时，对本市适宜实

① 王小霞：《阶梯水价全面实行仍有困难》，《中国经济时报》2009年12月23日。

施几级阶梯水价以及水价级差缺乏科学论证，大多参照国家两部委意见实施三级阶梯水价制度。同时，多数城市在2014年由单一价格转为阶梯价格或调整已实施的阶梯水价时，大多将三级阶梯水价比例定为1∶1.5∶3，缺乏对各地实际情况的调查，进而确定阶梯水价级数以及级差价格比例的动态过程。

第四，精准计费难以实行。相对单一水价，阶梯水价需要严格执行按月抄表到户制度，即阶梯水价制度严格要求前后两个月的抄表时间趋于一致，否则将会产生多计量与少计量本月或下月水量的问题，从而有失社会公平。同时，阶梯水价制度也会增加抄表工人负担，提高供水公司因工人抄表次数增加而产生的额外成本，而且阶梯水价要求严格执行“一月一抄、准确计费”制度，这将增加供水企业对抄表工人的额外需求以及现有抄表工人的作业压力。

三　城市污水处理收费评价研究

城市污水处理费的制定需要在“补偿成本、合理收益、适度差价”的原则基础上，实行对污水排放企业征收污水处理费和对污水处理企业发放污水处理服务费的“收支两条线”机制。近年来，各级政府出台了一系列的城市污水处理收费政策，形成了较为合理的城市污水处理收费机制。为此，本部分将从城市污水处理收费决定机制、城市污水处理收费的政策逻辑和城市污水处理收费的区域差异三个方面对当前我国城市污水处理收费进行评价。

（一）城市污水处理收费的决定机制

城市污水处理收费的决定机制有助于打开从付费者到收费者这一“黑箱”，有助于分析当前城市污水处理费与城市污水处理服务费的形成机制及其存在的典型问题。为此，本部分将对城市污水处理费的基本构成和城市污水处理费的形成机制进行研究。

1. 城市污水处理费的基本构成

城市污水处理行业的区域垄断性特征决定了难以通过竞争决定城市污水处理费，为此，城市政府往往在搜寻城市污水处理企业成本费用与税金的基础上，形成城市污水处理费定价的基础性部分，并依据利润乘数确定城市污水处理费。其中，城市污水处理的成本是指与城市污水处理有关的各种支出，一般包括原材料费用、人工费用和制造开销等。城市污水处理费用主要是指管理费用、财务费用和期间费用。同时，我国绝大多数城市污水处理企业进行了事业单位改造，建立了现代企业制度，需要缴纳营业税、城市维护建设税等税金。此外，城市污水处理费的确定以“保本微利”原则为基础，为此，需要依据成本、税金等并结合利润乘数综合确定城市污水处理费。

2. 城市污水处理费的形成机制

对城市污水处理费的征收往往存在单一污水处理费和递增阶梯污水处理费两种机制。前者是对任意污水排放量征收相等的单位污水处理费；后者带有激励性质，即对低阶梯的污水排放量征收较低的污水处理费，而对高阶梯的污水排放量征收较高的处理费。同时，政府对城市污水处理企业回拨城市污水处理服务费也存在两种定价机制，即单一的城市污水处理服务费和递减阶梯的城市污水处理服务费。其中，单一的城市污水处理服务费机制是在考虑城市污水处理厂的建设、维护、管理以及运行费用的基础上，利用两部制定价机制来确定的。而递减阶梯的城市污水处理服务费是指政府需对较低阶梯的城市污水处理量支付较高的单位污水处理费，而对较高阶梯的城市污水处理量支付较低的单位污水处理费，该种方式主要存在于实际污水处理量远低于城市污水处理能力的城市污水处理 PPP 项目中。从长期来看，如果该类项目的实际污水处理量与污水处理能力之间存在“剪刀差”，那么将会产生严重的资源错配，大大降低城市政府的财政负担，最终可能导致政府高价回购。

（二）城市污水处理收费的政策逻辑

从《中共中央关于全面深化改革若干重大问题的决定》发布以来，包括城市污水处理在内的环境服务价格监管逐步迈入了快车道，国家发改委等三部委制定的《污水处理费征收使用管理办法》（财税〔2014〕151 号）、国务院印发的《水污染防治行动计划》（国发〔2015〕17 号）、《中共中央、国务院关于推进价格机制改革的若干意见》（中发〔2015〕28 号）、《国家发改委、财政部、住房城乡建设部关于制定和调整污水处理费收费标准等有关问题的通知》（发改价格〔2015〕119号）等一系列政策文件密集出台。在其推动下，各地纷纷掀起了新一轮城市污水处理收费制度的制定热潮（见表2－9）。

表2－9　　现行省际城市污水处理费收费制度

年份	地方政府规章	地方规范性文件
1998	《重庆市城市污水处理费征收管理办法》	—
2004	《陕西省城市污水处理费收缴办法》	《湖南省城市污水处理费征收使用管理暂行办法》
2005	《河南省城市污水处理费征收使用管理办法》《安徽省城市污水处理费管理暂行办法》	《四川省城市生活污水处理费收费管理办法》
2006	《吉林省城市污水处理费管理办法》	《山东省城市污水处理费征收使用管理办法》
2008	《内蒙古自治区城市污水处理费征收使用管理办法》《湖北省城市污水处理费征收使用暂行办法》《海南省城镇污水处理费征收使用管理办法》	《河北省城市污水处理费收费管理办法》《广西壮族自治区城镇污水处理费征收管理暂行办法》
2009	《辽宁省污水处理费征收使用管理办法》	《贵州省城镇污水处理费征收管理规定》
2014	—	《北京市污水处理费征收使用管理办法》
2015	—	《天津市污水处理费征收使用管理办法》《青海省污水处理费征收使用管理实施办法》《浙江省污水处理费征收使用管理办法》
2016	—	《上海市污水处理费征收使用管理实施办法》《江苏省污水处理费征收使用管理实施办法》

资料来源：笔者整理。

总体而言，当前省际城市污水处理收费制度的法律位阶依然偏低，地方政府规章相对较少，而地方规范性文件占据较大比例。新的城市污水处理收费有关制度基本上将总则修正为“污染付费、公平负担、补偿成本、合理盈利”，将分则修正为“污水处理设施正常运营成本 + 污泥处理处置成本 + 合理盈利”。但当前城市污水处理收费制度依然存在一些问题，主要表现为城市污水处理收费机制名义上是“政府定价”与“市场调节价”的双轨制，实质上是“政府定价”的单轨制。对“单位或个人自建污水处理设施仍向城镇排水与污水处理设施排水的，应当足额缴纳污水处理费”的规定无法激励排水企业自行治理水污染。

（三）城市污水处理收费的区域差异

从城市污水处理费情况来看，全国 35 个重点城市中有上海、南京、北京、南宁和武汉 5 个城市的城市污水处理费在 1—1.6 元。其中，上海最高，达到了 1.53 元/立方米；南京次之，为 1.42 元/立方米；北京、南宁、武汉分列第 3—5 位。污水处理费在 0.8—1.0 元/立方米的城市最多，达到了 15 个，占 42.86%。污水处理费在 0.5—0.8 元/立方米的城市数量次之，为 13 个，占 37.14%。而污水处理费在 0.5 元及以下的城市数量较少，仅有太原、长春 2 个城市。其中，太原的城市污水处理费为 0.5 元/立方米；长春最低，仅为 0.4 元/立方米。可见，与城市水价类似，城市污水处理费的分布也呈现出典型的梭形结构特征，多数城市的污水处理费并不存在显著差异，但最高与最低城市的污水处理费的差别较大，最高的上海是最低的长春的 3.825 倍。综合来看，在一定程度上城市污水处理费呈现出与城市发展水平相适应的特征，对城市污水处理和水资源优化配置具有重要的引导作用。2016 年 12 月中国 35 个重点城市居民污水处理费情况如表2 – 10所示。

表 2 – 10　2016 年 12 月中国 35 个重点城市居民污水处理费比较

价格区间	城市名称
(1, 1.6]	上海、南京、北京、南宁、武汉
(0.8, 1.0]	昆明、重庆、济南、厦门、宁波、杭州、拉萨、石家庄、乌鲁木齐、成都、深圳、广州、天津、福州、兰州
(0.5, 0.8]	西安、海口、南昌、哈尔滨、大连、合肥、长沙、银川、贵阳、青岛、郑州、呼和浩特、沈阳
(0, 0.5]	太原、长春

资料来源：Wind 资讯。

第四节　城市水务行业的PPP绩效

推行政府和社会资本合作是加快公共产品和服务供给侧结构性改革，化解地方政府债务风险以及推进新型城镇化建设的一项重要举措。2013年以来，在国务院和国家有关部委陆续出台一系列政策的推动下，PPP成为新常态下的一项战略任务。城市水务行业是重要的基础设施和公用事业，是国家大力引导和鼓励推行PPP的领域，同时城市水务行业也是较早通过BOT等PPP模式实行市场化改革的行业。PPP促进了城市水务行业的快速发展，激发了社会资本的竞争活力，体现了社会资本与政府之间的合作机制，但在城市水务行业PPP过程中也暴露出一系列问题。为此，本部分将基于国家发改委、国家财政部等PPP项目库中的有关数据，对城市水务行业PPP项目的签约金额、运作阶段以及城市水务PPP过程中存在的典型问题进行剖析，从而建立城市水务行业PPP项目的绩效评价框架。

一　城市水务行业PPP项目的签约金额

PPP成为城市水务行业推进新一轮战略性调整，提升运行绩效，打破地区之间发展不均衡，实现规模、效益与服务水平的重要工具。近年来，随着城市水务行业PPP的推进，城市水务行业PPP呈现出由点式向面式的发展，由单纯融资取向转向融资、效率等多维取向。PPP项目签约金额能够在一定程度上反映城市水务行业推行PPP的热度与成效。为此，本部分将分别对城市供水行业和城市污水处理行业中PPP项目的签约金额进行分析。

（一）城市供水行业PPP项目的签约金额

从城市供水PPP项目的签约金额来看，供水行业PPP项目的签约金额相对较小。其中，签约金额在1亿—5亿元的项目最多，为237项；5000万—1亿元的项目75项，两者占68%。另外，小于5000万元签约金额的项目共有60项，占13%。大于10亿元的项目数仅为36项，占7%，其中，大于20亿元的项目共有11项，主要分布在辽宁、黑龙江、湖南、河南以及福建等地区。甘肃和青海共有4个项目的签约金额大于30亿元，分别是天水曲溪城乡供水工程、青海省湟水干流（东部城市群）供水PPP项目、引洮供水二期工程以及石化园区供水工程。河南省有一个签约金额大于50亿元的项目，即河南省大别山革命老区引淮供水灌溉工程。由此可见，城市供水行业PPP项目呈现出小型项目多、大型项目少的特征。

表2－11　　城市供水行业PPP项目的签约金额

签约金额	小于5000万元	5000万—1亿元	1亿—5亿元	5亿—10亿元	10亿—20亿元	大于20亿元
数量（项）	60	75	237	50	25	11
比重（%）	13	16	52	11	5	2

资料来源：财政部PPP项目库。

从项目签约金额的地区分布来看（见表2－12和图2－26），东中西部地区以1亿—5亿元项目为主。从东部地区来看，小于1亿元的项目36个，占25%；大于10亿元的项目22个，占15%。因此，东部地区以中小型项目为主，大型项目数量偏低。中部地区小于1亿元的项目16个，占21%；大于10亿元的项目5个，仅占7%；1亿—10亿元的项目54个，占72%，因此，与东部地区相比，中部地区的大型项目数量相对较低。此外，西部地区小于1亿元的项目83项，占35%；大于10亿元的项目9个，约占4%；1亿—10亿元的项目144项，占61%。因此，西部地区以中小型项目为主，该类项目具有较低的进入门槛，易于吸引社会资本参与。

表2－12　　不同地区城市供水PPP项目的签约金额

签约金额	小于5000万元	5000万—1亿元	1亿—5亿元	5亿—10亿元	10亿—20亿元	大于20亿元
东部	14	22	73	16	17	5
中部	6	10	43	11	3	2
西部	40	43	121	23	5	4

资料来源：财政部PPP项目库。

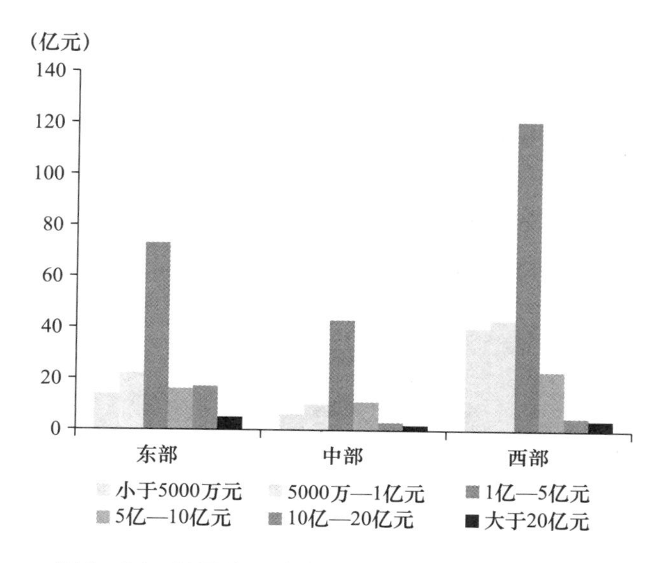

图2-26 不同地区城市供水PPP项目的签约金额

（二）城市污水处理行业PPP项目的签约金额

从项目投资规模的分布来看，城市污水处理行业PPP示范项目多具有中小型特征（见表2-13和图2-27）。1亿—5亿元的项目最多，为98个，占61%；5亿—10亿元的项目29个，数量次之，占18%；投资规模在1亿元以下的项目14个；30亿元以上的项目仅有1个，是云南省大理州大理市大理洱海环湖截污PPP项目，该项目属于综合性的排水与污水处理项目，并非传统意义上的城市污水处理厂或排水管网项目。从项目规模来看，城市污水处理PPP项目呈现出两大特征：一是以中小型项目为主，这类项目进入的门槛较低，易于吸引社会资本参与；二是大型项目主要集中在水环境综合治理领域，这

表2-13 城市污水处理PPP示范项目的投资规模分布

投资规模	<1亿元	1亿—5亿元	5亿—10亿元	10亿—20亿元	20亿—30亿元	30亿—40亿元	总计
财政部项目	5	39	19	9	7	1	80
省级项目	9	59	10	2	1	0	81
总示范项目	14	98	29	11	8	1	161

资料来源：财政部PPP项目库。

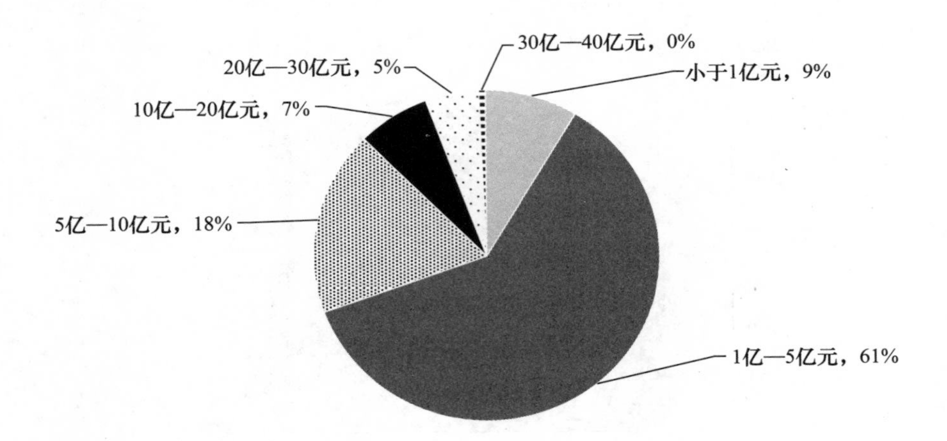

图 2 - 27　城市污水处理 PPP 示范项目的投资规模分布

类项目的投资数额巨大，也是城市污水处理行业 PPP 的主要发展方向。

从财政部与省级污水处理 PPP 示范项目的投资规模来看，两者也呈现出不同特征（见图 2 - 28）。中小型化的城市污水处理项目是财

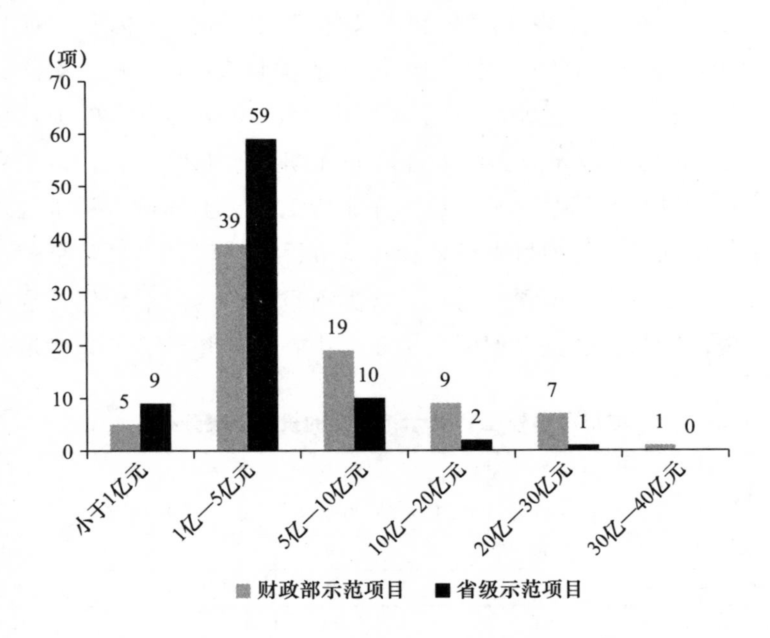

图 2 - 28　财政部与省级城市污水处理 PPP 示范项目的投资规模对比

政部与省级污水处理 PPP 示范项目的共同特征，但与省级示范项目相比，财政部示范项目的规模更大。特别是 10 亿元以上的项目，财政部示范项目 17 项，占部级示范项目总数的 20% 左右；而省级示范项目仅有 3 项。同时，80% 以上的省级示范项目属于 5 亿元以下的中小型项目，特别是 1 亿—5 亿元的项目近 60 项，占 72.84%；在财政部示范项目中，5 亿元以下的项目占 55%。由此可见，财政部示范项目的规模相对较大，而省级示范项目更多地具有中小型特征。

二　城市水务行业 PPP 项目的运作阶段

城市水务行业 PPP 项目的运作阶段主要包括识别、准备、采购和执行四个阶段。其中进入到执行阶段说明城市水务行业 PPP 项目进入实质性阶段，其执行阶段的比例越高说明城市水务行业 PPP 项目的推进效果越好。基于此，本部分将对城市水务行业 PPP 项目的运作阶段进行分析。

（一）城市供水行业 PPP 项目的运作阶段

从财政部 PPP 项目库中的项目运作阶段来看，处于识别阶段的项目 213 个，占 68%；处于准备阶段的项目 57 个，占 18%；17 个项目处于采购阶段，仅占项目总数的 5%；处于执行阶段的项目 28 个，约占 9%（见表 2－14 和图 2－29）。因此，近七成的项目处于识别阶段，真正处于实施阶段的项目不到两成。由此可见，我国城市供水 PPP 项目的实施仅处于初级阶段，为此，需要尽快采取有效措施，通过制度创新推进政府和社会资本合作进程，实现城市供水 PPP 项目的实质性发展。

表 2－14　　　城市供水行业 PPP 项目的运作阶段

运作阶段	识别阶段	准备阶段	采购阶段	执行阶段	总计
数量	213	57	17	28	315

资料来源：财政部 PPP 项目库。

从地区分布来看，各地区城市供水项目运作阶段的分布情况大体类似，都以识别阶段项目为主。从表 2－15 可知从东部地区来看，处

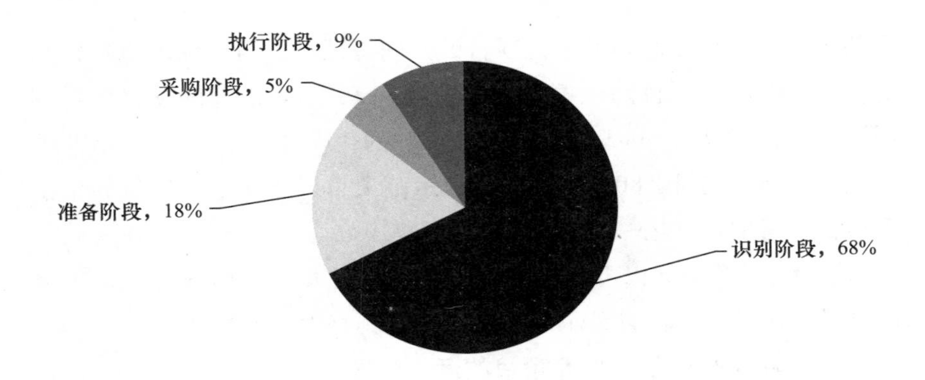

图 2－29　城市供水行业 PPP 项目的运作阶段

于识别阶段的项目占 49%；处于准备阶段的项目 29 个，占 27%；处于采购阶段和执行阶段的项目 24 个，占 23%。中部地区处于识别阶段的项目 25 个，占 57%；处于准备阶段的项目 9 个，占 20%；处于采购阶段和执行阶段的项目 10 个，占 23%。西部地区处于识别阶段的项目 137 项，占 82%；处于准备阶段的项目占 11%；处于采购阶段和执行阶段的项目 11 项，约占 7%。由此来看，东部地区项目的运作速度明显快于中西部地区，处于执行阶段的项目占 14%。相反，西部地区的城市供水项目的运作速度较为缓慢，绝大多数项目仅处于第一阶段，而处于执行阶段的项目不足项目总数的 5%。

表 2－15　　不同地区城市供水 PPP 项目运作阶段

运作阶段	识别阶段	准备阶段	采购阶段	执行阶段
东部	51	29	9	15
中部	25	9	5	5
西部	137	19	3	8

资料来源：财政部 PPP 项目库。

（二）城市污水处理行业 PPP 项目的运作阶段

从城市污水处理行业 PPP 项目的实施阶段来看，绝大多数项目已进入准备阶段，只有 18 个项目目前还处于识别阶段，约占项目总数的 11%。约六成项目已完成项目准备，正进行或已通过政府采购，其中近四成项目已通过政府采购进入执行阶段，该类项目已确定了社会资本合作方，如表 2－16 和图 2－30 所示。

表 2－16　　　　城市污水处理 PPP 项目的实施阶段

实施阶段	识别阶段	准备阶段	采购阶段	执行阶段	总计
财政部项目	2	17	20	41	80
省级项目	16	32	10	23	81
总示范项目	18	49	30	64	161

资料来源：财政部 PPP 项目库。

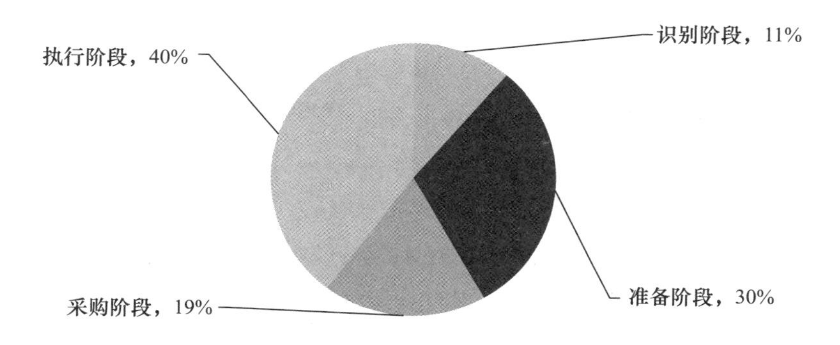

图 2－30　城市污水处理 PPP 项目的实施阶段

从财政部与省级城市污水处理 PPP 项目实施阶段来看，两者差异较为显著（见图 2－31）。财政部示范项目多集中在采购和执行阶段，有 41 个项目已处于执行阶段，已超过部级示范项目数的一半；处于采购阶段的项目也有 20 项，两者加总共 61 项，占 76%。与之相对的，省级示范项目则多集中在准备阶段，甚至有部分项目仍处于识别阶段即被确立为省级示范项目。在省级示范项目中，处于准备阶段的项目共 32 项，还有 16 个项目处于识别阶段，两者占六成左右。由此可见，项目条件好、较为成熟的项目更易获得财政部示范项目的支持，对于尚处于识别阶段的项目，财政部则鲜有支持。

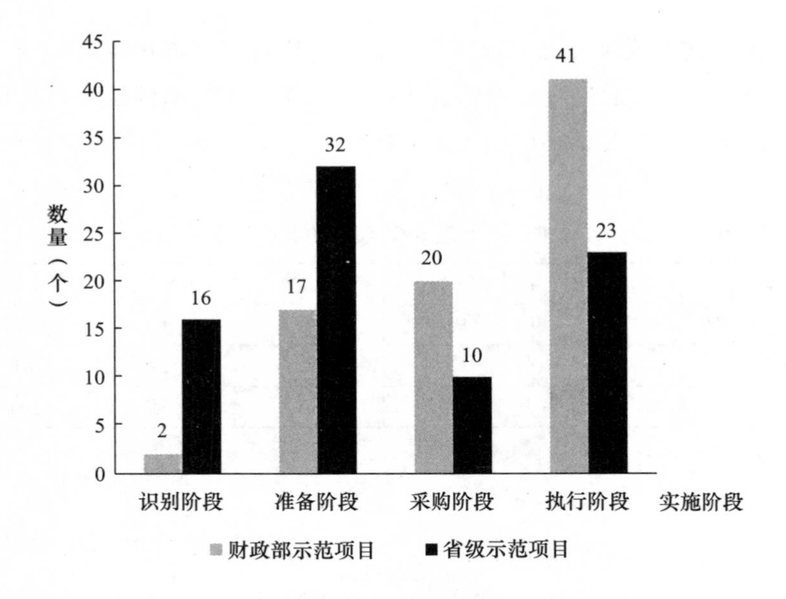

图2－31　财政部和省级城市污水处理PPP项目实施阶段比较

三　城市水务行业PPP项目的负面效应

社会资本进入城市水务行业后，在增加城市水务行业普遍服务能力、提高城市水务企业运行效率以及缓解政府财政负担等多个方面发挥了积极的促进作用，但正如任何事物都有正反两个方面，在社会资本进入我国城市水务行业的过程中也产生了一定的负面效应。本部分在肯定社会资本进入城市水务行业后取得一系列成绩的同时，重点分析社会资本进入城市水务行业后所产生的负面效应，并客观剖析这些负面效应的形成机理。

（一）城市水务行业PPP项目负面效应的典型特征

我国自20世纪80年代末首先在城市供水行业引入社会资本，但社会资本较大规模地进入城市水务行业发生在2002年国家建设部出台《关于加快市政公用行业市场化进程的意见》之后。由此可见，社会资本较大规模地进入我国城市水务行业的时间较短，许多城市政府还缺乏相应的监管经验，这使一些城市在社会资本进入城市水务行业的过程中也存在一定的局部问题，产生了一些负面效应，在国家大力推进公用事业和基础设施 PPP 的背景下，这些局部问题值得总结和关注。其主要表现在：

1. 国有资产流失和腐败问题

国有资产流失是指具有管理或经营国有资产责任的单位或个人，以低于真实价值的价格出售国有资产，从而使国有资产受到一定程度的损失。国有资产流失主要有两种表现形式：一是对国有资产负有管理或经营责任的单位或个人低估国有资产价值，并且以这一被低估的价值作为出售国有资产的实际价格；二是对国有资产负有管理或经营责任的单位或个人在事先知晓国有资产真实价值的情形下，由于某种目的以低于真实价值的价格出售国有资产。随着城镇化进程的加快，社会资本进入城市水务行业的规模和范围也在不断地扩大，在这一过程中，一些城市为了缓解财政资金短缺所造成的投资不足问题，对已建项目缺乏科学评估，急于出售国有资产，从而造成国有资产流失。此外，腐败常常与国有资产流失相伴而生，使得在社会资本进入以及运营城市水务行业的过程中产生了一些“寻租”问题，主要表现在为了获得国有资产转让项目的特许经营权而实施的“寻租”行为、为获得区域性垄断高价而采取的“寻租”行为以及为争取更宽松的政府监管环境而实施的“寻租”行为，等等。

2. 溢价收购和固定回报问题

溢价收购和固定回报主要发生在国外社会资本进入我国城市水务行业的过程中。国外社会资本为了快速获得我国城市水务项目的特许经营权，在项目竞标中往往以高于实际价值数倍的价格竞标，实现溢价收购。同时，一些地方政府为了增加资产变现所得，片面追求盘活国有资产，以溢价方式转让，从而附加了许多不合理，甚至违背我国法律的商务条款，违背了利益共享、风险共担的商业合作原则，部分社会资本采取垄断并购、恶意并购的方式，这种模式虽然实现了投资主体的多元化，但并未改善资金的实力和流动性，也给下一任政府工作埋下了诸多隐患。更为重要的是，在城市水务项目溢价收购的过程中，往往伴随着固定回报和变相固定回报问题。以城市供水行业为例，社会资本进入该行业的溢价收购和固定回报问题主要经历三个阶段：第一阶段是高额固定回报。如沈阳市自来水公司和中法水务 1995 年合资经营的第八水厂项目，第 1 年外方不计投资回报；第 2—3 年，外方的回报率为 12%；第 4—5 年，外方的回报率为 15%；第 6—12 年外方的回报率不少于 18%；第 13—30 年，外方的回报率为 18%。[①] 第二阶段是当国家明确规定禁止高额固定回报以后，国外民间资本又采取变相高额回报，主要有按照一定比例上调水价和保底水量两种形式。如辽宁某市采取保底水量的形式，根据协议当该市消耗的自来水量低于保底水量时，政府需要对其进行补贴，仅 2006 年该市就补贴了 1539 万元，大大提高了政府的负担。[②] 第三阶段是 2006 年开始的溢价收购，表现突出的是威立雅在兰州、海口、昆明、天津的收购价格数倍高于标底。如 2007 年 3 月威立雅溢价 206.45% 收购海口水务集团 50% 的股权。[③] 尽管溢价收购获得了大量的资金，但地方政府并未将溢价中的大部分变现所得资金用于城市水务等城市公用事业的发展，而被挪作他用。此外，在变卖国有股权之后，一些水厂成为资本逐利的工具，同时供水规划难以落实、供水安全无法保障。由此可见，社会资本进入城市水务行业过程中出现的溢价收购和固定回报问题，给地方政府和社会公众带来了较大的负担。

3. 政府承诺和责任缺失问题

政府承诺缺失是指对政府缺乏长期有效的制度性监管，政府代理人可以利用这一缺陷，在自身效用最大化目标的驱动下盲目承诺或不承诺，从而形成制度性承诺缺失。政府承诺缺失主要有三种表现形式，即政府监管者滥用承诺或前任与下任政府之间的政策不连续性；缺乏实施政府监管职能的相对独立监管机构，从而造成各项监管职责缺位、错位和不到位；民间资本进入城市公用事业的法规政策体系不完善，从而在城市水务行业特许经营权竞标与特许经营项目运营过程

---

① 傅涛、常杪、钟丽锦：《中国城市水业改革实践与案例》，中国建筑工业出版社 2006 年版。

② 中国社会科学院经济研究所《国内外经济动态》课题组：《由水价上涨引发的公用事业定价机制改革探讨》，《经济走势跟踪》2009 年第 67 期。

③ 张春红：《水务市场整合演绎变奏曲》，《辽宁日报》2008 年 7 月 31 日。

中缺乏必要的制度保障。上述三种情况在社会资本进入城市水务行业的过程中同时存在，有时甚至交互作用。此外，在城镇化进程中随着社会资本的进入，一些地方政府不但表现为承诺缺失，责任缺失问题也十分突出。主要表现在一些社会资本进入城市水务行业后，与之相适应的准入制度、特许经营合同、监管评估机制等制度相对缺失或不健全，政府仍然按照管理国有企业的方式管理由社会资本运营的企业，从而造成政府监管责任缺失。此外，一些本该由政府投资的领域或环节，政府不投资或少投资，从而导致了政府投资责任缺失。在实践中，政府承诺缺失和责任缺失问题并存，往往难以保障城市水务行业 PPP 项目的规范性与效率性。

4. 水务产品和服务低质问题

在城镇化进程中，一些城市为了急于解决城市水务行业的投资难题，在缺乏科学评估特许经营企业资质的前提下，片面招商引资，引入了一些不具备城市公用产品生产和运营能力的企业，影响了政府声誉，甚至扰乱了居民正常的生产和生活，严重的还造成了社会公众恐慌和群体性事件的发生。如 2009 年 5 月，湖北省南漳县自来水水质浑浊度高达 5200 度，远远高于国家规定的生活饮用水浑浊度不大于 3 度的标准，而且该自来水厂还存在细菌总数和一些菌群总量超标问题。原因在于该水厂管网老化，没有蓄凝沉淀池，而且该公司运营企业浙江浦峰集团有限公司主要生产水泥、喷浆棉，缺乏自来水生产经验，很大程度上讲是一个投资公司，而且在浙江浦峰集团有限公司运营南漳县自来水公司之前政府并未对其资质进行审核。[①] 又如 2009 年 7 月发生在赤峰市新市区的水污染事件，导致 4200 余人出现腹泻、呕吐、头晕、发热等症状，经调查雨污水是本次事件的主要原因，但也与九龙供水有限公司缺乏经验、补救措施不及时有一定关系。[②] 由此可见，社会资本进入城市水务行业后，由于准入机制缺失或不健全以

① 敬一丹：《自来水何以浑浊》，中央电视台《焦点访谈》2009 年 6 月 15 日。

② 李松涛：《一场暴雨如何引发千人患病 赤峰水污染事件折射公用事业改革困境》，《中国青年报》2009 年 8 月 3 日。

及管理不规范，在一些城市中产生了产品低质问题，这严重影响了政府形象和社会公众的正常生产和生活。

5. 政府高价回购问题

近年来，随着城镇化进程的加快，国家对低碳经济、水质、污水和垃圾处理等标准的要求有所提高，而一些地方政府在引入社会资本的过程中缺乏科学评估与合理预见，从而在国家提高城市公用产品标准后，地方政府难以约束特许经营企业。如 2007 年 7 月 1 日公布的《生活饮用水卫生标准》将原有的 35 项提高到 106 项，在生活饮用水卫生标准提高的条件下，一些城市自来水厂的生产工艺无法达标，需要进行更新改造，但是，在特许经营合同中没有明确规定企业的更新改造条件。因此，在利益驱动与投资资金有限的情况下，民间资本缺乏通过投资提高生活饮用水质量的动力，地方政府为了保护社会公众的饮水安全，被迫高价回购城市自来水厂，从而增加了政府负担。如 2003 年 5 月 10 日，民营企业淮阴东方自来水公司获得江苏省淮阴自来水公司的经营权，此后虽然淮阴东方自来水公司的水质经过一、二、三期工程后有所提高，但由于特许经营合同对投资的约定不够清晰，使该企业仅对供水设备进行简单的更新改造，改造后的水质没有达到 106 项标准要求，而且居民区水压较低等问题也降低了居民的满意度，最终政府被迫回购。[①] 一般而言，为弥补社会资本退出城市水务行业 PPP 项目的损失，特许经营期内的回购事件大多表现为高价回购。

（二）城市水务行业 PPP 项目负面效应的形成机理

社会资本进入城市水务行业后产生了一定的负面效应，这是多种因素共同作用的结果，本书认为，主要原因有以下几个方面：

1. 对社会资本进入城市水务行业的目标缺乏足够的认识

社会资本进入城市水务行业的初衷是形成国有、民营和外资等多种所有制企业独立经营或合作经营，建立多种所有制企业间平等竞争

---

① 杨丹丹、陈华中：《从公到私再从私到公，淮阴自来水公司九年两改制》，中国江苏网，2012 年 8 月 15 日。

的制度环境，实现资源的优化配置。更具体的目标是缓解快速城镇化进程中城市水务行业基础设施的投资矛盾，增加城市水务行业的供给能力，从而满足城镇化的客观需求。此外，社会资本进入能够发挥竞争活力和创新动力，从而有助于缓解国有企业垄断经营的低效率问题。但在社会资本进入城市水务行业的过程中，一些城市政府对社会资本进入目标的认识还不够清晰，主要表现为：（1）增加财政收入、减少财政补贴是一些城市政府引进社会资本时考虑的首要目标，为此多参照“土地财政”的做法转移城市公用事业 PPP 项目的产权或经营权。（2）有的城市政府将具有公益性、需要政府不断投入的城市水务行业视为“包袱”，一卖了之，推卸政府责任。（3）有的城市政府在城市水务行业中盲目招商引资，搞“政绩工程”，表现为融资冲动，只要能圈到钱，政府就给企业特许经营权；只要某个企业给的钱比其他企业多，政府就给这个企业特许经营权。其结果是增加了城市水务行业的融资成本，削弱了政府对城市水务企业的控制力。

2. 有关社会资本进入城市水务行业的法规政策滞后

社会资本进入城市水务行业后改变了传统国有企业垄断经营的局面，这必然要求管理体制发生变革。其中，法规政策体系创新是保障社会资本进入城市水务行业的关键因素。为此，国务院相继出台《鼓励支持非公有制经济发展的若干意见》和《关于鼓励和引导民间投资健康发展的若干意见》以及一系列 PPP 政策，从宏观上提出鼓励社会资本参与城市水务等城市公用事业建设与运营的相关政策。国家建设部也相继出台有关城市公用事业市场化改革以及鼓励社会资本进入城市水务等城市公用事业的相关政策，如《关于加快市政公用事业市场化进程的意见》《关于进一步鼓励和引导民间资本进入市政公用事业领域的实施意见》等，这对鼓励社会资本进入城市水务等城市公用事业起到了重要的引导作用。一些城市政府以上级政府的法规政策为依据，形成本地区的政策文件，但现有政策还缺乏必要的实施细则。此外，地方政府大多强调上下级之间政策对接，忽视了城市间以及行业间的差异，从而导致地方性法规政策多反映共性问题，忽视了地区差异，增加了地方政府的自由决策权，从而使城镇化进程中社会资本进入城市水务等城市公用事业缺乏操作性和针对性强的法规政策与实施细则。

3. 社会资本进入城市水务行业的准入与运行机制不健全

健全的准入机制是选择高效 PPP 项目公司的关键。社会资本竞标城市水务行业的特许经营权，是一项系统性、综合性的工作，涉及组织、规划、建设、运营等多方面内容。同时，由于城市水务行业涉及多种项目形式，不同项目之间存在一定的差异，而且城市之间也存在一定的差别，因此，需要依据行业特征、项目特点以及城市特殊性，分类确定不同城市水务项目的特许经营期。此外，还需要制定适宜的社会资本准入程序、准入标准、定价与调价机制以及特许经营期满后的退出机制等。但从实践来看，不少城市政府还缺乏较为健全的社会资本进入城市水务行业的准入机制与运行机制，具体表现在：（1）一些城市对城市水务 PPP 项目缺乏必要的准入标准，难以限制低效率企业进入城市水务行业；（2）对城市水务行业特许经营期的选择缺乏科学性，多通过经验判断选择 20—30 年的某一时间作为项目的特许经营期；（3）特许经营合同条款还不完备；（4）特许经营合同中对质量监管、定价与调价机制的规定还不全面。综合来看，社会资本进入城市水务行业的准入机制与运行机制还不够健全，这是实践中一些低效率企业进入城市水务行业，导致政府高价回购的主要原因之一。

4. 社会资本进入城市水务行业的监管体系较为缺乏

社会资本进入城市水务打破了国有企业垄断经营的局面，这需要建立与多元化产权结构相适应的城市水务行业现代政府监管体系。但在现实中，与社会资本进入相适应的政府监管体系尚未建立，主要表现在：（1）缺乏与社会资本进入相适应的现代政府监管理念。城市水务行业的公益性特征以及社会资本的利润最大化动机，决定了社会资本进入后需要加强政府监管，并从监管内容、监管手段等多个方面建立现代监管理念。但目前不少地方政府仍然沿用传统管理国有企业的思路来监管社会资本运营的企业。（2）缺乏相对独立性、专业化的政府监管机构。不断加快的城镇化进程以及社会资本的进入，使得城市水务行业面临的问题更多、更复杂，这就需要建立相对独立的、专业化的政府监管机构。但实际上，城市水务行业等城市公用事业政府监管机构依然是多部门协同监管，在城市公用事业的城市一级监管部门多由建设部门、水利部门、发改部门、环保部门、物价部门等多部门协同监管，这增加了部门之间的协调成本，降低了政府监管效率。（3）缺乏立法监督、行政监督、司法监督、社会监督“四位一体”的现代政府监管监督体系。社会资本进入城市水务等城市公用事业后，可能会在利益驱动下降低产品和服务质量，因此更需要政府实行有效监管，然而，目前与社会资本进入相适应的现代政府监管监督体系尚未建立。（4）缺乏城市水务等城市公用事业政府监管的绩效评价体系。这主要表现在上级行业主管部门对下级行业主管部门的监管绩效评价体系缺失，以及市县行业主管部门对由城市水务等特许经营项目缺乏有效的绩效评价体系两个方面。

第三章　城市水务行业监管绩效评价的国际经验与中国现实

自20世纪六七十年代以来，西方发达国家对水务行业实行了一系列的体制改革，建立起了较为完善的水务管理体制，20世纪80年代后，水务行业绩效评价蓬勃发展，成为城市水务管理理论研究与实践应用的热点问题。英国、美国、荷兰以及澳大利亚等西方国家先后建立了城市水务行业绩效评价体系，如英国运用标杆管理手段对城市水务企业进行监管，并建立了相应的指标体系。同时，美国、荷兰、国际水协以及世界银行等也建立了城市水务行业的绩效评价指标体系。无论是西方发达国家还是国际组织，对城市水务行业绩效评价主要集中在行业绩效或企业绩效上，而缺乏对城市水务行业监管绩效的研究。行业绩效或企业绩效研究是建立城市水务行业监管绩效评价指标体系以及进行科学评价的重要前提。为此，本章将对发达国家及国际组织的城市水务行业绩效评价指标进行研究。同时，系统梳理当前中国城市水务行业绩效评价现状，从而为推进城市水务行业的市场化改革，以及建立城市水务行业监管绩效评价体系提供重要支撑。

第一节　英国城市水务行业监管绩效评价

英国城市水务行业发展有近200年的历史，产权改革经历了“私有—公有—私有”的发展历程，监管方式也相应地从地方分散管理逐步向监管与服务相统一的流域一体化管理、监管与服务相分离的流域一体化的管理模式不断演进。1973年以前，英国城市水务行业是高度分散的，水资源规划较为混乱且不同层级的监管部门之间缺乏有机协调。1973 年，英国颁布了第一部水法，政府按照境内水系流域设立了10 个区域性的水务局（Regional Water Authorities，RWAs），确立了流域统一管理和地方配合相结合的水资源管理体制。但由于各届水务局累计的高额负债导致整个城市水务行业投资严重不足，同时公众对水费过高以及水务局既是排污者又是水污染治理者的身份感到不安，英国随后对城市水务行业进行改革。1989 年新水法的颁布，标志着英国正式实施水务行业私有化，政府将水务局变为公开招标的有限公司，并赋予其特许经营权，由水务公司提供全流程的水务服务，政府不对其进行干预但保留一定期限后终止水务公司特许经营的权利，同时设立英国水务办公室（OFWAT），对英格兰和威尔士地区的饮用水和污水处理行业私有企业进行经济性监管，负责维持水务行业运行、保护消费者利益、确保公司财务可持续、促进经济效率以及引入竞争等，其具体职能包括发放经营许可证、水价监管、企业财务监管、投资激励以保证供水可靠性、服务质量监管、企业垄断行为监管、信息公开和消费者服务等。英国城市水务行业绩效管理体系由政府、独立的公共部门以及私营企业共同组成，形成了宏观调控、监督管理以及服务运营有效分工合作与相互制衡的模式，同时形成自上而下的自评式绩效考核模式。英国水务管理办公室为了形成适度竞争的市场格局，提高城市水务行业的运营效率，切实提升用户利益，保护生态环境，推行了一系列的绩效管理策略，如区域间比较竞争、六月反馈和定期审核制度。随着私有化改革的不断深入，英国已经逐步建立起成熟的绩效管理体系，将标杆管理应用到对水务行业的监管绩效评价，并以此作为制订水务行业发展计划、投资预算以及价格制定等的重要依据。

一　英国城市水务行业政府监管的体制机制

英国城市水务行业监管体制是对私有企业实行独立的经济性监管。英国这一充分市场化的监管模式主要体现在英格兰和威尔士地区，自 1989 年全面推进水务行业私有化改革以来，这一地区的水务行业的资产完全属于私人所有权，行业运营管理主要由私有企业来进行。英国实行经济性监管和社会性监管相分离，对水质、水资源的监管由专门设立的全国性专业监管机构负责，同时政府设立独立的经济性监管机构来负责对私有企业的监管，以维护行业发展的公共利益。其中，英国城市水务行业绩效管理实行私有水务公司的法定第三方绩效监督管理体制。通过立法的形式将十大水务局私有化为十大水务公司，并建立了以水务办公室（OFWAT）为主的绩效管理体系。水务办公室、环境署、饮用水监管局和水务消费者委员会从不同的角度对城市水务公司进行绩效监管。OFWAT 是独立于政府的监管机构，是英国水务行业绩效管理体系的核心，其运行经费主要来源于水务公司缴纳给政府的特许经营执照费，政府通过财政拨付。其主要职能是对英格兰和威尔士地区的饮用水和污水处理行业实现监管，是政府对水价进行宏观调控的重要机构。其职能包括发放水业运营许可证、制定水价定价原则、审批水务公司上报水价、公布各水务公司服务状况等提高运营效率，主要通过比较竞争、六月反馈、定期审核和杰出绩效奖励等措施来提高水务行业绩效。OFWAT 也是沟通水务公司与消费者之间的桥梁，在鼓励水务公司通过竞争提高效率降低成本的同时保障消费者的利益不受损害，维护正常的竞争环境。其构建的全面绩效评级体系（OPA）已成为城市水务公司开展绩效评价的重要依据。通过实施全面的绩效评级，OFWAT 能够清晰地掌握城市水务行业的整体绩效水平，为成本审核和定价与调价机制提供有效依据；绩效评价报告向社会公开，促使各城市水务企业提高效率，推动城市行业绩效水平的提升。

饮用水监管局（Drinking Water Inspectorate，DWI），成立于 1990 年，主要职能是监管英格兰和威尔士地区的饮用水水质，通过对水务公司提供的饮用水进行专业的实验室检测，确保其提供的饮用水的安全。同时负责受理消费者的投诉，调查与水质相关的事故并有权对相关企业进行处罚。国家环境署（Environment Agency，EA）负责水质的维护和改进，对城市水务公司进行环境监管。水务消费委员会是代表消费者利益的独立机构，受理消费者投诉，社会公众可通过水务办公室和饮用水监督局年度报告获悉水质、水事件以及水利建设等信息，进而通过消费者协会诉求利益。英国水务绩效管理体制的特点是：以立法的形式设立独立于政府的第三方监管机构，负责对城市水务绩效进行评级，促进行业内企业之间竞争和水价的合理性；每个水务公司均为供排水一体化的流域公司，水务公共服务系统均比较完整，可比性较强；政府监管只看安全和水质等服务效果，不涉及效率；社会公众可以方便地获取水务服务信息，并依托水务消费者委员会维护自身权益。

二　英国城市水务行业监管绩效方法与指标

英国建立了比较成熟的绩效管理体系，将绩效管理应用到城市水务行业监管过程中，并将其作为审批水务企业发展规划、投资预算以及价格调整的重要依据，取得了显著效果。为了保护用户利益和生态环境，城市水务私有化迫使政府监管角色变迁，成立了若干独立分散的监管机构，建立了以水务办公室为主的绩效管理体系。饮用水监管局、环境署和水务消费者委员会（Consumer Council for Water，CCW）从不同角度监管水务公司绩效。

（一）英国城市水务行业监管绩效评价方法

英国城市水务行业绩效管理体制的特点是：通过立法设立独立于政府的第三方监管机构，由其负责对城市水务行业绩效进行评价；每个水务公司均为供排水一体化的流域公司，城市水务公共服务具有较为完整的系统，可比性较强；安全和水质等服务效果是政府监管的重点；社会公众可以方便地获取城市水务服务的有关信息，并能够依托水务消费者委员会维护自身权益。英国水务办公室是独立于政府的监管机构，其职能包括发放水业运营许可证、提高运营效率、促进企业竞争、维护正常竞争环境。英国水务办公室为了形成适度竞争的市场格局，提高水务行业的运营效率，推行了包括六月反馈、区域间比较竞争和定期审核等一系列的绩效管理策略。

1. 六月反馈

六月反馈是英国水务办公室绩效评价的重要管理手段之一。英国水务办公室要求所有水务公司于每年六月提交上一财年的年度报告，这份“六月反馈”报告是英国水务办公室作为全面绩效评估的主要信息来源。报告主要包括关键服务、财务类信息和非财务类信息指标三方面内容。每一信息大类包含细分指标，如表 3 - 1 所示。

表 3 - 1　　英国城市水务行业绩效评价的六月反馈指标

指标	内容
关键服务指标	用水限制、低压、断水情况、污水溢流、投诉反馈、热线应答和抄表频率
非财务类信息	供水总量、管网长度、水源状况、处理工艺、服务人口、计量收费状况、居民用水量、非居民用水量
财务类信息	损益表、现金流量表、直接运行成本、维修成本、主营业务收入、资产价值和形式、关联交易

2. 区域间比较竞争

区域间比较竞争是英国水务管理办公室较为重要的绩效管理手段，每年对英格兰和威尔士地区的城市水务公司绩效进行评价。区域间比较竞争管理指英国水务办公室对企业的水价、服务水平、水质、漏失量、运营成本、资本开支、相对效益、管网运行情况和财务状况等进行比较。英国水务办公室依据区域间比较竞争结果，对城市水务企业进行排序。企业依据区域间比较竞争结果明确其在行业的地位并发掘自我差距。英国水务办公室以此为基础激励城市水务公司良性竞争，提高城市水务行业的经济绩效。当英国水务办公室实行价格上限管制时，区域间比较竞争能够促进各城市水务公司提升运行效率，降低生产成本，提高企业利润。实施区域间比较竞争不但可以使用户获得更为可靠的、值得信赖的服务，而且能够促进企业提升技术水平，促进城市水务行业的良性发展。

3. 通过定期审核业务规划明确水价调整目标

定期考核是指城市水务企业准备好业务规划，定期交给英国水务办公室对其进行考核及质询，英国水务办公室以此为依据，评估其收入需求，并设定用于满足城市水务企业的资本支出计划和维持运行的五年限价。① 英国水务办公室根据所有城市水务企业的表现进行成本

---

① 目前主要由英国水务办公室根据公司自行上报的绩效数据尤其是财务指标来制定城市水价。

划线，从而使价格制定成为激励企业自主提升经济绩效的重要手段，倒逼亏损企业认知到只有自我发展方可获取经济效益。该定价方式不仅对表现优异的企业是个奖励，同时也能够对表现相对落后的企业改革进取提供基本方向。除此之外，英国水务办公室还对表现优异的企业给予税收优惠，有效地激励了城市水务行业的内部竞争，促进了行业的快速发展。

（二）英国城市水务行业绩效评价指标体系

英国城市水务行业绩效评价指标主要基于确保顾客实惠、推动企业履责、治理有效垄断、利用市场机制、推动持续发展以及提升监管水平等方面设计的。目前，英国水务办公室颁布的城市水务行业绩效评价指标体系主要包括可靠性和可用性指标、客户体验指标、环境影响指标和财务指标四个一级指标，每个一级指标又包括多个二级指标（见表 3－2）。

表 3－2　　英国城市水务行业绩效评价指标体系

一级指标	二级指标
可靠性和可用性	供水生产的可用性和可靠性、排水系统的可用性和可靠性、水漏损量、供水安全
客户体验	服务激励机制、排水系统溢出事故情况、供水中断情况
环境影响	温室气体排放量、污水泄漏事故、严重污染事故、排放达标率、污泥处理达标率
财务	税后资本回报率、信用评级、净债务在财政年度结束占总资本的价值、利息偿付比例

资料来源：笔者整理。

（三）英国城市水务行业监管绩效评价指标

英国城市水务行业监管绩效评价指标主要涉及经济性监管绩效指标、质量监管绩效指标、环境监管绩效指标和消费者服务监管绩效指标四类。

1. 经济性监管绩效指标

英国城市水务办公室负责对城市供水和污水处理行业进行经济性

监管。根据水务办公室2012年发布的《水务的今天和明天——测量和报告我们的绩效》，本部分将英国城市水务行业经济性监管绩效评价指标归纳为表3－3。

表3－3　　英国城市水务行业经济性监管绩效指标

一级指标	二级指标	二级指标定义	测量方法
确保顾客得到公平的交易	公司服务激励机制得分	顾客关注公司服务的程度与公司处理顾客投诉及要求的能力	打分
	衡量平均账单	测量水价年均变化率	对水价进行年度分析
确保公司对公众负责	测量顾客债务	顾客债务规模与影响公司财务的方式	—
	对贫困者是否提供服务进行定期评估	—	—
公司财政稳定性	税后资本回报率	现行成本运营利润减去税收作为对监管资本的价值回报	（指定的现行成本运营利润－税收）/平均监管资本价值
	信用评价等级	公司遵守许可证要求保持投资信用等级的能力	由评级机构进行评价，公司需提交一份证书，陈述等级情况，说明评级机构，随时报告评级信息变化情况
	负债率	传统融资公司负债率等于每财政年度净债务与总监管资本价值之比；而结构化公司的负债率由公司债务契约界定	—
	利息保障	所有利息的调整需要在金融合同要求的范围之内	对传统融资公司，按照财政绩效与开支报告进行测量；对结构化公司，通过公司金融条款来定义

资料来源：Office of Water Service，Appendix 1：A Consultation on Measuring and Reporting Our Performance，pp. 15－16。

2. 质量监管绩效指标

英国由饮用水安全监察委员会负责对城市供水行业进行质量监管。饮用水安全监察委员会对供水质量方面的监管绩效主要包括是否制定了详尽科学的饮用水供应标准和监测的水质标准达标率。具体指标如表3－4所示。

表3－4　　英国城市水务行业质量监管绩效指标

一级指标	二级指标
微生物指标	大肠杆菌、肠球菌
化学物指标	丙烯酰胺、锑、砷、苯并芘、硼、溴酸盐、镉、铬、铜、氰化物、二氯乙烷、环氧氯丙烷、氟化物、铅、汞、镍、硝酸盐、亚硝酸盐、奥尔德林、七氯、环氧七氯、其他农药成本、多环芳烃、硒、四氯乙烯、三氯乙烯、三卤甲烷、氯乙烯
国标指标	铝、矾、铁、锰、钠、气味、味觉、四氯化碳、浊度、氨基盐、氯化物、产气荚膜梭菌、菌落计数、氢离子、硫酸盐

资料来源：http：//dwi. defra. gov. uk/stakeholders/private－water－supplies/index. htm，pp. 8－9；The Drinking Water Inspectorate，The Private Water Supplies Regulations 2009，pp. 8－11。

3. 环境监管绩效指标

英国对城市水务行业进行环境监管的绩效指标主要分布在环境署，环境、食品和农村事务部和水务办公室三个部门。有关城市水务行业环境监管绩效指标见表3－5。

表3－5　　英国城市水务行业环境监管绩效指标

指标	定义	指标测量方法
供水公司的污染事故数量	每日历年内因与供水公司及其所在地污染物排放或泄漏导致的1—3类污染事故总数	每日历年环境署数据库中供水公司每1000千米水管长度发生的与供水事件相关的污染事件（1—3类）总数
污水公司污染事故数量	每日历年内因与污水公司及其所在地污染物排放或泄漏导致的1—3类污染事故总数	每日历年环境署数据库中污水公司每1000千米水管长度发生的与供水事件相关的污染事件（1—3类）总数

续表

指标	定义	指标测量方法
污水公司严重污染事故数量	每日历年内因与污水公司及其所在地污染物排放或泄漏导致的1—2类污染事故总数	每日历年环境署数据库中污水公司每1000千米水管长度发生的与供水事件相关的污染事件（1—2类）总数
污水排放许可遵从度	污水处理厂处理污水绩效与其排放许可标准相一致	（每年度登记的允许排污数量 - 被证实的排污不一致的数量）/每年度登记的允许排污的数量×100
沉淀物处置满意度	期望公司遵循安全沉淀物矩阵和任何法定责任	100×（以万吨干燥固体计量的所处理的污水沉淀物的总数 - 被认为没有遵循安全沉淀物矩阵和其他相关规定的污水沉淀物总数）/以万吨干燥固体计量的所处理的污水沉淀物的总数

资料来源：笔者整理。

4. 消费者服务监管绩效指标

英国非常重视对城市水务行业消费者服务的监管，并建立了较为完善的城市水务消费者监管绩效指标体系。主要分为专门涉及城市供水部分的消费者服务监管绩效、城市污水处理的消费者服务监管绩效以及城市供水和污水处理的整体性消费者服务监管绩效三个部分。关于英国城市水务行业消费者服务监管绩效指标见表3－6。

表3－6　英国城市水务消费者服务监管绩效指标

指标类型	一级指标	二级指标	备注
城市供水部分的消费者服务监管绩效	供水中断小时数	由供水服务终止3小时及以上所导致的损失数	所服务的建筑损失小时数
	供水公司服务能力	非基础设施供水服务能力	顾客服务能力走势测量
		基础设施用水服务能力	顾客服务能力走势测量
	供给安全指数	在多大程度上一个公司能够在限制供应量上保证其服务水平	指数得分
	供水服务垄断商质量改善	公司顾客参与质量	顾客挑战小组报告
		测量公司实现结果	
		水务办公室监管与行动案例数	
		纠纷与投诉评估	

续表

指标类型	一级指标	二级指标	备注
城市污水处理的消费者服务监管绩效	建筑物内因下水道污水溢出所带来的水灾数量	10年内住宅下水道溢水事故数	事故数
	污水处理公司服务能力	非基础设施污水服务能力基础设施污水服务能力	顾客服务能力走势测量
		漏出量	每天配给损失和供给管道损失的总和与污水处理厂以及顾客关掉龙头之间的任何不可控的损失
城市供水、污水处理的整体性消费者服务监管绩效	消费者对城市水务的满意度	公司收到的顾客投诉数	一年的投诉数
		年度消费者满意度调查	水务消费者委员会调查

资料来源：（1） Office of Water Service, Appendix1: A Consultation on Measuring and Reporting our Performance, pp. 15 – 16. （2） http://www.ofwat.gov.uk/regulating/reporting.rpt_lot2012 – 13reliability。

三　英国城市水务行业监管绩效管理的经验

英国城市水务行业监管绩效评价，在一定程度上提升了英国水务公司的运营效率和服务水平，保护了生态环境，促进了英国城市水务行业的快速发展，维护了消费者利益。英国城市水务行业监管绩效评价被公认为是高效的绩效管理体系，这对中国设计与进行城市水务行业监管绩效评价具有重要的参考价值。主要表现在以下几个方面：

（一）监管机构的独立性与程序的公开性

依法设立独立的监管机构，建立公开透明的执法程序是保障城市水务行业监管有效性的基石。英国通过出台法律法规，明确规定水务行业绩效管理制度，提升了城市水务行业监管绩效评价的理论依据。在城市水务行业私有化改革过程中，英国政府完善监管体制，设立独立性监管机构，从而减少了“寻租”行为和信息垄断性。同时，英国城市水务行业监管机构之间权责明晰、程序公开、执法公正。对比来看，目前，我国依然处于“九龙治水”的局面，从而在一定程度上出现了监管缺位、错位和不到位现象，衍生出一系列监管失灵问题。为此，需要借鉴英国城市水务行业监管经验，完善城市水务行业监管的法律体系，出台城市水务行业监管绩效评价的有关政策，从而有序推进城市水务行业的监管绩效评价。

（二）激励价格调整机制与建立审查制度

英国在调查分析的基础上建立最高限价机制，并定期通过审查制度确定下一周期城市水务行业价格调整幅度。目前，中国依然沿用成本加成定价机制，尽管引入了价格听证会，但是，由于缺乏合理的绩效评价体系，定价机制仍然无法达到有效激励城市供水企业提升运行效率和服务水平的目的。完全照搬英国最高限价模型显然是不符合中国国情的，原因在于：第一，英国最高限价模型规定了监管价格的上升或下降率，但以一个合理的基价作为前提，而基价的决定需要以成本为参照，因此若在中国应用英国最高限价模型将无法回避成本问题。第二，中国许多产品价格处于价格调整时期，零售价格变动幅度较大且具有较大的不确定性，企业利润并不取决于企业生产效率，若较大幅度地降低监管价格，当前监管价格较低的企业可能发生亏损，甚至无法维系正常的生产活动。第三，在一定程度上英国的最高限价模型会抑制企业投资，越是接近价格调整周期时城市水务企业越缺乏投资动力，从而影响了企业的正常生产经营活动以及扩大再生产。总而言之，英国城市水务行业的最高限价模型对中国城市水务行业定价与调价机制依然具有较强的借鉴意义。

（三）建立客户满意指标和行业发展指标

客户满意和行业发展是城市水务行业生存与发展的重要归宿。英国在构建城市水务行业监管绩效评价指标体系的过程中，始终以客户需求为导向，将消费者协会与监管机构有机分离，从而有利于消费者诉求的表达和社会监督工作的强化。英国建立了统一的城市水务行业绩效评价指标体系，绩效评价为城市水务企业降低成本、提高质量指明了方向，为形成有效竞争的市场环境和促进城市水务行业的可持续发展提供了推动力。相比较而言，中国城市水务行业更加重视基础设施和行业发展，忽视了客户的满意度。因此，在城镇化进程日趋加快以及社会公众对城市水务产品和服务需求日益增加的客观形势下，需要以客户服务为基础，建立包含客户满意度指标和行业发展指标在内的城市水务行业监管绩效评价指标体系。

第二节　荷兰城市水务行业监管绩效评价

荷兰城市水务行业遵循公司法组建有限公司，股权所有者是地方政府或省政府，少数是代表中央政府的机构，核心是以公有水务公司为发展模式[①]，该模式是全球水务行业中的另一种成功范式。其本质是利用公司法作为缓冲，使水务运营避免繁复的公法领域规章制度的负担。荷兰水务管理模式达到了公有制下的企业模式运营，一方面保证了城市水务行业的公共所有权；另一方面通过市场化下的企业化运营实现了企业管理的优化。

一　荷兰城市水务行业政府监管的体制机制

荷兰城市水务行业实行公有私营，实施“利益主体参与、水务公司自我绩效交流和信息公开透明”的绩效管理体制。荷兰对水资源实行统一管理与分级管理相结合的方式，主要分为中央政府的国家级、省政府、水董事会、供水公司的区域级和市政府、地方供水董事会的地方级三级。国家级城市水务管理主要由中央政府管理，具体由荷兰交通、公共工程及水管理部[②]负责水资源管理。区域级城市水务管理

---

① 公共的公用事业单位模式和法人化的公用事业单位模式的区别是：公共有限公司模式是指水务公用事业遵循公司法组建有限公司，但同时股权所有者是省政府或地方政府，少数情况下还有可能是代表中央政府机构的模式。

② 荷兰交通、公共工程和水管理部成立于1809年，既是荷兰历史最悠久的部门之一，也是政府最重要的部分之一，是荷兰掌管水管理、交通运输和基础建设的政府部门。主要工作是制定国家防洪政策、全国水资源战略规划、水利设施建设以及对省政法、市政府的水资源管理工作进行监督和指导。

机构主要为省政府、水董事会、供水公司。其中，省政府水利局负责区域水资源战略规划和执行规划、制订本省的水管理计划；水董事会是独立的非政府组织，对区域内水资源实行水务一体化管理，根据国家水管理法规及政府水资源战略规划对生活污水和工业废水处理进行水质控制，还包括防洪、水量管理等。其成员由各个利益团体选举产生，主席由皇家任命，各利益主体的利益可以通过其水董事会中的代表得到维护。供水公司是股份制，股东为各个市政府和社区，实行保本经营。地方级的水管理机构为市政府和地方水务局。市政部门负责城市的污水收集和排放，水务局负责城市与农村整个排水过程，在水利建设和管理中发挥着重要作用。

荷兰中央政府制定城市水务行业 30 年发展规划，包括未来饮用水行业的一般性政策和能够保证未来几十年正常供水所需的基础设施的相关技术要求。荷兰水业协会（VEWIN）以此为基础制订十年规划，并根据该规划协调各个水务公司制订相应计划。荷兰水业协会负责要求水务公司每年定期、公开透明地向公众监督机构公布年度财务报表，设计供水效率、水质指数、客户满意度以及单位成本等绩效评价指标，对城市水务行业进行监管绩效评价。荷兰水业协会自 1997 年开始推进城市水务行业绩效管理，目前已取得了较好效果，这对中国推进城市水务行业监管绩效评价具有重要的参考价值。

二　荷兰城市水务行业监管绩效的指标体系

荷兰标杆绩效评价体系的一级指标主要包括四个方面，即水质、服务质量、环境和财务。不同利益主体均参与到指标的制定过程中，从而确保了指标制定的合理性和完善性。荷兰城市水务行业绩效评价是通过自下而上过程实施的，这样能够最大限度地满足不同利益相关者对不同信息的需求。

荷兰水协参考了国际水协的相关文件和一系列指标，在充分考虑荷兰城市水务行业公共有限公司特点、重视评估城市水务企业在财务管理和客户服务效能的基础上，设计荷兰城市水务行业的绩效评价指标。荷兰水务行业的财务绩效评价数据和信息主要来源于年度企业财务审计报告。荷兰《公司法》规定，公共有限公司的财务必须经由职业审计人员审核。因此，职业审计人员对城市水务企业所做的财务审计将会作为财务绩效评价的重要信息。荷兰水协非常重视客户服务质量反馈机制，并将客户服务质量指标作为绩效评价体系的重要组成部分。对荷兰城市水务企业而言，其客户服务评价往往通过顾客调查来实现，因此该指标主要反映客户对供水企业服务的主观评价。

表3－7列出了荷兰城市水务行业绩效评价体系中的一级指标和二级指标。总体来看，荷兰水协所设立的城市水务行业绩效评价指标体系具有多维性、简洁性和极具代表性特征。荷兰水协采用定量方法对指标进行计量分析。在分析时，不仅考察所有绩效指标，也通过控制变量对企业间的差异进行控制，如企业是单一供水企业还是供排水一体化企业，企业所在地的水源情况以及服务区域人口密度等。

表3－7　荷兰城市水务行业绩效评价指标体系

一级指标	二级指标
水质	饮用水质量（饮用水达标率）、饮用水处理情况
服务质量	维修、测量和收费、事故处理情况、联系客户、理解度、责任度、可靠度、企业形象
环境影响	能源使用量、化学物质使用情况、废物排放情况、自然管理
财务和效率	水价、水网接入费用、生产成本、单个客户连接入网成本、公司利润、公司偿付能力

三　荷兰城市水务行业绩效评价管理的经验

荷兰通过建立有效的政府监管体系，实施“利益主体参与、水务公司自我绩效交流和信息公开透明”的绩效管理体制，从而确保公有专营水务公司达到预期的效率目标。荷兰城市水务行业的监管部门主要有荷兰水业协会、各地市政府和水务委员会，各部门之间通过分权方式、分环节地共同管理荷兰城市水务行业，彼此之间保持紧密联系和密切合作，共同承担荷兰水资源的管理。其中，荷兰水业协会主要管理供水部门，包括自来水的生产、输送和销售。各地市政府负责污水收集系统的建设和管理。而水务委员会则专门负责污水的处理、排放和自然水体的质量控制。

为了提升城市水务行业运行管理的透明化效应，增强政府评估城市水务行业绩效的有效性，推动城市水务行业的内部竞争和相互学习，荷兰政府于20世纪90年代在城市供水行业中引入绩效评估体系，1999年由荷兰水业协会建立了标杆绩效评价指标，利用1997年城市供水行业数据，评估了荷兰城市供水行业绩效，并发布了首个荷兰供水行业绩效评估报告。自此荷兰水业协会每年对城市供水行业进行内部绩效评价，每三年公布一次新的标杆作为行业典范基准，激励城市水务企业之间竞争。1999年城市水务委员会颁布了荷兰第一部污水处理行业绩效评价报告。城市水务委员会又分别于2002年和2008年公布了第二部和第三部城市污水处理行业绩效评价报告，并将该项工作正式纳入城市污水行业管理当中。在城市污水管网规划建设和污水收集方面，市政排水设施的公司组织（RIONED）于2002年进行了小规模的污水收集运输的绩效评价试验，并于2005年公布了第一部城市排水绩效评估报告。因此，荷兰在城市供水和污水处理行业都进行标杆绩效评价，通过企业规范与有序竞争推动了城市水务行业的快速发展。同时，荷兰政府还在相关政策中提出了水产业链的概念，推行绩效评价体系在整个产业链中的应用（DNG，2003）。此外，自2004年起新的饮用水法明确规定城市供水企业必须参加荷兰水业协会的标杆绩效评价管理，因此，城市水务行业标杆绩效管理在荷兰具有明确的法律地位，并越发成为政府规范城市水务行业的重要工具。

第三节　澳大利亚城市水务行业监管绩效评价

澳大利亚是发达资本主义国家，也是干旱缺水的国家，各级政府非常重视水资源的开发利用和城市水务行业的政府监管。澳大利亚通过分级负责、分级管理，建立了较为完善的城市水务行业管理体制，改变了传统的城市水务设施建设投资体制，形成“谁投资、谁拥有、谁管理、谁受益”的新体制。投资体制的变革也催生了澳大利亚城市水务行业向公司化、民营化方向发展。目前，澳大利亚城市水务行业大致有三种模式：一是政府控股的股份制企业，如墨尔本市的水务企业；二是全部私有化的股份制企业，如悉尼水务公司；三是政府作为公共设施管理的经营企业，如昆士兰水务公司。澳大利亚城市水务行业的投资体制与经营模式是建立在监管体制变革与绩效评价基础上的。为此，本节将对澳大利亚城市水务行业的现行监管体制以及监管绩效评价指标体系进行分析，在此基础上总结澳大利亚城市水务行业监管绩效评价的主要经验，从而为中国城市水务行业监管绩效评价指标体系的构建与现实评价提供经验借鉴。

一　澳大利亚城市水务行业政府监管的体制机制

澳大利亚联邦政府理事会是全国水资源的咨询机构，主要负责组织协调跨州水资源研发、利用和规划。澳大利亚城市水务行业监管分为联邦、州和地方三级，但基本以州为主，流域与区域管理相结合，社会与民间组织参与管理，通过分级负责与管理方式，建立了相对完善的城市水务行业监管体制。联邦一级的城市水务由产业能源部管理，主要职责是协调各州的水资源开发、水工程建设和供水水量分配；州一级的城市水务行业由州水务署代表政府对其进行监管；地方一级的城市水务由市水务处进行监管，主要职责是执行州政府的有关水务政策并承担具体事务。

长期以来，澳大利亚政府对城市水务行业实行国有独资垄断经营体制，1995 年以后澳大利亚政府将由国有企业运营的城市水务企业改造为自主经营、自负盈亏的股份制企业。澳大利亚对城市水务行业进行绩效管理具有典型的兼具计划经济性和市场机制性的混合经济属性。

首先，澳大利亚对城市水务行业的绩效管理以政府宏观调控为前提。由政府对经济社会发展进行总体预测和整体规划，建立了一套较为完善的宏观调控体系对水资源进行管理。政府将宏观调控的指令计划与水务企业的经营计划有机结合，这些计划主要包括长期规划、中期规划和短期规划。其中，水务企业的长期规划为 15—30 年，包括水资源建设、水资源保护等水资源可持续发展的预测和规划；中长期规划为5—15年，包括该地区水资源建设的具体要求和发展趋势；短期规划为1—5年，是城市水务公司运作的预测和规划。

其次，为全民环保意识。政府在水资源、水质保护、地下水开采以及污水处理等方面制定了相应的法律、法规和制度。城市水务企业始终将水质保护放在第一位，从水库到用户的每个环节均有严格的水质保护规定和具体运作程序。

再次，政治利益下的城市水务绩效管理体制。由于澳大利亚公民对水、电等的满意度影响着竞选者的选票，城市水务行业管理绩效低下甚至导致政党政权的更替。因此，无论是政府还是政党都非常重视城市水务企业与管网设施的建设，甚至在城市水务企业中实行自主经营、自负盈亏的股份制改造后，仍然保持原有的财政补贴机制，从而使澳大利亚城市水务时刻保持顾客至上的理念，提升了城市水务企业的服务水平。

最后，健全财务管理制度，促进水务企业经营效益大幅提高。澳大利亚城市水务企业充分利用本国发达的市场经济体制，建立了与经济效益和社会效益相适应的水价制定与污水处理费收费制度，形成了多元化的投资主体结构，降低了企业的投融资成本。

二　澳大利亚城市水务行业监管绩效的指标体系

目前，澳大利亚已经建立了相对成熟的绩效管理体系，并将其作为城市水务企业发展规划审批、投资预算和价格调整的重要依据。澳大利亚国家城市供水行业绩效报告是评价城市供水行业绩效的最权威、最全面和最详细的报告。该报告由三部分组成，第一部分主要包括对水的分销、对零售商的监管等28个核心指标以及大型水务企业9个核心指标，该部分由表格、图表以及分析和评论构成，明确了水消费的变化趋势、典型消费者每年水服务的相关花费、水务政策的决策过程，从而大大加强了监管工作的透明度。第二部分是数据部分，共117个指标，采取的主要方式是企业自主上报数据，并形成以企业为单位的评价报告。第三部分是由Excel表格构成的所有数据，该部分的数据内容与第二部分基本相同，但组织形式略有不同，目的是方便专家学者、第三方、消费者以及其他相关利益者查询使用。此外，该报告还对每一个指标都进行了界定，这有利于企业准确填报有关数据信息以及企业之间的横纵向比较。

澳大利亚城市水务行业绩效评价从水资源、企业资产、客户服务、环境、财务和水价以及公众健康六个方面出发，分一级指标和二级指标两个维度建立了城市水务行业绩效评价指标体系。该评价指标体系建立了居民、工业和公共用户的主体框架，以及将城市供水和污水处理纳入统一分析框架。因此，澳大利亚城市水务绩效评价体系具有综合性和多主体特征。澳大利亚城市水务行业绩效评价指标体系见表3－8。

表3－8　澳大利亚城市水务行业绩效评价指标体系

一级指标	二级指标
水资源	总供水量①；平均年用水量②；平均年供水量③；年排水量
企业资产	供水管网长度；排水管网长度；污水处理设施个数；污水回收利用设施个数；单位供水管网服务的户数；单位污水管网服务的户数；供水意外中断事故情况；单位用户供水中断事故情况；设备漏损率；总漏损水量；污水管网破损事故情况；单位用户污水管网破损事故情况
客户服务	接入供水管网居民用户数；接入供水管网非居民用户数；接入污水管网居民用户数；接入污水管网非居民用户数；员工受伤情况；水质投诉情况；服务投诉情况；污水服务投诉情况；账单和账户投诉情况；30秒内客服电话接听率；平均供水意外中断时间；每1000个用户中发生供水中断的户数；每1000个用户中因未缴费而被限制用水的户数；每1000个用户中因未缴费而被起诉的户数
环境	污水一级处理率；污水二级处理率；污水三级处理率或更高级处理率；污水处理达标率；始终达标的污水处理设施个数；污水处理设施绩效表现实施公开公布；污水回收利用率；污泥回收利用率；温室气体排放量；上报污水溢流至自然水体情况

续表

一级指标	二级指标
财务和水价	水价结构及不同阶梯水价价格部分所使用的水量；水税部分收入；典型的居民用水账单；年水表读取次数；年账单数量；污水价格结构；污水固定收费和计量收费；污水税部分收入；典型的居民污水账单；供水总收入；污水总收入；居民生活用水收入；居民污水处理收入；固定资产；供水运行成本；污水处理运行成本；供水资本支出；污水处理资本支出；资本回报率；股息分配率；净负债与资产净值；利息偿付比例；净利润；政府对供水和污水工程拨款
公众健康	水质执行标准；微生物达标；化学物达标；饮用水安全标准达标情况；饮用水水质信息公众披露情况

注：①指地表水、地下水、海水淡化和再生循环水的总称；②包括居民、工业企业和公共用水三部分；③包括居民、工业企业和公共用水三部分。

资料来源：笔者整理。

三　澳大利亚城市水务行业绩效评价管理的经验

目前，澳大利亚已经形成较为完善的城市水务行业监管的体制机制，将城市供水与城市污水处理纳入统一的分析框架，从水资源、企业资产、客户服务、环境、财务和水价以及公众健康等方面形成综合性的城市水务行业绩效评价指标体系。澳大利亚城市水务行业绩效评价管理经验主要表现在以下几个方面：

（一）全流程的城市水务绩效评价指标体系

城市水务是城市供水与污水处理等多个环节的集合体，完善的城市水务行业（监管）绩效评价指标体系应包含城市供水和污水处理环节中多个反映绩效水平和社会公众满意度的指标，澳大利亚在对城市水务行业绩效进行评价过程中，建立了涵盖城市供水和污水处理两个行业，包括技术指标、经济指标与服务指标三位一体的指标体系，从而既能反映城市水务行业监管的技术绩效，又能反映城市水务行业的经济绩效和服务绩效。因此，利用澳大利亚城市水务行业绩效评价指标体系能够更加全面地评价城市水务行业的监管绩效。但由于中澳两国城市水务指标的差异性、数据的可获得性等的限制，以及中国特殊的国情，难以完全照搬澳大利亚城市水务行业绩效评价指标体系，为此，需要借鉴澳大利亚城市水务行业绩效评价指标体系，建立与中国改革与发展实践相适应的现代城市水务行业监管绩效评价指标体系，并利用中国数据进行有针对性的评价。

（二）相对集中化的城市水务行业监管体制

长期以来，集中化与分散化监管机构体制纷争问题成为政府部门和学术界争论的焦点，但分散化监管机构模式由于部门之间的利益异化和信息共享机制缺失，难以形成有效合力，从而限制了城市水务行业监管绩效的评价工作。由于澳大利亚建立了相对独立的城市水务行业监管机构，有利于集中化地对城市水务行业进行监管，同时澳大利亚城市水务企业的国有属性进一步增加了公益服务性与绩效提升动力。因此，澳大利亚相对集中化的城市水务行业监管体制，降低了数据获得的信息成本与评价指标的落实成本，这在一定程度上为促进澳大利亚城市水务行业进行绩效评价、绩效纠偏与提升提供了重要保障。

第四节 国际组织城市水务行业监管绩效评价

目前，不仅发达国家对城市水务行业绩效评价日益重视，一些国际组织也建立了较为完整的城市水务行业绩效评价指标体系。其中，国际水协和世界银行的城市水务行业监管绩效评价指标体系最具代表性。为此，本节将对国际水协和世界银行的城市水务行业监管绩效评价指标体系进行研究。

一 国际水协城市水务行业监管绩效评价指标

国际水协（International Water Association，IWA）是由原国际供水协会和国际水质协会合并而成，是全球水环境领域的最高学术组织。其工作范围涵盖饮用水、污水、再生水和雨水领域，目的在于提高水的综合管理能力，为全世界范围内的公众安全用水提供保障，以及帮助全球水行业解决水资源供需矛盾和缓解水危机问题。同时，国际水协是全球最早致力于城市水务行业绩效评价体系研究的国际组织。1997 年以来，国际水协供水绩效指标和标杆管理工作组一直努力开发一套具有普适性的绩效评估工具和标准化的绩效指标体系，为企业管理、政府决策提供较为全面的城市水务绩效信息，这对城市水务企业推行标杆管理，强化城市水务行业的运行效率和服务能力具有重要意义。

为了加强水资源管理，提高城市水务行业绩效，国际水协设计了一套城市供水与污水处理行业的绩效评价指标体系。该指标体系具有广泛性，便于各国基于国情和地区异质性建立相匹配的绩效评价指标体系。可见，国际水协所设计的城市水务行业绩效评价指标体系具有灵活性强、适用性广的特点。国际水协的城市供水行业绩效评价指标体系主要包括绩效指标、指标变量、背景信息以及其他数据等。其中，将绩效指标按类别进行分组，具体而言：

（1）水资源类指标（共 4 项）。不同水资源在水质和水量上存在异质性。为此，国际水协主要从社会公众的普遍关心角度出发，设计出的水资源类指标主要包括水资源的无效利用率①、水资源可用率②、自来水资源可用率③和回收水利用率。

（2）人事类指标（共 26 项）。国际水协在选取人事类指标评价水务行业全体职工时，既考虑了与员工总数相关的指标，也考虑了员工分配、加班等详细性指标。具体包括全部职工人事指标、主要部门人事指标、技术服务人事指标、人员资历指标、人员培训指标、健康及人事安全指标等次类指标。

（3）实物资产类指标（共 15 项）。此类指标主要是为了评价城市水务设施设备的使用效率以及生产能力，具体包括净水厂指标、储水池指标、水泵指标、配输水管网指标和自动化及控制指标。

---

① 用于评估环境水资源的无效利用率，不适宜用于物理设施及账面水量漏失的评估。

② 此指标十分重要但难以进行经常性的评估。

③ 当部分水需要外来进口时，它可用于评估使用者对于第三方水资源的依赖程度。

（4）运行类指标（共 44 项）。运行情况是决定城市水务企业效率高低的重要指标，运行类指标分为 9 类次级指标，用以评价城市水务企业多个方面的运行效率。具体包括：用于监测实物资产检查及维护情况的实物资产检查及维护指标（6 项）、用于设备校准的仪器仪表校准指标（5 项）、电力及信号传输设备检查指标（3 项）、用于车辆状况评价的交通工具使用指标（1 项）、可持续性评价指标[①]（7 项）、用于监测漏失控制管理状况的指标（7 项）、故障指标（6 项）、水表计量指标（4 项）以及水质监测指标（5 项）。

（5）服务质量类指标（共 34 项）。供水服务是城市水务企业的核心业务，国际水协建立了服务质量类指标体系，具体包括服务覆盖面积指标（5 项），公共水龙头用户指标（4 项），供水压力与供水连续性指标（8 项），供水水质指标（5 项），服务连接点和水表安装、修复指标（3 项）以及客户投诉指标（9 项）。

（6）经济与财务类指标（共 47 项）。包括收入、成本、运营成本构成、运营成本构成中的主营业务成本、运营成本中的技术成本、资产成本构成、投资成本、平均水费、效率、财务杠杆、财务流动性、盈利能力以及水量漏损的经济成本 13 个方面的指标。

城市水务行业绩效评价体系的指标变量是绩效指标体系的“出口”，需要进行测量或实地获取，通常分为主要变量和次要变量，主要变量用于计算绩效指标，次要变量用于计算主要变量，一个指标变量可用多个或多组绩效指标计算。城市水务行业绩效评价体系的指标变量主要分为水量、人事、实物资产、运行、人口及客户、服务质量以及财务 7 组数据。背景信息也是国际水协城市水务行业绩效评价指标体系的重要组成部分，主要包括服务类、实物资产类、用水量及峰值因素类、人口及经济类和环境类五个方面。

同时，国际水协还制定了污水行业绩效评价指标体系，包括六大类 182 个绩效指标，涵盖了管理、人事、财务、硬件设施、设施运行、环境影响以及服务质量等多个方面，为城市水务企业以及其他城

---

① 涉及干管、阀门、服务连接点的修复、更新等指标。

市污水处理组织机构提供了客观、全面和系统的指标评价工具。

国际水协为了提高城市水务行业绩效的评价效果，采用系统化的方法，建立从信息收集者到最高层管理者的有关绩效评估反馈架构，并利用 SIGMA Lite 软件和电子数据表软件包对城市水务行业进行绩效评价，并将城市水务行业的绩效评价结果作为短期整改决策或长期经营策略的重要参考。

二　世界银行城市水务行业监管绩效评价指标

世界银行于 1994 年成立，由国际复兴开发银行、国际开发协会、国际金融公司、多边投资担保机构以及解决投资争端国际中心五个成员机构组成。主要帮助发展中国家进行农业、工业以及环境保护等领域的基础设施建设。通过提供长期贷款和技术协助等方式帮助发展中国家摆脱贫穷。世界银行于 20 世纪 90 年代开发了“国际供水与污水处理绩效管理网络”并形成了 IBNET 工具箱。目前，IBNTE 工具箱涵盖了 75 个国家的 2000 多个供水系统数据，世界银行的供水和卫生事业绩效评价体系是被国际认可的绩效评价体系之一。世界银行创立国际供水和卫生事业绩效评价体系，并对不同国家城市供水行业绩效进行评价，目的在于更加翔实地分析了不同地区城市供水行业的发展状况，明确其在国际供水版图中的地位。

IBNTE 工具箱源于 20 世纪 90 年代一个收集城市供排水数据的项目。当时由于供水系统之间缺乏标准化定义，难以对收集到的绩效数据进行比较，在此基础上开发了“IBNET”，并于 21 世纪初进行了改进。IBNET 工具箱作为一套标准化的指导文件和网络化软件，可为城市供水企业提供有关数据收集、定义和评估方法，可辅助城市供水企业进行信息汇编，比较、分析和共享城市供水绩效指标信息，建立城市水务企业、城市水务协会和城市水务监管者之间的动态联系，从而促进城市水务行业运行绩效的提升。

IBNET 工具箱提供了一系列的金融、技术和过程指标，主要由绩效指标和单项指标两部分构成。绩效指标由银行、咨询公司以及国家水务管理部门等有关部门专家经过论证后确定，根据指标性质的不同可分为定量指标和定性指标。其中，定量指标分为服务覆盖率、产水和用水、产销差、水表、管网性能、运营成本与员工、服务质量、账单与收入、财务绩效以及资本10类共79项指标（48项供水绩效指标、31项排水与污水处理绩效指标）。而单项指标由定量指标和定性指标组成，共有81项。其中，定性指标10项，定量指标71项（47项供水指标，24项排水与污水处理指标）。IBNET城市水务行业绩效指标体系见表3-9。

表3-9　IBNET城市供水行业绩效指标体系

一级指标		二级指标
定量指标	服务覆盖率	居民用户供水普及率、公共供水点供水普及率
	消费与生产	人均日供水量、单位连接点日用水量、单位连接点月供水量、人均日用水量
	产销差	无收入水量比例、单位管长无收入水量、单位连接点无收入水量
	抄表	抄表到户率、抄表售水率
	管网性能	单位管长爆管次数
	运营成本与员工	单位售水量供水运营成本、单位连接点员工数、单位服务人口员工数、劳动力成本占运营成本比例、电力成本占运营成本比例、外包服务成本占运营成本比例
	服务质量	日供水时间、间歇供水用户比例、管网水余氯检测率、单位连接点投诉次数
	账单与收入	单位连接点收入、单位售水量收入、总售水收入占国民收入比例、居民用6立方米水的费用、单位连接点居民用水固定税额、工商业与居民单位水量固定税额比例、单位连接点安装成本、水费回收期、当年水费回收率
	财务绩效	收入成本比率、偿债率
	资产	单位服务人口固定资产
定性指标	规划	如何最有效地描述公用事业的规划过程？ A. 设定下一年的预算；B. 确定改变或改进目标和资源的多年规划；C. 以上两种都是
	人力资源	是否有员工培训计划、是否建立管理人员考评制度、是否建立员工考评制度、是否建立员工激励机制、是否有员工任免权利

续表

一级指标		二级指标
定性指标	公共事业监管	谁对公共服务和价格进行监督？ A. 城市、省或国家政府部门；B. 独立董事会利益相关者；C. 价格和服务的独立监管者；D. 其他
	资金来源	是否有政府补贴；是否有国际金融机构贷款；是否有国有银行贷款、是否有商业银行贷款
	客户	是否为居民用户提供多种服务；是否为居民提供多种卫生设施或技术服务；是否采用灵活或分期费用支付方式
	客户沟通方式	是否有来自客户的信件、电话；是否通过广播、电视或其他宣传向客户征求意见；是否进行问卷调查；其他

资料来源：http：//www. ib – net. org/toolkit/ibnet – indicators/process – indicators/。

三　国际组织城市水务行业监管绩效评价经验

国际水协和世界银行从多个维度建立了较为庞杂的城市水务行业监管绩效评价指标体系，其中，国际水协的评价指标体系多为定量指标，而世界银行的评价指标体系具有定量指标与定性指标相结合的特点。同时，这两个指标体系较为全面，能够为国家和地区建立其城市水务行业监管绩效评价指标体系提供重要参考。

（一）建立定量与定性的城市水务绩效评价指标

国家层面的城市水务行业（监管）绩效评价指标体系多具有定量属性，缺乏定性属性，在一定程度上会产生片面性。而世界银行从定性和定量两个维度建立城市水务行业（监管）绩效评价指标体系。其中，定量维度包括服务覆盖率、消费与生产、产销差、抄表、管网性能、运营成本与员工、服务质量、账单与收入、财务绩效和资产等；定性维度包括规划、人力资源、公共事业监管、资金来源、客户以及客户沟通方式等。这两个维度的指标体系，能够在较大程度上反映城市水务行业的监管绩效，从而为构建中国城市水务行业监管绩效评价指标体系提供借鉴。

（二）提供国家和地区城市水务绩效评价工具箱

国际水协和世界银行的城市水务行业绩效评价指标体系的典型特

征是指标繁多，直接照搬将降低指标体系的应用性，但两个国际组织的城市水务行业绩效评价指标体系为中国乃至其他国家或地区建立相应的城市水务行业监管绩效评价指标体系提供重要参考。其中，国际水协城市水务行业绩效评价指标体系是以企业为评价对象，所选择的指标多为企业层面；而世界银行设计的城市水务行业绩效评价指标体系既有企业属性又有行业属性。由于上述两个国际组织设计的评价指标体系所选择的评价对象差异，造成评价指标选择上存在较大差异，以企业为评价主体的指标体系为形成由企业到行业的指标合成提供便利，以行业为评价主体的指标体系为直接对城市水务行业监管绩效进行评价提供借鉴。因此，国际水协和世界银行的城市水务行业绩效评价指标体系具有典型的工具箱特征，对有关国家和地区进行构建城市水务行业监管绩效评价指标体系具有重要的参考价值。

第五节 中国城市水务行业监管绩效评价

中国城市水务行业经历了由传统管理体制向市场化下的政府监管体制转变的过程，为了适应市场化改革，城市水务行业对传统管理体制下的管理机构进行变革，建立了与市场化改革方向相适应的横纵向监管机构体系，形成了以“行业绩效”为核心的城市水务行业绩效评价指标体系，但以“监管”为核心的城市水务行业监管绩效评价指标体系依然缺乏，这在一定程度上制约了供给侧结构性改革与简政放权背景下城市水务行业监管改革的成效。为此，本节将对城市水务行业政府监管的体制机制、城市水务行业（监管）绩效评价的指标体系进行分析的基础上，进一步厘清当前中国城市水务行业监管绩效评价的“短板”。

一 中国城市水务行业政府监管的体制机制

政府监管机构与职能配置是政府监管体制机制的核心内容。目前，中国已形成横向监管机构与纵向监管机构相互交融的城市水务行业监管机构体系，在城市水务行业监管机构体系与职能配置变迁的过程中，依然存在“水务一体化”与“九龙治水”两种观点，从而导致在城市一级的城市水务行业监管机构配置中形成了“建管分离”或“建管合一”两种模式，同时城市水务行业上下监管部门的监管隶属关系错位现象在一些城市成为常态，从而导致城市水务行业监管机构体系错配，制约了中国城市水务行业监管绩效的有序化与不断提升。为此，本部分将对中国城市水务行业政府监管的体制机制进行分析。

（一）横向监管机构与责权配置

中国城市水务行业监管体制具有明显的多部门分权管理特点，监管职能条块分割和碎片化问题较为突出。在国家层面，城市水务行业的不同监管职权分属在国家发改委、住建部、水利部、卫生部以及环保部等部门管理。在城市层面，城市水务行业监管涉及发改委（投资审批）、物价局（价格管理）、财政局（预算分配）、规划局（规划管理）、建设局（公用设施建设）、环保局（环境管理）、卫生局（卫生安全监管）、交通局、园林局、水利局以及城管等部门。多部门分权管理体制造成了职能分散、边界不清、部门间缺乏有效的协调合作机制，这为政府监管失灵埋下诸多隐患。此外，当前形成了建设部门监管建设和运行、建设部门监管建设与城管部门监管运行、建设部门监管建设与水务部门或水利部门监管运行三种城市水务行业的监管机构模式，前两种模式具有上下畅通的机制，在第三种模式中建设部门是国家和省际两个层面的城市水务行业监管机构，而城市一级的监管部门是水务部门或水利部门，由于城市一级的水务部门或水利部门的上级管理机构是城市水利局和国家水利部，因此，第三种模式往往造成监管衔接缺位、错位和不到位。为此，必须理顺城市水务行业监管机构及其责权配置。

城市一级的水务行业管理往往采取属地化管理模式，并建立了行政性考核评价和问责机制。城市水务行业监管部门通常要求区、市（县）对本行政区划内的供水、污水处理的基础设施建设与运行维护、饮用水安全以及污水水质达标率等负主要责任。如浙江省杭州市在“五水共治”过程中实行属地管理，成立“五水共治”专门领导机构，要求各个区县市成立“五水共治”领导小组，负责区域内的

“五水共治”工作。城市水务行业的地方属地管理模式有利于强化政府主体责任，但易于造成城市水务行业系统监管不足，特别对跨区域的水污染和污水处理问题难以形成有效的监督问责机制。

（二）纵向监管机构与责权配置

目前，国家城市水务行业监管机构负责制定全国总体政策，省级政府监管部门负责对城市一级城市水务监管部门的监督管理，城市政府负责具体政策的实施。其中，市级政府及相关部门负责城市水务行业的规划审批、颁布建筑许可、颁发营业许可、授予特许经营权、价格及成本监审、服务质量监管以及基础设施建设规划等诸多监管职权。这种纵向监管机构模式能够利用有关法律法规和行政层级优势有序推进城市水务行业的建设和发展，但由于部分城市纵向监管机构并非城市建设部门直接监管，从而导致纵向监管机构之间的上传下达机制缺位现象，增加了自上而下与自下而上的监管部门之间的协调难度。

在城市水务行业纵向监管机构中，多数城市尚未建立权力相对集中和责权较为明确的独立性城市水务行业监管机构，城市市长或分管城市水务行业的副市长是城市水务行业建设和管理的指挥官，横纵向城市水务行业监管机构按照国家法规和上级领导意见有序推进城市水务行业发展。目前，中国城市水务行业监管实质上是市长主导下的行政监管体制，城市市长对管辖权内的城市水务行业投资建设、改革举措和重大监管事项具有决策权，城市水务行业监管机构是具体的执行部门。这一体制有利于集合多方力量攻坚克难，对一些重视城市水务行业发展的城市而言，能够有序快速地推进城市水务行业发展。为此，在依法监管、独立监管和民主监管的国际政府监管趋势下，发挥中国行政监管体制优势，提升城市水务行业监管绩效考核主体层级，将考核城市水务行业监管部门转为考核城市政府，将能够进一步提升城市水务行业的监管绩效。

二　中国城市水务行业监管绩效评价指标体系

“十一五”以来，中国设立了“水体污染控制与治理重大专项”，该专项的总体目标是针对我国水体污染控制与治理关键技术“瓶颈”

问题，通过技术创新和体制创新，构建我国流域水污染治理技术体系和水环境管理技术体系，建立适合我国国情的水体污染控制、水环境质量改善的技术体系，为国家的重点水污染治理工程提供强有力的技术支撑。以国家科技重大专项为支撑，中国加快了城市水务行业监管绩效的研究，形成了《城镇污水处理工作考核暂行办法》（建城函〔2010〕166号）和《城镇供水规范化管理考核办法（试行）》（建城〔2013〕48号）。为此，本部分将对城市供水、污水处理行业的绩效评价指标体系进行研究，力求为构建中国城市水务行业监管绩效评价体系提供经验借鉴。

（一）城市供水行业监管绩效评价指标体系

1. 城市供水行业监管绩效评价指标基本现状

相对城市污水处理行业，我国对城市供水行业绩效评价体系的研究较早，2001年国家建设部下发《关于印发〈城市建设统计指标体系及制度方法修订工作方案〉的通知》（建综〔2000〕26号），提出对城市供水和节约用水、公共交通、燃气、供热、市政工程[①]、园林绿化、风景名胜、环境卫生、城市规划与管理（含人口与建设用地）、房地产以及有关国民经济、城市维护建设资金等指标进行修订。其中，修订后的城市供水指标包括供水售水、供水管道、供水服务、供水生产经营、供水财务经济和供水价格六个方面。2004年，清华大学、深圳水务集团等机构基于世界银行的“IBNET工具箱”共同创建了中国第一个城市供水绩效指标系统，并在深圳、哈尔滨以及宿迁等11个大中城市中得到了应用。2005—2006年，清华大学和北京首创股份有限公司以IWA、IBNET等国际供水行业绩效指标体系为基础，构建了包含10个复合型绩效指标的评价体系，并对马鞍山首创公司绩效进行评价。2006年，山东省住房和城乡建设厅、山东城市供水协会和国际咨询公司在世界银行的支持下，基于世界银行IBNET工具箱，建立了服务覆盖率、水生产和消耗、未回收水费水量、水表计量、管网系统特性、成本和人力、服务和质量、账单的水费收缴、财

① 这里的市政工程是指道路、桥涵、排水、路灯以及防洪等。

务以及资本投资10类指标，并对山东省30多个供水企业绩效进行评价。2013年，住房和城乡建设部制定了《城镇供水规范化管理考核办法（试行）》（建城〔2013〕48号），建立了城镇供水规范化考核指标体系。2016年，北京首创股份有限公司依托“十一五”水体污染控制与治理重大专项建立了中国城市供水绩效指标体系。其中，国家住房和城乡建设部和北京首创股份有限公司建立的城市供水绩效指标体系极具代表性，为此，本节将对上述两个指标体系进行分析。

2. 住房和城乡建设部城市供水绩效评价指标

为加强城市供水规范化管理，全面落实相关规章制度，依据《水污染防治法》《水法》《城市供水条例》等法律法规和国家城镇供水方面的标准规范，2013年住房和城乡建设部制定了《城镇供水规范化管理考核办法（试行）》（建城〔2013〕48号），明确了住房和城乡建设部负责指导和监督城市供水规范化管理考核工作，省（自治区、直辖市）城市供水主管部门负责组织实施本辖区城市供水规范化管理考核工作，城镇供水规范化管理考核对象为市县（区）城镇供水主管部门，考核内容主要为部门职责、规范化管理制度的制定和落实情况（见表3-10）。

表3-10　城镇供水规范化管理考核指标

一级指标	二级指标
部门职责	管理部门、管理职责、管理人员
规范化管理制度制定	综合性管理法规、规章及规范性文件、原水安全、规划建设、运行监管
规范化管理制度落实	水质管理、水厂运行与管理、管网运行与管理、供水服务、应急管理

资料来源：住建部：《关于印发城镇供水规范化管理考核办法（试行）的通知》（建城〔2013〕48号）。

3. 国家科技重大专项城市供水绩效评价指标

“十一五”水体污染控制与治理重大专项子课题《城市供水绩效评估体系研究与示范》由北京首创股份有限公司主持，该子课题综合运用理论分析法、频度统计法和专家咨询法等方法，建立了包含服务类、运行类、资源类、资产类、财经类和人事类 6 类共 24 个指标的城市供水行业绩效评价指标体系（见表 3 – 11）。

表 3 – 11 《城市供水绩效评估体系研究与示范》课题组的中国城市供水绩效指标体系

指标类别	指标名称	基准值	单位	基准值出处
服务类绩效指标	电话接通率	95	%	《城镇供水服务》CJ/T—2009
	投诉处理及时率	99	%	《城镇供水服务》CJ/T—2009
	用户满意度	85	%	行业通用经验值
	管网修漏及时率	90	%	《城市供水管网漏损控制及评定标准》CJJ92—2002
	居民家庭用水量按户抄表率	70	%	《城市供水管网漏损控制及评定标准》CJJ92—2002
运行类绩效指标	新国标 106 项水质达标率	95	%	《城市供水水质标准》CJ/T206—2005，《生活饮用水卫生标准》GB5749—2006
	出厂水水质 9 项合格率	95	%	《城市供水水质标准》CJ/T206—2005
	管网水水质 7 项合格率	95	%	《城市供水水质标准》CJ/T206—2005
	管网压力合格率	97	%	《城市供水行业 2010 年技术进步发展规划及 2020 年远景目标》
	供水综合单位电耗	380	千瓦时/千立方米·兆帕	《城市供水行业 2010 年技术进步发展规划及 2020 年远景目标》
资源类绩效指标	水资源利用率	85	%	行业通用经验值
	物理漏失率	15.6	%	六家示范水公司数据平均值
	地表水厂自用水率	5	%	行业通用经验值

续表

指标类别	指标名称	基准值	单位	基准值出处
资产类绩效指标	水厂能力利用率	87	%	《城市供水行业2010年技术进步发展规划及2020年远景目标》
	配水系统调蓄水量比率	10	%	《给排水设计手册》第三册
	大中口径管道更新改造率	1	%	《城市供水管网漏损控制及评定标准》(CJJ92—2002)
财经类绩效指标	产销差率	25	%	《中国城市供水统计年鉴》数据平均值
	主营业务利润率	16.1	%	《企业绩效评价标准值》
	产销差水量成本损失率	28	%	六家示范供水公司数据平均值
	资产负债率	57.7	%	《企业绩效评价标准值》
	当期水费回收率	95	%	行业通用经验值
人事类绩效指标	人均日售水量	255	立方米/人·天	《中国城市供水统计年鉴》数据平均值
	运行岗位持证上岗率	60	%	行业通用经验值
	中级及以上专业技术人员比率	10	%	行业通用经验值

资料来源：韩伟、李爽、张现国：《城市供水绩效评估》，中国建筑工业出版社2016年版。

（二）城市污水处理行业监管绩效评价指标体系

与城市供水行业绩效评价研究相比，学术界以及政府部门对城市污水处理行业（监管）绩效的研究还较为少见。其中，2010年住房和城乡建设部发布了《关于印发〈城镇污水处理工作考核暂行办法〉的通知》，建立了城镇污水处理工作考核指标体系，并于2017年对《城镇污水处理工作考核暂行办法》进行修订，该城镇污水处理工作考核指标体系成为对省际以及城市进行城市污水处理工作考核的重要依据。为此，本部分将对2010年和2017年城镇污水处理工作考核指标体系进行分析。

1.2010年城镇污水处理工作考核指标体系

国家住房和城乡建设部于2010年出台了《关于印发〈城镇污水

处理工作考核暂行办法〉的通知》，将城镇污水处理工作中被广泛重视的指标作为考核指标体系中关注的重点，具体指标包括设施覆盖率、城镇污水处理率、处理设施利用效率、主要污染物削减效率以及监督管理等。由于当时极力推进城镇污水处理设施建设，全面提升城镇污水处理设施能力，因此，在该指标体系中设施覆盖率的重要程度最高，分值达到25分。同时，城镇污水处理率、处理设施利用效率、主要污染物削减率是城镇污水处理工作中最为关注的内容，各项分值均为20分。相对而言，监督管理制度的重要性较为弱化，为此，在监督管理制度指标中的数据上报管理分值、水质化验管理分值相对较低，分别为9分和6分。但该指标体系并未考虑污水处理过程中的污泥处理问题。2010年，国家住房和城乡建设部城镇污水处理工作考核指标体系见表3－12。

表3－12　　2010年国家住房和城乡建设部城镇污水处理工作考核指标体系

指标	计算方法	分值
设施覆盖率	$\text{设施覆盖率分值}=\left[\frac{\left(\text{已建成投运污水处理厂的城市数}+\text{只有在建项目的城市数}\times 0.3\right)}{\text{城市总数}}\times 0.7+\frac{\left(\text{已建成投运污水处理厂的县城数}+\text{只有在建项目的县城数}\times 0.3\right)}{\text{县城总数}}\times 0.3\right]\times 25$	25
城镇污水处理率	$\text{城市污水处理率分值}=\frac{\text{城镇污水处理厂污水处理量}+\text{其他设施污水处理量}}{\text{污水排放总量}}\times 20$	20
处理设施利用效率①	$\text{处理设施利用效率分值}=\frac{A+B\times 0.9+C\times 0.8+D\times 0.6+E\times 0.4+F\times 0.2+G\times 0}{A+B+C+D+E+F+G}\times 20$	20

① A：运行负荷率≥75%的项目实际处理量（万立方米）；B：70%≤运行负荷率<75%的项目实际处理量（万立方米）；C：65%≤运行负荷率<70%的项目实际处理量（万立方米）；D：60%≤运行负荷率<65%的项目实际处理量（万立方米）；E：50%≤运行负荷率<60%的项目实际处理量（万立方米）；F：30%≤运行负荷率<50%的项目实际处理量（万立方米）；G：运行负荷率<30%的项目实际处理量（万立方米）。

续表

指标		计算方法	分值
主要污染物削减效率①		$主要污染物削减效率分值=\frac{A+B\times0.9+C\times0.8+D\times0.6+E\times0.4+F\times0.2+G\times0}{A+B+C+D+E+F+G}\times20$	20
监督管理指标	数据上报管理分值	数据上报管理分值 = 在建项目分值 + 运行项目分值 $在建项目分值=\frac{在建项目上报率-50\%}{50\%}\times3$（计算结果小于0时，按0计） $运行项目分值=\frac{运行项目上报率-80\%}{20\%}\times6$（计算结果小于0时，按0计）	9
	水质化验管理分值	水质化验管理分值 = COD 上报率 ×2 + BOD 上报率 ×1 + SS 上报率 ×1 + NH_3-N 上报率 ×1 + TN 上报率 ×0.5 + TP 上报率 ×0.5	6

资料来源：住房和城乡建设部：《城镇污水处理工作考核暂行办法》，2010 年。

2. 2017 年城镇污水处理工作考核指标体系

2017 年住房和城乡建设部为了进一步加强城镇污水处理设施建设和运行管理，依据《城镇排水与污水处理条例》（国务院令第 641 号）和《水污染防治行动计划》（国发〔2015〕17 号）等有关规定，对 2010 年住房和城乡建设部发布《关于印发〈城镇污水处理工作考核暂行办法〉的通知》中的城镇污水处理工作考核指标体系进行修正②，明确了省、自治区、直辖市城镇污水处理考核指标包括城镇污水处理效能、主要污染物削减效率、污泥处置情况、监督管理指标、奖励分和扣分项。

相比 2010 年国家住房和城乡建设部设计的城镇污水处理工作考核指标体系，2017 年修正的城镇污水处理工作考核指标体系中增加了奖励项、扣分项以及污泥处理处置指标。该指标体系考虑了中国城镇

① A：COD 削减量≥300 毫克/升的 COD 削减总量（吨）；B：250 毫克/升≤COD 削减量 <300 毫米/升的 COD 削减总量（吨）；C：200 毫克/升≤COD 削减量 <250 毫克/升的 COD 削减总量（吨）；D：150 毫克/升≤COD 削减量 <200 毫克/升的 COD 削减总量（吨）；E：100 毫克/升≤COD 削减量 <150 毫克/升的 COD 削减总量（吨）；F：50 毫克/升≤COD 削减量 <100 毫克/升的 COD 削减总量（吨）；G：COD 削减量 <50 毫克/升的 COD 削减总量（吨）。

② 关于城镇污水处理工作考核办法（修订）目前正处于征求意见阶段，由于新的城镇污水处理工作考核指标体系与已有考核指标体系之间存在较大差异，该指标体系对新时期城镇水务行业的快速发展具有重要意义，为此，本部分将以征求意见稿中的指标为例，对可能实施的城镇污水处理考核指标体系进行分析。

污水处理设施覆盖率较高和一些地区城镇污水处理厂“晒太阳”的现实，从而在修订的指标体系中不对城镇污水处理设施覆盖率进行考核。由于计算污水处理率的实际处理污水量不仅包括应该处理的污水量，还有一些雨水甚至河水进入污水处理厂的情况，这增加了测算污水处理率的分子数值，从而造成城镇污水处理率指标数值“虚高”。为此，2017 年在修订指标体系时对城镇污水处理率指标进行优化，提出利用城镇污水处理情况和污染物收集效能情况来替代城镇污水处理率指标。此外，该指标体系改变了传统“唯 COD 削减论”的单一目标模式，形成了综合考量 COD、TN、TP 三维度的主要污染物削减效率指标新模式。由此可见，相对于 2010 年城镇污水处理工作考核指标体系而言，2017 年修订后的指标体系更加符合当前城镇污水处理的绩效考核需求。具体指标体系见表 3 – 13。

表 3 – 13　　2017 年国家住房和城乡建设部城镇污水处理工作考核指标体系（修订）

指标		计算方法	分值
城镇污水处理效能	城镇污水处理情况	城镇污水处理情况 $= \frac{\text{考核期内城镇污水处理厂污水处理量}}{\text{上一年度同期城镇污水排放总量}} \times 10$	10
	污染物收集效能情况	污染物收集率 $= \frac{A \times 1.1 + B \times 1.0 + C \times 0.9 + D \times 0.8 + E \times 0.6 + F \times 0.5 + G \times 0.2 + H \times 0}{A + B + C + D + E + F + G + H} \times 15$①	15
		污染物收集效能提升得分 $= \left\{ \frac{\text{污水处理厂的进水污染物加权平均值} - \text{去年同期城镇污水处理厂进水污染物加权平均值}}{\text{去年同期城镇污水处理厂进水污染物加权平均值}} \right\} \times 5 \div 5\%$②	5

① A：进水 COD 浓度≥400 毫克/升的污水量；B：进水 COD 浓度≥350 毫克/升且<400 毫克/升的污水量；C：进水 COD 浓度≥300 毫克/升且<350 毫克/升的污水量；D：进水 COD 浓度≥260 毫克/升且<300 毫克/升的污水量；E：进水 COD 浓度≥230 毫克/升且<260 毫克/升的污水量；F：进水 COD 浓度≥200 毫克/升且<230 毫克/升的污水量；G：进水 COD 浓度≥100 毫克/升且<200 毫克/升的污水量；H：进水 COD 浓度<100 毫克/升的污水量。

② 进水污染物加权平均值 =（进水 COD × 0.3 + 进水 BOD × 0.5 + 进水 TN × 0.1 + 进水 TP × 0.1）× 统计期内污水处理量。

续表

指标		计算方法	分值
主要污染物削减效率	COD 削减效率	COD 削减效率 $= \frac{A + B \times 0.9 + C \times 0.8 + D \times 0.5 + E \times 0.3 + F \times 0.1}{A + B + C + D + E + F} \times 10$①	10
	TN 削减效率	TN 削减效率 $= \frac{A + B \times 0.9 + C \times 0.7 + D \times 0.6 + E \times 0.4 + F \times 0.2}{A + B + C + D + E + F} \times 10$②	10
	TP 削减效率	TP 削减效率 $= \frac{A + B \times 0.9 + C \times 0.6 + D \times 0.4 + E \times 0.2}{A + B + C + D + E} \times 10$③	10
污泥处理处置指标		污泥处理处置指标 $= \frac{A + B \times 0.9 + C \times 0.6 + D \times 0.2 + E \times 0}{A + B + C + D + E} \times 15$④	15
监督管理指标	数据上报管理	数据上报管理分值 = 在建项目分值 + 运行项目分值 在建项目分值 $= \frac{在建项目上报率 - 50\%}{50\%} \times 3$（计算结果小于 0 时，按 0 计） 城镇污水处理运行项目分值 $= \frac{运行项目上报率 - 90\%}{10\%} \times 5$（计算结果小于 0 时，按 0 计）	8
	水质化验管理	水质化验管理分值 = COD 上报率 ×3 + BOD 上报率 ×2 + SS 上报率 ×1 + 氨氮上报率 ×2 + 总氮上报率 ×2 + 总磷上报率 ×2	12
奖励项	进步奖励	本省当期考核时，前几项得分之和与去年同期同计算口径相比，提升的额外奖励 2 分；相同的奖励 0.5 分，降低的不奖励	2
	排名奖励	本省当期考核时，前几项得分之和的全国排名，与去年同期同计算口径的排名相比，进步的额外奖励 3 分，不进不退的奖励 1 分，退步的不奖励	3

① A：COD 去除效率≥90% 对应的污水处理总量（吨）；B：80% ≤COD 去除效率 <90% 对应的污水处理总量（吨）；C：75% ≤COD 去除效率 <80% 对应的污水处理总量（吨）；D：70% ≤COD 去除效率 <75% 对应的污水处理总量（吨）；E：50% ≤COD 去除效率 <70% 对应的污水处理总量（吨）；F：COD 去除效率 <50% 对应的污水处理总量（吨）。

② A：TN 去除效率≥60% 对应的污水处理总量（吨）；B：50% ≤TN 去除效率 <60% 对应的污水处理总量（吨）；C：40% ≤TN 去除效率 <50% 对应的污水处理总量（吨）；D：30% ≤TN 去除效率 <40% 对应的污水处理总量（吨）；E：20% ≤TN 去除效率 <30% 对应的污水处理总量（吨）；F：TN 去除效率 <20% 对应的污水处理总量（吨）。

③ A：TP 去除效率≥80% 对应的污水处理总量（吨）；B：70% ≤TP 去除效率 <80% 对应的污水处理总量（吨）；C：60% ≤TP 去除效率 <70% 对应的污水处理总量（吨）；D：50% ≤TP 去除效率 <60% 对应的污水处理总量（吨）；E：TP 去除效率 <50% 对应的污水处理总量（吨）。

④ A：污泥资源化利用的量，包括土地利用、建材利用；B：焚烧的量；C：卫生填埋的量；D：其他处置方式的量；E：不知去向的量。

续表

指标	计算方法	分值
扣分项	在各类检查、抽查中，若发现信息系统上报数据存在弄虚作假现象、采样化验不规范的，每发现一次扣5分，直至将监督管理指标20分全部扣完为止。发生扣分项的省（区、市），从当期考核起一年内考核中，不计算奖励分	—

资料来源：住房和城乡建设部：《城镇污水处理工作考核暂行办法》（修订），2017年。

三　中国城市水务行业监管绩效评价的“短板”

发达国家和地区自20世纪80年代末90年代初开始探讨城市水务行业（监管）绩效评价问题，综观中国城市水务行业监管绩效评价指标体系设计与现实评价现状，可知中国城市水务行业绩效问题的研究处于引进、消化、吸收并应用实践的初期阶段，这对指导中国城市水务行业发展发挥了重要作用，但从监管视角出发，建立并评价中国城市水务行业监管绩效的研究处于尝试性探索阶段，理论研究和现实评价还较为滞后，这与市场化鼓励和引导社会资本进入大背景下强化政府监管相背离。为此，亟须把握城市水务行业监管绩效评价“短板”，明确城市水务监管绩效评价指标体系设计与现实评价的基本方向。当前城市水务行业监管绩效评价的“短板”主要表现在以下几个方面：

（一）沟通不畅提高了信息交易成本

在现实中对城市水务行业监管绩效的评价客体选择涉及评价城市水务行业监管部门还是评价城市政府，由于城市水务行业有关监管数据信息分布于不同的监管机构，将单一机构作为评价客体往往造成城市水务行业监管数据信息的共享机制缺失或共享信息的交易成本过高。以城市污水处理率测算为例，该指标是监管城市污水处理行业绩效的重要指标，测算该指标时涉及水利部门的自备水水量数据、建设部门的自来水供水量数据以及环保部门的企业自行处理达标水量数据等信息，因此，精确测算城市污水处理率需要多部门发挥合力效应，但事实上由于上述部门的上级指导部门的差异性导致多部门之间的信息沟通较为不畅，这增加了城市水务行业监管绩效评价过程中的信息交易成本。

（二）政府评价降低了结果的科学性

长期以来，我国对多个方面的政府评价问题形成两种评价方案：一是上级政府部门官员组成评价小组直接对下级政府部门进行评价；二是上级政府部门从下级政府部门中抽调相关人员组成评价小组，并由评价小组进行跨区域无利害关系评价。但无论哪种评价模式都难以避免部门之间的利益纠葛、上下级或同级政府官员之间的微妙关系，从而降低了评价的客观性与科学性。近年来，国家大力推进政府购买公共服务，在一系列评价领域试图通过招投标方式选择高效的第三方对一系列评价工作进行科学、客观的评价，在城市水务行业监管绩效评价过程中可以采用第三方评估，从而解决政府评价带来的结果不科学性和不客观性问题。

（三）定量指标增加了指标的片面性

综合评价指标构建涉及定性指标和定量指标，无论从理论上还是实践上来看，定量指标与定性指标各有优势。其中，定量指标具有直接可比性、数据来源的固定性等重要特征，但无法反映主观性信息，而定性指标能够通过调研的方式反映社会公众的主观感受。现实中由于抽样的非随机性和多次抽样带来的客体差异性，形成了定性评价指标数据的非可比性问题。从城市水务行业（监管）绩效评价的实践来看，遵循定量指标评价成为当前的主流，而选择定性指标进行评价的研究还较为少见。因此，仅仅包含定量指标的城市水务行业（监管）绩效评价指标体系具有一定的片面性，难以反映社会公众的主观感受，从而会给诸如水质、价格等城市水务行业监管绩效评价结果带来一定的偏差。

（四）手段单一提升了无效评价风险

一般而言，相对于评价客体，政府部门或第三方评估机构在获取城市水务企业成本、效率等方面具有信息劣势，由此形成以评价客体自报方式为主、成本审计与质量检验等监督缺失的数据报送机制可能在一定程度上造成数据扭曲。同时，由于多数城市政府对城市水务行业监管绩效评价结果非常重视，在数据甄别机制缺失的情况下，地方政府甚至城市水务企业存在“数据造假”的动力。因此，依据缺少验证的城市水务企业或地方政府自报数据的评价机制，其评价结果可能与真实结果之间存在一定的偏差。为此，在当前数据获取方式与有效甄别机制欠缺的前提下，需要进一步创新体制机制，利用现代监管技术，形成有效的数据甄别机制与多元化的评价手段。

此外，在城市水务行业监管绩效评价过程中，还存在以下几方面问题：（1）由于多数地方政府对城市水务行业监管绩效评价了解甚少，没有认识到绩效管理的必要性和重要性。（2）即使一些地方确定要建立城市水务行业监管绩效评价管理办法，从调研到政策出台也需要一个较长的过程。（3）各级政府之间的职责和分工不够明确，绩效管理系统如何构建尚未确定，监管政府的上下级之间如何配合尚未厘清。（4）消费者的参与度相对较低，这主要是由于消费者获得信息的成本较高，因此缺乏参与城市水务行业监管绩效管理的主动性。为此，需要重视当前城市水务行业监管绩效评价的“短板”，建立城市水务行业监管绩效评价的指标体系，形成有效的监管评价机制，从而通过以评促管、以评促建、以评促改，促进城市水务行业监管绩效的不断提升。

第四章　中国城市供水行业监管绩效评价实证研究

城市水务行业监管绩效是由政府监管所带来的绩效变化，现实中由于缺乏衡量政府监管投入与产出的指标以及相关数据支持，限制了从政府监管角度评价城市水务行业监管绩效问题的研究。多数研究基于行业视角建立了总体环境下城市水务行业的发展绩效，无法反映政府监管在城市水务行业发展中的作用。城市水务行业的绩效研究涉及行业绩效、民营化绩效和监管绩效三种表现形式，现实中关于三种绩效的研究具有趋同性，但实质上城市水务行业监管绩效是有别于行业绩效或民营化绩效的。当前各级政府日益重视市场监管，越发关注政府监管效力，非常有必要基于政府监管视角评价城市水务行业的监管绩效。为此，本章将从评价原则、评价方法、数据来源、实证分析等方面对城市供水行业的监管绩效进行研究，力图为提升城市供水行业监管绩效，推进城市供水行业监管评价工作提供参考。

第一节　城市供水行业监管绩效评价的目标与原则

城市供水行业政府监管绩效评价需要明确为什么评价、评价有什么用、遵循什么样的评价原则以及如何评价等问题。其中，城市供水行业监管绩效评价目标是进行城市供水行业监管绩效科学评价的重要前提，评价原则是城市供水行业指标体系构建的重要约束。

一 城市供水行业监管绩效评价的基本目标

从城市供水行业相关绩效的评价研究现状来看，监管绩效评价是城市供水行业有关绩效评价最为薄弱的环节。鉴于城市供水管网具有典型的自然垄断性，城市供水服务具有典型的区域垄断性，经济理论表明具有垄断性特征的行业若不对其进行有效监管，则会带来垄断低效和垄断高价问题。城市供水行业所提供的产品和服务是城市居民生产和生活的必需品，需要通过政府监管手段创新实现城市供水产品和服务的普遍服务性，提供符合人民生产和生活所需的供水品质，收取居民可承受的价格水平。中国由计划经济转为市场经济的过程中，城市供水行业进行了一系列的监管体制改革，但关于城市供水行业监管绩效的研究还较为薄弱。无论从理论上还是实践来看，关于如何建立城市供水行业的监管绩效评价指标体系与评价程序等成为政府管制经济学的难点问题。基于城市供水行业的技术经济特征，以及城市供水产品和服务的必需品和普遍服务属性等特征，本书认为，对城市供水行业进行监管绩效评价需要以评价目标为指引，进行有目的的评价研究。

（一）城市供水行业监管绩效评价需要体现监管属性

监管属性是城市供水行业监管绩效有别于其他绩效评价的重要特征。城市供水行业政府监管涉及价格监管、进入监管、退出监管、投资监管等重要内容。由于城市供水行业政府监管客体是城市供水企业，具有典型的微观经济属性，有关微观数据的获得存在一定的难度，而且从微观城市供水企业监管数据合成行业总体监管数据需要考虑处理技巧和是否有效等问题。城市供水行业监管属性由两个维度构成：一种是直接维度，即通过监管指标直接反映政府监管属性；另一种是间接维度，即通过使用者或居民的反映数据间接衡量城市供水行业的监管属性。事实上，无论哪种维度的城市供水行业监管属性，其衡量工具都能够在一定程度上缓解或改善当前缺乏监管属性而直接以产业发展绩效替代行业监管绩效的偏差处理方式。因此，在城市供水行业监管绩效评价过程中，刻画监管属性是城市供水行业监管绩效有效评价的重要前提，也是本书进行城市供水行业监管绩效评价的核心。

（二）城市供水行业监管绩效评价需要体现质量属性

城市供水行业的基本属性决定了城市供水行业的最终目标的服务性，保障产品优良性质和提高服务能力是城市供水行业进行监管的重要原因。现实中无论是基于融资前提，还是基于产权改革前提的监管制度变革而言，其根本目的都是通过融资和制度创新，提高城市供水产品的质量和客户服务能力。从城市供水行业发展历程来看，计划经济时期城市供水行业的主要问题是供需之间存在较大的“剪刀差”，因此该时期解决饮用水供应成为城市供水行业发展的必然选择。随着市场化改革的深入，城市供水行业供需“剪刀差”越发缩小，但随着城镇化进程的加快，城市居民对饮用水质量的需求和供给之间的“剪刀差”在加大，近年来接连爆发城市饮用水水质危机凸显居民对饮用水水质的不安和日益重视。因此，随着城镇化进程的快速推进和城市供水行业市场化改革的深化，传统以“量”为核心的供给模式势必被“质”为核心的需求模式所替代。未来较长时间内城市供水行业监管重心将转向产品与服务的质量属性上来，为此，基于城市供水行业的基本属性，刻画包含饮用水水质和服务能力的质量属性将成为城市供水行业监管绩效评价的一个基本目标。

（三）城市供水行业监管绩效评价需要体现实施属性

城市供水行业监管绩效评价研究具有理论与实践相结合的双重属性，关于绩效评价问题的理论研究具有评价方法上的复杂性、指标选择上的多样性特点，具有较强的理论化特征，现实应用性较差。城市供水行业监管绩效评价具有典型的政府监管导向，仅从理论研究构建理论化的城市供水行业监管绩效指标体系，利用复杂化的数学方法，对城市供水行业监管绩效进行评价，可能会忽视城市供水行业监管绩效评价的现实应用属性，即不具备可实施条件。是否具备可实施属性是保障城市供水行业监管绩效评价工具能否有效推行的重要前提。为此，本书将综合考虑理论性与实施性的双维度特征，力求在两者之间实现均衡，以服务城市供水行业监管需求为导向，通过理论创新与现实需求的有机结合，借助于政府与企业、政府与消费者之间的交互效应，利用问卷调查等方法着眼于现实的研究手段，采取科学合理、简便易行的绩效评估工具，对城市供水行业监管绩效进行评价，从而实现城市供水行业监管绩效评价的理论性与现实性的完美融合。

二　城市供水行业监管绩效评价的主要原则

城市供水行业监管绩效评价指标体系涉及运行与服务绩效、普遍服务能力、水价可承受能力等方面，具有多维属性特征。城市供水行业监管绩效评价需要以一定的评价原则为基础，这为设计城市供水行业监管绩效评价指标体系，形成有效的城市供水行业监管绩效评价机制提供有效约束。城市供水行业监管绩效评价的主要原则包括以下几个方面：

（一）全面性与总体性相一致原则

城市供水行业监管绩效评价需要充分考虑监管属性和绩效属性。城市供水行业监管绩效评价的监管属性可以由监管工具产生的直接效果来衡量，也可以由监管导致的城市供水行业直接绩效变迁来表示。无论用哪种方式表示，监管绩效都将有别于传统利用行业发展绩效或民营化绩效近似替代产业监管绩效的处理方式。同时，城市供水行业监管绩效评价需要以全局性为基础，既要充分考虑城市供水行业的区域差异所衍生出的监管绩效指标体系的差异，又要重视城市供水行业监管绩效评价指标体系对监管客体的作用的同一性。城市供水行业监管绩效评价需要综合反映由于监管所导致的居民对城市供水行业绩效的表征变化、监管下的城市供水行业普遍服务能力以及运行绩效。其中，居民对城市供水行业监管的主观反映是弥补当前城市供水行业有关监管数据缺乏的重要解决方式，是城市供水行业监管绩效有别于行业绩效或民营化绩效的重要表现形式。普遍服务能力是反映市场化改革下监管体制变迁所带来的城市供水行业运行绩效的重要指标，而运行绩效是维系城市供水行业发展、保障城市供水产品与服务稳定供给与保持行业持续发展的重要表现形式。为此，需要以全面性和总体性为原则，充分考虑城市供水行业已有数据和可供挖掘的数据资源，从居民调研数据、行业运行数据和行业服务数据三个维度建立反映城市供水行业监管绩效的总体性与全面性指标体系。

（二）定量与定性指标相结合原则

长期以来，有效数据获取渠道单一、数据资源有限等主客观原因限制了对城市供水行业监管绩效的评价，也对在市场化改革和监管体制变迁过程中探索城市供水行业监管绩效的提升路径构成了极大的挑战。同时，在城市供水行业有关绩效的研究过程中，形成了以定量研究为主的分析结构，忽视了定性研究对城市供水行业有关绩效评价的重要性，以及将定量研究和定性研究纳入统一分析框架的研究还不多见。因此，城市供水行业绩效研究的客观现实进一步缩减了城市供水行业监管绩效的研究思路，不利于更加科学全面地揭示城市供水行业有关绩效问题。为了获取城市供水行业监管绩效评价的有关数据，可以利用定性研究手段，通过问卷调研方式，建立城市供水行业监管绩效评价的居民满意度数据库，从而对现有城市供水行业定量数据形成有效补充。为此，从城市供水行业绩效问题研究现状来看，在充分考虑数据的可得性与有效性基础上，整合定量指标与定性指标，形成综合性的城市供水行业监管绩效评价指标体系，是科学建立城市供水行业监管绩效评价指标体系的一个重要原则。

（三）单一性与综合性相统一原则

城市供水行业监管绩效评价既要解决单一指标的可比性问题，又要形成城市供水行业监管绩效评价指标体系的合成方法，并对城市供水行业监管绩效进行综合评价。通过对比特定评价客体城市供水行业监管绩效评价的各类分项指标数值，实现对城市供水行业各分项监管绩效的横向比较与纵向变迁研究。同时，在评价方法的有效性与难度适中性两个方面进行平衡，选择有效的研究方法对单项城市供水行业监管绩效指标进行合成，从而保障城市供水行业监管绩效综合评价的可比性。为此，在对城市供水行业监管绩效评价过程中，需要甄别有关绩效评价指标，建立城市供水行业监管绩效评价指标体系，通过单一指标对比方式分类评价城市供水行业监管绩效，以及运用合成手段形成综合可比的城市供水行业监管绩效评价方法，并对特定评价客体的城市供水行业监管绩效进行综合评价。基于此，需要以指标构建的单一性与指标合成的综合性为原则，对城市供水行业监管绩效进行综合评价。

第二节 城市供水行业监管绩效评价的指标与方法

城市供水行业监管的有效性涉及定量指标与定性指标。定性指标需要通过居民满意度来反映政府对城市供水行业的监管效应，而定量指标往往通过城市供水企业运营服务能力来反映。具体来说，居民对城市供水行业的满意程度往往通过居民水价、水质、水量稳定性、服务的优劣性、企业信誉度或企业形象等因素反映出来；而通过政府监管作用于城市供水企业、反映城市供水企业运营服务能力的综合性指标主要有城市供水企业的负荷能力、城市供水企业的管网压力、城市用水普及情况以及城市供水水质合格情况等。

一 城市供水行业监管绩效的定性指标体系设计

居民满意度是指满意的居民数量占被调查的居民总量的比重。居民对城市供水行业监管绩效的满意度是指城市居民对所在城市的供水服务的满意程度。从城市供水行业监管实践来看，城市居民对水价、水质以及供水的稳定性最为关注，而对供水服务和供水形象较为关注。为此，本部分建立包含供水价格、供水质量、供水稳定性以及供水服务在内的城市供水行业监管绩效的定性指标体系。

（一）城市供水价格满意度

水价是充分发挥市场在水资源优化配置、供水供需矛盾调节过程中的作用的重要工具。水价分为单一水价和阶梯水价，单一水价是指单位水量收取相同的供水价格，不实行差别定价。而阶梯水价是在合理核定居民用水及各类企业营业用水基本用量的基础上，对定量以内的用水实行低价，超过基本用水量的部分实行超额累进价；对公共服务用水实行低价，对合理工业生产用水实行中间价，对营运用水价格实行高价。通过阶梯水价制度能够在一定程度上促进居民节约用水，实现居民用水公平。城市供水产品或服务价格调整牵动着百姓的神经。为此，本部分构建了城市供水行业水价满意度评价指标体系，具体如表 4-1 所示。

表 4-1　　　　城市供水价格满意度指标体系

水价满意度的衡量指标	水价满意度的主要表现
您觉得当前城市供水单一价格或第一阶梯水价合理吗?	□非常合理　□合理　□一般　□不合理　□非常不合理
您觉得当前阶梯水价比例 1:1.5:3 合理吗?	□非常合理　□合理　□一般　□不合理　□非常不合理
您对所在城市供水价格调整周期满意吗?	□非常满意　□满意　□一般　□不满意　□非常不满意

资料来源：笔者整理。

（二）城市供水质量满意度

近年来，饮用水安全事件频发，并逐步成为公众关注、政府关心的重大民生问题。2012 年住建部水质研究中心对全国 4000 多家水厂进行监测，结果 1000 多家水厂水质不合格；2015 年中华社会救助基金会中国水安全公益基金通过对全国 29 个重点城市进行调研，结果 29 个城市中 15 个城市的 20 项饮用水指标全部合格，约占抽检城市总数的 52%；14 个城市存在一项或多项指标不合格的情况，约占 48%。可见，中国整体饮用水水质不容乐观。同时，一些城市还频繁爆发饮用水安全事件，如兰州局部自来水苯指标超标的“4·11”事件，上海自来水苯酚污染影响 10 万居民，长沙 8 个小区居民反映自来水“腥臭味、口感涩”的事件严重危及居民健康，杭州局部区域自来水异味事件引起民众恐慌，等等。由此可见，城市供水水质成为社会公众最为关注的问题。为此，本部分建立了如表 4-2 所示的城市供水行业水质满意度评价指标体系。

表 4 – 2　　城市供水水质满意度指标体系

水质满意度的衡量指标	水质满意度的主要表现
您总体上对您家的自来水水质感到满意吗？	□非常满意　□满意　□一般 □不满意　□非常不满意
您所在城市发生过自来水安全事件吗？	□没有发生　□发生 1 次　□发生 2 次 □发生 3 次　□发生 4 次以上
您认为所在城市自来水是洁净、无杂质、可以直接饮用的吗？	□非常同意　□同意　□一般 □不同意　□非常不同意

资料来源：笔者整理。

（三）城市供水稳定满意度

供水稳定满意度是指城市供水企业提供的水产品是否稳定供应给使用者（消费者或生产者）。供水稳定不仅包含水量稳定，还包含水压稳定。城市供水行业是重大的民生工程，保障城市供水稳定成为政府的政治使命。因此，无论是政府或行业监管部门，抑或城市供水产品的使用者或受益者，均对城市供水的水量稳定性和水压稳定性非常重视。为此，本部分将供水稳定满意度作为衡量城市供水行业监管绩效的一个定性指标。具体如表 4 – 3 所示。

表 4 – 3　　城市供水稳定满意度指标体系

城市供水稳定满意度的衡量指标	城市供水稳定满意度的主要表现
您觉得供水的压力稳定吗？	□非常稳定　□稳定　□一般 □不稳定　□非常不稳定
过去一年中停水的次数多吗？	□没有发生　□很少发生　□一般 □频繁　□非常频繁
您觉得所在城市发布停水预告时间充足吗？	□非常充足　□充足　□一般 □不充足　□非常不充足

资料来源：笔者整理。

（四）城市供水服务满意度

城市供水服务是除了供水水质、水量以及水价等重要内容之外对城市供水行业监管的重要内容之一，对其满意度进行测量是衡量城市供水行业服务监管有效性的重要指标。城市供水服务满意度主要涉及水费收缴方式满意度、相关事务电话咨询满意度、信息公开满意度、报修等有关事务处理处置能力满意度、自来水公司服务窗口地点与职能配置满意度五个方面。其中，水费收缴方式主要包括支付宝等网络直接支付方式、营业网点收费方式以及有关银行的代缴方式等。相关事务电话咨询主要包括水价信息、水量信息、水厂相关职能等。信息公开是对水价信息、水质信息等的公开。报修等有关事务处理处置是指水管跑、冒、滴、漏现象报修的处理、用户端水质污染报修等。自来水公司服务窗口地点以及职能配置是指自来水供水服务窗口分布是否体现了便民性特征，以及自来水公司服务人员职能是否清晰合理。有关城市供水服务满意度指标见表4－4。

表4－4　　　　城市供水服务满意度指标体系

城市供水服务满意度的衡量指标	城市供水服务满意度的主要表现
您对采取互联网、银行网点或自来水公司网点等方式收水费满意吗？	□非常满意　□满意　□一般 □不满意　□非常不满意
您对向自来水供水咨询有关事情满意吗？	□非常满意　□满意　□一般 □不满意　□非常不满意
您对自来水公司公开水质、水价信息满意吗？	□非常满意　□满意　□一般 □不满意　□非常不满意
您对所在城市有关自来水报修等有关事务的处理处置能力满意吗？（请从等候时间、处理效率、服务程序、专业知识、服务态度等方面考虑）	□非常满意　□满意　□一般 □不满意　□非常不满意
您对所在城市自来水公司的服务大厅满意吗？（请从营业网点数量、地理位置、总体环境、等候时间、处理效率、服务程序、专业知识、服务态度等方面考虑）	□非常满意　□满意　□一般 □不满意　□非常不满意

资料来源：笔者整理。

二　城市供水行业监管绩效的定量指标体系设计

一般而言，所在城市供水企业负荷能力、管网压力合格率、供水用户普及率、出厂水水质合格率是城市供水行业监管的重点。其中，城市供水企业负荷能力、管网压力合格率关系着从水厂到供水用户的供水稳定性，供水用户普及率和出厂水水质合格率是保障城市居民稳定供水和安全用水的重要前提。为此，本书将选择供水企业负荷能力、管网压力合格率、供水用户普及率和水质综合合格率四个指标，从定量分析角度对城市供水行业的监管绩效进行量化甄别。

（一）城市供水行业的普遍服务能力

普遍服务是指国家为了维护全体公民的基本权益，缩小贫富差距，通过制定法律法规和政策文件，使全体公民无论收入高低，不管居住在本国的任何地方，包括农村地区、边远地区或其他高成本地区等，都能以普遍可以接受的价格，获得某种能够满足基本生活需求和发展的服务。城市供水行业具有典型的必需品特征，是典型的普遍服务行业，长期以来对城市供水产品实行价格监管，使居民生产和生活过程中所需要的产品或服务具有可承受能力。在城市供水行业市场化改革逐步推进的过程中，城市供水行业普遍服务能力在逐步增强，但尚未实现100%的供水普及率。普遍服务能力是城市供水行业政府监管最为重要的指标，关系着国计民生和城市的基本保障。为此，本部分将从城市供水行业的发展实际出发，构建城市供水行业的普遍服务能力指标。从城市供水行业相关指标数据的统计情况来看，用水普及率和人均日用水量两个指标能够在较大程度上反映城市供水行业的普遍服务能力。其中，城市用水普及率[①]是建立在人口层面的指标，通过用水人口占总人口的比重来衡量，能够在一定范围内反映城市人口的用水普及程度，但是，无法衡量城市人口的实际用水量占期望用水量的比重。换言之，无法区分连通管道但经常停水与连通管道但不经

---

① 城市用水普及率是指城市用水的非农业人口数（不包括临时人口和流动人口）与城市非农业人口总数之比，其计算公式为：用水普及率 = 城市用水的非农业人口数/城市非农业人口数 ×100%。

常停水城市。为此，本部分将在人均日用水量指标的基础上，借助最高人均日用水量指标，构建人均日用水量与最高人均日用水量的比值来衡量人均用水量的质量，从而弥补了城市用水普及率指标难以反映城市用水质量情况的缺陷。

（二）城市供水行业的水质安全能力

饮用水质量是城市居民身体健康和生命安全的重要保障。近年来频繁爆发的城市饮用水安全危机日益成为社会各界关注的焦点，政府与企业之间、政府与社会公众之间以及企业与社会公众之间的信息不对称以及信息的选择性公开导致社会公众对当前饮用水安全缺乏信任。为此，饮用水水质安全成为政府部门的监管重点，监管指标由7项水质指标到34项水质指标再到106项水质指标。目前106项饮用水水质指标已与国际接轨，并增加了很多有机污染物和重金属控制指标。其中，浑浊度合格率、色度合格率、臭和味合格率、余氯合格率、菌落总数合格率、总大肠菌群合格率和耗氧量合格率7项管网水水质合格率是衡量管网水质的重要指标。需要说明的是，原水、出厂水与管网水的质量是影响最终到户水水质的重要因素，本章第二节中曾从居民视角建立了城市供水水质满意度指标，该指标与本节中的城市供水行业的水质安全能力指标共同构成反映所在城市饮用水质量安全的指标。为此，本部分选择浑浊度合格率、色度合格率、臭和味合格率、余氯合格率、菌落总数合格率、总大肠菌群合格率和耗氧量合格率7项管网水水质合格率来衡量城市供水行业的水质安全能力。

（三）城市供水行业的持续发展能力

计划经济以及市场化改革初期，城市供水行业的停水断供现象时有发生，阻碍了城市居民的生产和生活。为此，推进市场化、提升城市供水行业的运营效率和服务水平成为经济体制转型过程中城市供水行业发展的重要内涵。同时，在供水行业供需“剪刀差”的倒逼下，增加供给成为城市供水行业市场化改革初期的主要目标，通过增加基础设施投资提升城市供水行业的综合生产能力成为重要方式，这为城市供水行业的持续发展奠定了坚实基础。从城市扩张和城市发展的视角来看，未来中国城市发展空间巨大，2016年，中国城镇化率为

57.35%，2030年中国城镇化率将达到70%，可见，未来较长一段时间内中国城市供水等基础设施的需求依然巨大，提升城市供水行业的可持续发展能力是适应不断加快的城镇化进程的客观需求。由此可见，城市供水行业持续发展能力是政府行业主管部门监管的重点内容。城市供水行业的持续发展能力是以水量保障为前提、以质量提升为重点的系统工程。鉴于前文已对城市供水行业的水质安全能力进行刻画，为此，本部分的城市供水行业持续发展能力实质上是狭义的持续发展能力，特指城市供水行业基础设施。在考虑数据可得性基础上，本书将选择固定资产投资、年公共供水能力与年供水量比值两个指标衡量城市供水行业的持续发展能力。

（四）城市居民用水价格可承受能力

价格监管是城市供水行业监管的重中之重，改革开放以来，中国城市供水行业价格监管经历了成本加成定价机制下的单一价格到两级阶梯再到三级阶梯的价格改革。从城市供水行业价格改革的历程来看，相比于单一价格，阶梯价格能够在一定程度上实现节约用水、公平负担、增强效率的目的。总体来看，无论是单一价格还是阶梯价格，会在一定时期之后根据物价水平、成本变动等因素进行价格调整。[①] 2004年，北京调整城市供水行业价格，同年有一半的城市上调水价，自此城市居民用水价格的可承受能力这一重大民生问题越发成为社会关注的焦点。从城市居民用水可承受能力的有关研究来看，水费支出占人均可支配收入的比重是城市供水价格可承受能力的重要衡量指标，OECD宏观可持续能力指标见表4－5。其中，郭杰、丁阳璐（2005）利用水费支出占人均可支配收入的比例来对全国大城市的水价可承受能力进行分析，研究表明调价机制对收入分配有着明显的负面影响，导致了部分城市居民对水价改革的消极态度，增加了公共政策的执行阻力。[②] 需要说明的是，当能够获得城市人均水费支出与人

① 从城市供水行业价格调整实践来看，“涨价”是城市供水行业价格调整的主旋律。

② 郭杰、丁阳璐：《我国城市居民用水价格的可承受能力问题分析》，《中央财经大学学报》2005年第6期。

均可支配收入指标数据时，用水费支出占人均可支配收入的比例是个非常好的刻画城市供水价格可承受能力的指标。但在实际中由于一些城市缺乏人均水费支出数据，因此需要寻找替代性指标。一般而言，城市居民名义人均收入增长率与城市物价（用CPI和PPI）息息相关，而城市用水水费支出增量与水价提高率关系密切。为解决评价城市水费支出或人均可支配收入数据可能缺乏的问题，也可以用相邻两次供水价格调整比例与调价期间城市物价水平波动率指标来作为城市居民用水价格可承受能力的衡量指标。

表4－5　　OECD国家可承受能力宏观指标

国家	年份	指标	水费占收入比重（%）
土耳其	1997	收入	1.2—1.7
葡萄牙	1997	收入	1.6
英国	1997—2000	可支配收入	1.2
法国	1995	收入	0.9

资料来源：OECD. Social Issues in the Provision and Pricing of Water Services，2003。

综上所述，城市供水行业的普遍服务能力、水质安全能力、持续发展能力与价格可承受能力构成城市供水行业监管绩效评价的定量指标，同时结合城市供水价格满意度、供水质量满意度、供水稳定满意度以及供水服务满意度等城市供水行业监管绩效的定性指标，形成定性与定量相结合的城市供水行业监管绩效评价指标体系，这为城市供水行业监管绩效的科学评价提供了重要基础。城市供水行业监管绩效评价的定量指标体系如表4－6所示。

表4－6　　城市供水行业监管绩效评价的定量指标体系

一级指标	二级指标	基准值
城市供水行业的普遍服务能力	城市用水普及率	100%
	城市人均日用水量/城市人均日用水量最大值	1

续表

一级指标	二级指标	基准值
城市供水行业的水质安全能力	浑浊度合格率	100%
	色度合格率	100%
	臭和味合格率	100%
	余氯合格率	100%
	菌落总数合格率	100%
	总大肠菌群合格率	100%
	耗氧量合格率	100%
城市供水行业的持续发展能力	人均供水管道长度/人均供水管道长度最大值	1
	人均年公共供水能力/人均年公共供水能力最大值	1
城市居民用水价格可承受能力	人均水价与人均可支配收入之比的倒数/人均水价与人均可支配收入之比的倒数最高值	100

资料来源：笔者整理。

三　城市供水行业监管绩效的评价指标体系合成

本书从定性和定量两个维度建立了城市供水行业监管绩效评价指标体系，定性与定量评价指标体系具有一定的孤立性，难以简单加总形成总体的城市供水行业监管绩效。为此，非常有必要在考虑定量指标与定性指标差异的基础上，运用科学的研究方法将定性指标与定量指标纳入统一的方法论体系，从而形成具有综合性与可比性的城市供水行业监管绩效评价方法，进而为对比分析城市供水行业监管绩效提供重要支撑。

（一）城市供水行业监管绩效评价的定性指标合成

城市供水行业监管绩效评价的定性指标由城市供水价格满意度、城市供水水质满意度、城市供水稳定满意度以及城市供水服务满意度4个一级指标构成，每个一级指标下由多个二级指标组成。为此，在对城市供水行业监管绩效的定性评价指标进行合成的过程中，涉及二级指标到一级指标和一级指标到总指标的二次合成过程。

1. 城市供水行业监管绩效定性评价中二级指标的权重与分值设定

城市供水行业监管绩效评价指标体系中的一级指标由多个二级指

标构成，同一个一级指标下的二级指标之间往往具有同等性质，为此，本书在分配同一个一级指标下的二级指标权重时，往往采取“指标数量分之一”的处理方式，具体根据式（4－1）进行计算，计算结果如表4－7所示。

城市供水行业监管绩效定性评价的二级指标权重＝1/所在一级指标下的二级指标数量　　（4－1）

表4－7　城市供水行业监管绩效定性指标中二级指标的权重设定

一级指标	二级指标	权重
供水价格满意度	您觉得当前城市供水单一价格或第一阶梯水价合理吗？	1/3
	您觉得当前阶梯水价比例1:1.5:3合理吗？	1/3
	您满意城市供水价格调整周期吗？	1/3
供水质量满意度	您总体上对您家的自来水水质感到满意吗？	1/3
	您所在城市发生过自来水安全事件吗？	1/3
	您认为所在城市自来水是洁净、无杂质、可以直接饮用的吗？	1/3
供水稳定满意度	您觉得供水的压力稳定吗？	1/3
	过去一年中停水的次数多吗？	1/3
	您觉得所在城市发布停水预告时间充足吗？	1/3
供水服务满意度	您对采取互联网、银行网点或自来水公司网点等方式收水费满意吗？	1/5
	您对向自来水供水咨询有关事情满意吗？	1/5
	您对自来水公司公开水质、水价信息满意吗？	1/5
	您对所在城市有关自来水报修等有关事务的处理处置能力满意吗？	1/5
	您对所在城市自来水公司的服务大厅满意吗？	1/5

资料来源：笔者整理。

城市供水行业监管绩效定性评价指标体系中的二级指标涉及五个维度，如非常合理、合理、一般、不合理和非常不合理，为此，本书将与非常合理等级同级的设定为100分，与合理等级同级的设定为80分，与一般等级同级的设定为60分，与不合理等级同级的设定为40分，与非常不合理等级同级的设定为20分。城市供水行业监管绩效定性评价指标体系中的二级指标分值如表4－8所示。

表 4－8　城市供水行业监管绩效定性指标中二级指标的分值设定

一级指标	二级指标	分值
供水价格满意度	您觉得当前城市供水单一价格或第一阶梯水价合理吗?	非常合理（100）、合理（80）、一般（60）、不合理（40）、非常不合理（20）
	您觉得当前阶梯水价比例 1∶1.5∶3 合理吗?	非常合理（100）、合理（80）、一般（60）、不合理（40）、非常不合理（20）
	您对城市供水价格调整周期满意吗?	非常满意（100）、满意（80）、一般（60）、不满意（40）、非常不满意（20）
供水质量满意度	您总体上对您家的自来水水质感到满意吗?	非常满意（100）、满意（80）、一般（60）、不满意（40）、非常不满意（20）
	您所在城市发生过自来水安全事件吗?	没有发生（100）、发生 1 次（80）、发生 2 次（60）、发生 3 次（40）、发生 4 次以上（20）
	您认为所在城市自来水是洁净、无杂质、可以直接饮用的吗?	非常同意（100）、同意（80）、一般（60）、不同意（40）、非常不同意（20）
供水稳定满意度	您觉得供水的压力稳定吗?	非常稳定（100）、稳定（80）、一般（60）、不稳定（40）、非常不稳定（20）
	过去一年中停水的次数多吗?	没有发生（100）、很少发生（80）、一般（60）、频繁（40）、非常频繁（20）
	您觉得所在城市发布停水预告时间充足吗?	非常充足（100）、充足（80）、一般（60）、不充足（40）、非常不充足（20）
供水服务满意度	您对采取互联网、银行网点或自来水公司网点等方式收水费满意吗?	非常满意（100）、满意（80）、一般（60）、不满意（40）、非常不满意（20）
	您对向自来水供水咨询有关事情满意吗?	非常满意（100）、满意（80）、一般（60）、不满意（40）、非常不满意（20）
	您对自来水公司公开水质、水价信息满意吗?	非常满意（100）、满意（80）、一般（60）、不满意（40）、非常不满意（40）
	您对所在城市有关自来水报修等有关事务的处理处置能力满意吗?	非常满意（100）、满意（80）、一般（60）、不满意（40）、非常不满意（40）
	您对所在城市自来水公司的服务大厅满意吗?	非常满意（100）、满意（80）、一般（60）、不满意（40）、非常不满意（40）

资料来源：笔者整理。

2. 城市供水行业监管绩效定性评价中一级指标的权重设定与合成

与同一一级指标下的二级指标的权重相同相比，一级指标的权重可能存在一定的差异。水质与水价是社会公众最为关注的问题，相对于水价，水质是城市居民身体健康和生命安全的最重要因素之一，因此，在现实中相对于水价，城市居民对饮用水质量更为关注。同时，水价上涨成为社会关注的重大民生问题，但现阶段水费支出在居民可支配收入中的比例相对较低，为此，水价的重要性要低于水质，但远高于供水稳定与供水服务质量。此外，现阶段供水较为稳定，断水断供现象较为少见，而缴费、咨询、报修等服务环节与社会公众的生活密切相关，是其关注的普遍问题，重要性低于水质和水价，但高于供水的稳定性。为此，4 个一级指标按照重要程度依次为供水质量满意度、供水价格满意度、供水服务满意度和供水稳定满意度。进一步地，为了保障理论分析与现实经验的匹配性，本书还征求了有关城市供水领域的专家学者和对消费者进行走访调研，同样得出上述分析结论。为此，本书将供水质量满意度的权重设定为 0.4，供水价格满意度的权重设定为 0.3，供水稳定满意度的权重设定为 0.1，供水服务满意度的权重设定为 0.2（见表 4-9）。①

表 4-9 城市供水行业监管绩效定性指标中一级指标的权重设定

一级指标	权重
供水价格满意度	0.3
供水质量满意度	0.4
供水稳定满意度	0.1
供水服务满意度	0.2

资料来源：笔者整理。

根据城市供水行业监管绩效评价指标中的一级指标权重、二级指

① 关于城市供水行业定性指标中的一级指标权重，在实践中可根据需要进行动态调整。

标权重以及二级指标的分值，可以计算出评价单元的城市供水行业监管绩效评价指标中的定性评价得分。具体计算公式如式（4－2）所示。需要说明的是，城市供水行业监管绩效定性指标得分的上限为100，下限为20。

城市供水行业监管绩效定性指标得分 = $\sum$[一级指标权重 ×（二级指标权重 × 二级指标分值均值）] （4－2）

其中，单项二级指标分值均值 = $\sum$ 每个调查对象的单项二级指标分值/N。

（二）城市供水行业监管绩效评价的定量指标合成

与城市供水行业监管绩效评价的定性指标类似，城市供水行业监管绩效评价的定量指标也是由多个指标构成，涉及一级指标与二级指标权重的设定，以及二级指标数值的转化两个方面。

1. 城市供水行业监管绩效定量评价中二级指标的权重与分值设定

城市供水行业监管绩效定量评价中的一级指标也由多个二级指标构成，本部分研究中除了衡量城市供水行业持续发展能力的两个指标的权重存在一定差异外，其余一级指标下的二级指标具有同等重要性。需要说明的是，固定资产投资增长率是城市供水行业基础设施发展的重要衡量指标，由于中国城市政府官员任期的短期性以及多年来城市供水行业的发展非常迅速，近年来，固定资产投资增长率并未出现显著提升，甚至一些地区出现了负增长，负增长并不代表所在城市供水行业的持续发展能力较弱，可能是由于长期积累了基础设施的服务能力，无须进一步通过固定资产投资的方式提高城市供水行业的供给能力，但越高的固定资产投资增长率依然能够说明城市供水行业的持续发展能力越强。为此，在确定城市供水行业持续发展能力的二级指标权重时，本书对固定资产投资增长率、年公共供水能力/年供水量两个指标的权重做了差异化处理。其余一级指标下的二级指标权重依然遵循二级指标的等价性原则来确定具体的权重。城市供水行业监管绩效评价的定量指标权重见表4－10。

表 4－10　　城市供水行业监管绩效评价的定量指标权重

一级指标	二级指标	权重
城市供水行业的普遍服务能力	城市用水普及率	1/2
	城市人均日用水量	1/2
城市供水行业的水质安全能力	浑浊度合格率	1/7
	色度合格率	1/7
	臭和味合格率	1/7
	余氯合格率	1/7
	菌落总数合格率	1/7
	总大肠菌群合格率	1/7
	耗氧量合格率	1/7
城市供水行业的持续发展能力	人均供水管道长度/人均供水管道长度最大值	0.4
	人均年公共供水能力/人均年公共供水能力最大值	0.6
城市居民用水价格可承受能力	人均水价与人均可支配收入之比的倒数/人均水价与人均可支配收入之比的倒数最高值	1

资料来源：笔者整理。

为了便于城市供水行业监管绩效评价定量指标的合成，本部分将确定城市供水行业监管绩效定量评价指标中的二级指标数值。依据统计年鉴中各具体指标数值与基准指标数值之间的差距来进一步确定城市供水行业监管绩效定量评价二级指标数值。具体如表 4－11 所示。

表 4－11　　城市供水行业监管绩效评价的定量指标分值确定

一级指标	二级指标	分值
城市供水行业的普遍服务能力	城市用水普及率	实际用水普及率×100
	城市人均日用水量	城市人均日用水量/浙江省最高人均日用水量
城市供水行业的水质安全能力	浑浊度合格率	实际浑浊度合格率×100
	色度合格率	实际色度合格率×100
	臭和味合格率	实际臭和味合格率×100
	余氯合格率	实际余氯合格率×100
	菌落总数合格率	实际菌落总数合格率×100

续表

一级指标	二级指标	分值
城市供水行业的水质安全能力	总大肠菌群合格率	实际总大肠菌群合格率×100
	耗氧量合格率	实际耗氧量合格率×100
城市供水行业的持续发展能力	人均供水管道长度/人均供水管道长度最大值	取实际值
	人均年公共供水能力/人均年公共供水能力最大值	取实际值
城市居民用水价格可承受能力	人均水价与人均可支配收入之比的倒数/人均水价与人均可支配收入之比的倒数最高值	取实际值

资料来源：笔者整理。

2. 城市供水行业监管绩效定量评价中一级指标的权重设定与合成

城市供水行业的普遍服务能力、水质安全能力、持续发展能力与城市居民用水价格可承受能力是城市供水行业监管绩效定量评价的重要指标。其中，饮用水安全是中国改革与发展的当务之急，水质较差的地区带来了健康威胁和社会不稳定问题。在中国，每年有1.9亿人患病、6万人死于水污染引起的疾病（如肝癌和胃癌）。“让所有人喝上放心水”成为各级政府和社会公众关注的最为重要问题，因此，在保障普遍服务的前提下，提供安全的供水条件是城市供水行业监管的重点内容。而在现有以成本加成为核心的定价机制以及政府官员任期内稳定压倒一切的前提下，供水价格长期徘徊于低位，这表现在水价绝对值低和水价占居民可支配收入的比例低两个方面，近年来在成本价格倒挂和节约用水压力下，我国出台了阶梯水价政策，这在一定程度上会降低居民社会福利。为此，水质安全能力是政府和社会公众关注的最重要问题；其次为城市居民用水价格可承受能力；再次为普遍服务能力；最后是持续发展能力。城市供水行业监管绩效定量指标中的一级指标权重设定如表4－12所示。

进一步地，根据城市供水行业监管绩效评价定量指标中的一级指标权重、二级指标权重以及二级指标的分值，可以计算出评价单元的城市供水行业监管绩效评价指标中的定量评价得分。具体计算公式如式（4－3）所示。需要说明的是，城市供水行业监管绩效定性指标得分的上限为100。

表4－12　城市供水行业监管绩效定量指标中一级指标的权重设定

一级指标	权重
城市供水行业的普遍服务能力	0.2
城市供水行业的水质安全能力	0.4
城市供水行业的持续发展能力	0.1
城市居民用水价格可承受能力	0.3

资料来源：笔者整理。

城市供水行业监管绩效定量指标得分 ＝ $\sum$[一级指标权重 ×（二级指标权重 × 二级指标分值均值）]　　（4－3）

其中，单项二级指标分值均值＝ $\sum$ 每个调查对象的单项二级指标分值/N。

（三）城市供水行业监管绩效评价指标总合成方法

由于城市供水行业监管绩效评价指标体系涉及定性指标与定量指标，两类指标的性质差异决定不能简单地通过加总的方式来实现对城市供水行业监管绩效进行评价的目的。从理论上看，进行单一指标或单类指标的比较更能揭示出或反映出城市供水行业监管绩效的差异性因素。但从不同决策单元或评价单元的城市供水行业监管绩效的比较来看，单纯地对单一指标或单类指标的数值进行比较将难以揭示出最终的监管绩效评价结果，无法实现总体把控城市供水行业监管绩效的目的。为此，非常有必要充分把握城市供水行业监管绩效中的定性评价指标与定量评价指标，利用较为科学的方法将定性指标与定量指标进行合成，从而实现城市供水行业监管绩效评价结果的可比性与经济意义性的目标。

总体来说，单一指标合成方法能够揭示城市供水行业的监管绩效，但一些合成方法的最终评价结果往往缺少经济意义。无论从理论上还是从实践来看，通过合成方式一方面能够解决对评价单元城市供水行业监管绩效总体情况进行横向比较的目的；另一方面又希望达到特定决策单元或评价客体与最优评价客体间的距离。基于此，本书在前文中对城市供水行业监管绩效评价的定性指标与定量指标权重与分值的构造过程中，始终遵循总体权重为1与总体分值为100的原则，以及使构造出的城市供水行业监管绩效评价定性指标数值和定量指标数值的最高值都为100，这为最终将城市供水行业监管绩效定性指标与定量指标的合成提供便利。综上所述，本书依然以100分作为城市供水行业监管绩效评价的上限，实际得分与100分的差距即为评价单元城市供水行业监管绩效与最优绩效之间的差距。考虑定性指标的主观性和定量指标的客观性，本书在对定性指标与定量指标权重的处理上，拟将定量指标权重设定为0.6，定性指标权重设定为0.4。具体如下：

城市供水行业监管绩效 = 0.4 × 城市供水行业监管绩效评价中的定性指标数值 + 0.6 × 城市供水行业监管绩效评价中的定量指标数值 (4-4)

（四）城市供水行业监管绩效评价的等级划分方法

关于城市供水行业监管绩效评价结果的比较主要涉及两方面问题：一是对评价结果进行直接排序；二是对评价结果进行等级划分。本书在研究过程中既重视理论性，又重视应用性。为此，本部分将对城市供水行业监管绩效评价结果进行排序的基础上，力图通过区间划分，实现对城市供水行业监管绩效评价结果进行等级划定的目的。一般而言，对综合评价结果进行划分主要分为四个或五个档次，如A、B、C、D或优、良、中、及格、不及格。本书在对城市供水行业监管绩效评价等级进行划分的过程中，将选择A、B、C、D四个等级的划分方式，并对等级A进行细化，分为A+、A两类。同时，考虑城市供水行业监管绩效评价是百分制，为此，将按照常规化的处理方式对城市供水行业监管绩效的等级进行划分，具体如表4-13所示。

表4-13　城市供水行业监管绩效评价等级

得分	90—100分	80—89分	70—79分	60—69分	60分以下
城市供水行业监管绩效等级	A+	A	B	C	D

资料来源：笔者整理。

第三节 城市供水行业监管绩效评价的数据来源

城市供水行业监管绩效评价的首要问题是选择特定的评价单元，在确定评价单元的基础上明确定性指标与定量指标的获取路径。同时，尽管定性指标数据的获取是以随机抽样为原则，但难免会出现异常值。为此，需要对通过问卷调研方式获取的定性指标数值进行处理，从而保障实证评价城市供水行业监管绩效的指标数值能够较为真实地反映决策单元的异质性特征。同时，由于城市供水行业监管绩效评价的定量指标数值来源渠道不同，在选择具体指标数值时需要考虑不同指标数值的统计口径一致性。因此，数据来源与数据处理方式是评价城市供水行业监管绩效的重要前提。

一 城市供水行业监管绩效定性指标数据来源

在城市供水行业监管绩效评价过程中，能否获得真实有效且能够反映评价单元基本情况的定性指标数据是其中最为重要的内容。获取定性指标数据涉及问卷调研方法的选择、获取数据与数据处理等环节。为此，本部分将重点对城市供水行业监管绩效评价的定性指标数据的获取方式与数据处理问题进行探讨。

（一）调查区域的选取

城市供水行业监管绩效定性指标是以社会公众满意度为前提的指标，城市供水行业服务对象主要为城市居民。截至2016年，中国共有664个城市，城市之间存在显著差异，如果以城市供水行业满意度指标为前提，对中国所有城市的供水行业监管绩效进行评价，则需要对所有664个城市供水行业的满意度进行全方位、大面积的调研，由此产生时间长、不经济以及数据获取时间点可能存在较大差异等弊端。为此，本书选择浙江省11个城市作为研究对象进行实证研究，原因在于：对比城市之间的城市供水价格满意度、城市供水水质满意度、城市供水稳定满意度、城市供水服务满意度需要建立在横截面数据的基础上，得到相对评价结果。同时，浙江省 11 个城市发展较为均衡，这有利于在同一尺度上进行抽样调查与横向比较研究。

（二）调查对象的确定

本部分将通过问卷调查的方式，以城市居民为调查对象，重点对城市居民的供水价格、供水质量、供水稳定性以及供水服务满意度进行调查。根据随机抽样原理，对浙江省各地市的估计值在 98% 的置信区间下，取 8% 的绝对误差，得到随机抽样的最小样本量 $n=\frac{u_{1-\alpha}^{2}p\ (1-p)}{d^{2}}=\frac{2.06^{2}\times 0.5\times 0.5}{0.08\times 0.08}=166$，在回答率为 80% 的保守估计下，需要对每个城市随机发放问卷 208 份。

（三）调查数据的收集

为此，根据表 4－1 至表 4－4，选择居民小区作为调查地点，于 2016 年 7 月 1 日至 8 月 31 日历时两个月的时间随机选择集中供水小区，并选择集中供水小区内的常住居民随机发放调查问卷。[①] 浙江省 11 个城市供水行业监管绩效定性指标问卷回收情况见表 4－14。

表 4－14　浙江省 11 个城市供水行业监管绩效定性指标问卷回收情况

城市	发放问卷数量	有效问卷回收数量
杭州	208	196
宁波	208	187
温州	208	178
绍兴	208	170
湖州	208	204
嘉兴	208	201
金华	208	199
衢州	208	204
舟山	208	200
台州	208	189
丽水	208	196

资料来源：笔者整理。

① 由于非常住人口对所在城市的供水价格、水质以及供水服务等内容可能不够了解，或者其了解程度显著低于常住人口，为此，本书为了尽可能地规避无效问卷对评价结果的影响，在调研群体的选择上将非常住人口从调研对象集合中剔除。

浙江省每个城市发放208份调查问卷，11个城市共计2288份问卷，回收有效问卷共计2124份，有效回收率92.83%。一般而言，性别、年龄、职业、学历是居民重要的基础性信息，为此，本书在问卷设计中加入了上述问项，根据统计得出城市供水行业监管绩效定性指标数据的基本情况如下：

1. 性别分布

在2124份有效问卷中，男性答题者数量为1002人，占47.18%，女性答题者数量为1122人，占52.82%。各个城市中男女居民之间答题的比例来看基本趋于一致。长期以来，女性居民承担家庭的家务劳动任务，对家中的自来水的质量、价格、稳定以及服务等因素更为敏感，更为准确地了解所在城市供水的基本信息，能够做出更加符合现实的回答。

2. 年龄分布

为了使被调查对象的分布更为随机以及保证调查的充分性，本书在对城市供水行业监管绩效定性指标的问卷调查过程中，设置了年龄分布试题，共分为25岁以下、25—39岁、40—59岁和60岁以上4个区段。在2124份有效问卷中，25岁以下的答题者431人，占20.29%；25—39岁的答题者716人，占33.71%；40—59岁的答题者614人，占28.91%；60岁以上的答题者363人，占17.09%。

3. 职业分布

在问卷调查中，将职业分为党政机关或事业单位工作人员、企业职工、个体经营户、失业或无业、离退休或学生以及其他共6个选项。在2124份有效问卷中，参与问卷答题的企业职工数量最多，为1053人，占49.58%；其次为党政机关或事业单位工作人员，为458人，占21.56%；个体经营户252人，占11.86%；离退休或学生185人，占8.71%；失业或无业120人，占5.65%；其他56人，占2.64%。

4. 学历分布

问卷将学历设置为小学及以下、初中、高中（中专职高）、大专、本科、硕士及以上六个等级。在2124份有效问卷中，学历为高中

（中专职高）的答题者最多，共675人，占31.78%；本科学历的答题者次之，共490人，占23.07%；大专学历的答题者371人，占17.47%；初中学历的答题者236人，占11.11%；硕士及以上学历的答题者263人，占12.38%；小学及以下学历的答题者最少，仅为89人，占4.19%。从参与答题的居民的学历水平来看，多数居民具有较高的学历水平，这有利于被调查者能够较为清晰地理解问卷的含义和调研的目的，从而保证了问卷调查的结果与被调查者情况相符合。

本书采用定性指标评价城市供水行业监管绩效的过程中，目的是获取城市居民对城市供水价格满意度、城市供水水质满意度、城市供水稳定满意度、城市供水服务满意度的有关数据，而对表征被调查对象的性别、年龄、职业以及学历等异质性特征因素的关注度较低，为此，本部分将在附录中重点对水价、水质、供水稳定以及供水服务满意度等衡量居民满意程度的数据进行描述性统计。

二　城市供水行业监管绩效定量指标数据来源

本书建立了包括城市供水行业普遍服务能力、水质安全能力、持续发展能力以及城市居民用水价格可承受能力4个一级指标、12个二级指标的城市供水行业监管绩效定量评价指标体系。不同指标数据主要来自《浙江城市建设统计年鉴》（2016）、《中国城市供水统计年鉴》（2016）和中国水网。各指标数据来源见表4－15。

表4－15　城市供水行业监管绩效评价的定量指标数据来源

<table>
<tr><th>一级指标</th><th>二级指标</th><th>数据来源</th></tr>
<tr><td rowspan="2">城市供水行业的普遍服务能力</td><td>城市用水普及率</td><td rowspan="2">《浙江城市建设统计年鉴》（2016）</td></tr>
<tr><td>城市人均日用水量/城市人均日用水量最大值</td></tr>
<tr><td rowspan="3">城市供水行业的水质安全能力</td><td>浑浊度合格率</td><td rowspan="3">《中国城市供水统计年鉴》（2016）</td></tr>
<tr><td>色度合格率</td></tr>
<tr><td>臭和味合格率</td></tr>
</table>

续表

一级指标	二级指标	数据来源
城市供水行业的水质安全能力	余氯合格率	《中国城市供水统计年鉴》（2016）
	菌落总数合格率	
	总大肠菌群合格率	
	耗氧量合格率	
城市供水行业的持续发展能力	固定资产投资增长率	《浙江城市建设统计年鉴》（2016）
	年公共供水能力/年供水量	
城市居民用水价格可承受能力	人均水价与人均可支配收入之比的倒数/人均水价与人均可支配收入之比的倒数最大值	中国水网、《浙江统计年鉴》（2016）

资料来源：笔者整理。

第四节　城市供水行业监管绩效评价的实证分析

本部分将在城市供水行业监管绩效评价目标与原则、指标构建与方法以及定性与定量数据调研与收集的基础上，对浙江省 11 个城市供水行业监管绩效评价进行总体评价。通过对城市供水行业监管绩效的评价，将有助于对城市供水价格满意度、城市供水水质满意度、城市供水稳定满意度、城市供水服务满意度、城市供水普遍服务能力、水质安全能力、持续发展能力、城市居民用水价格可承受能力以及城市供水行业总体监管绩效进行横向比较，从而搜寻到 11 个城市的城市供水行业监管绩效的“短板”，进而为全面提升浙江城市供水行业监管绩效提供决策支持。

一　城市供水行业监管绩效定性评价

本部分将基于前文所述的定性指标与研究方法以及浙江省 11 个城市各个指标的调研数据，测算城市供水价格满意度、城市水质满意度、供水稳定满意度以及供水服务满意度。

（一）城市供水价格满意度评价

从城市居民对单一价格或第一阶梯价格合理性的满意度来看，湖州最高，得分为91.57分，其次为金华、宁波、嘉兴和杭州，而丽水最低，仅为81.22分，舟山、衢州、台州、绍兴、温州依次排在倒数第2—6位。总体来看，11个城市居民对目前阶梯水价三个阶梯1:1.5:3的合理性问题的认识的满意度并不高，最高为温州，仅为73.03分，台州、宁波分列第2、第3位，而衢州、舟山、绍兴、湖州的城市居民对阶梯水价的阶梯比例的满意度基本类似，依次分列倒数4位，其他城市居民对城市阶梯水价的阶梯级别的满意度的认识位于中间位置。再次，从城市居民对调价周期的满意度结果来看，与城市居民对阶梯水价三个价格级别比例的满意度结果类似，对当前水价调整周期的满意度也不是很高。其中，金华、杭州两市的城市居民对调价周期的满意度最高，高于70分，其他城市的城市居民对调价周期的满意度在60—70分，衢州、舟山的城市居民对调价周期的满意度排在后两位。关于浙江省11个城市供水价格满意度的基本情况见图4－1和表4－16。

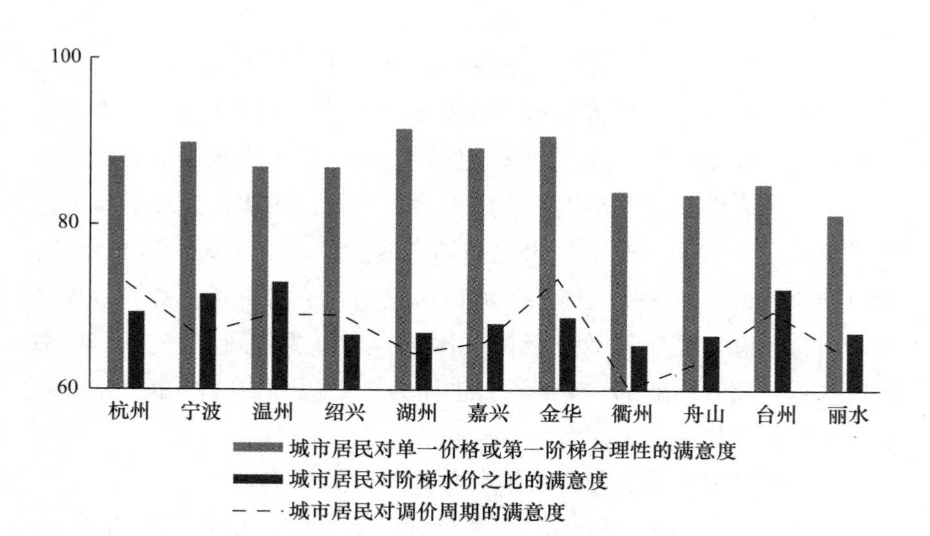

图4－1　浙江省11个城市供水价格满意度示意

表 4－16　　浙江省 11 个城市供水价格满意度情况

城市	城市居民对单一价格或第一阶梯合理性的满意度	城市居民对阶梯水价之比的满意度	城市居民对调价周期的满意度
杭州	88.06	69.39	72.96
宁波	89.84	71.55	66.56
温州	86.85	73.03	69.10
绍兴	86.82	66.71	69.06
湖州	91.57	66.96	64.41
嘉兴	89.25	68.06	65.87
金华	90.75	68.84	73.47
衢州	83.92	65.49	60.20
舟山	83.60	66.70	63.50
台州	84.87	72.28	69.52
丽水	81.22	67.04	64.29

资料来源：笔者整理。

（二）城市供水质量满意度评价

从城市自来水水质总体满意度来看，平均值为 85.52 分，其中，杭州最高，为 92.96 分，丽水次之，为 91.63 分，温州最低，仅为 77.19 分，其余城市自来水水质总体满意度超过 80 分。2013 年、2014 年，杭州曾经发生过自来水异味事件，该事件对杭州市居民的影响较大，为此，从本次调查结果来看，除杭州之外的其他地区居民对城市水安全事件情况的评分均为 100 分，而杭州为 97.24 分。此外，总体来看城市自来水尚不具备直饮水的条件，但居民对自来水能否直饮的态度能够在较大程度上说明城市自来水的水质情况，从城市居民对自来水直饮情况的调查结果来看，金华、舟山、嘉兴、宁波、杭州依次排在前 5 位，得分均超过 70 分，除绍兴以外的其他城市的居民对自来水直饮情况的综合得分在 60—70 分之间，而绍兴最低，仅为 59.88 分。浙江省 11 个城市供水水质满意度情况如图4－2和表 4－17 所示。

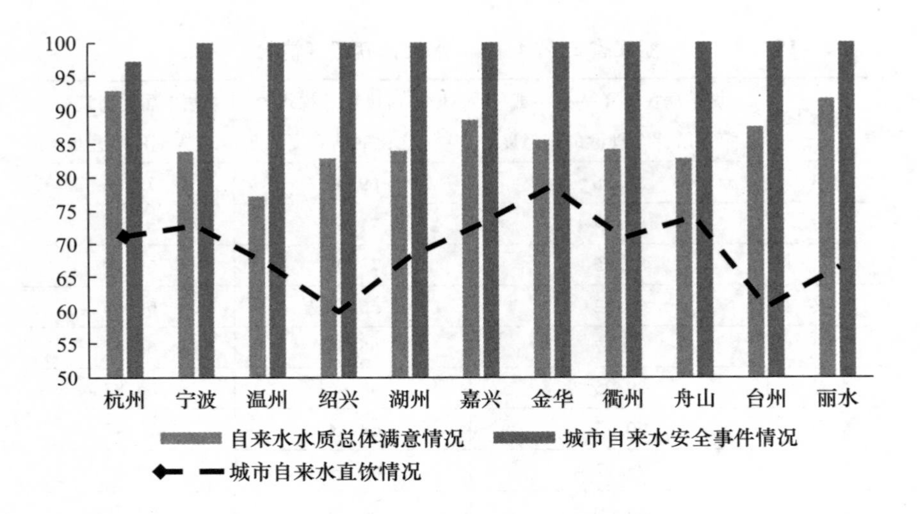

图 4-2　浙江省 11 个城市供水水质满意度示意

表 4-17　　浙江省 11 个城市供水水质满意度情况

城市	自来水水质总体满意情况	城市自来水安全事件情况	城市自来水直饮情况
杭州	92.96	97.24	71.22
宁波	83.85	100	72.83
温州	77.19	100	67.08
绍兴	82.82	100	59.88
湖州	83.92	100	68.04
嘉兴	88.55	100	73.03
金华	85.53	100	78.59
衢州	84.12	100	70.88
舟山	82.70	100	74.00
台州	87.51	100	60.42
丽水	91.63	100	66.33

资料来源：笔者整理。

（三）城市供水稳定满意度评价

从城市供水压力稳定性满意度来看，浙江省 11 个城市平均分为 90.72 分，其中，杭州最高，为 94.80 分，宁波、温州、湖州、衢州的城市供水压力稳定性得分位列第2—5位，且得分都超过了90分；而嘉兴、绍兴、台州、金华、丽水、舟山依次位于后6位，但得分均超过88分。由此可见，单纯从城市供水压力稳定性满意度来看，11个城市之间的差距并不明显。从停水次数满意度指标来看，11个城市的该指标得分均超过了85分，其中，湖州、杭州、衢州、嘉兴、宁波甚至超过了90分，且湖州最高，为92.65分；而绍兴、台州、舟山、丽水、金华排在浙江省11个城市的后5位。此外，从停水预告时间满意度来看，11个城市的该指标数值都在86分以下。其中，衢州、台州排在前2位，分值高于85分，嘉兴、舟山、丽水排在3—5位，其余城市的停水预告时间满意度数值均低于80分，宁波最低，温州次之。浙江省11个城市供水稳定满意度情况见图4-3和表4-18。

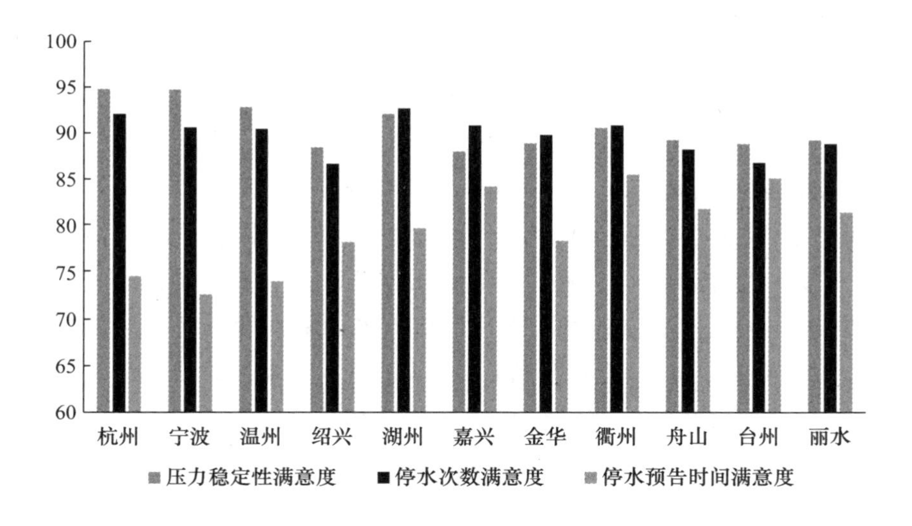

图4-3　浙江省11个城市供水稳定满意度示意

表4-18　浙江省11个城市供水稳定满意度情况

城市	压力稳定性满意度	停水次数满意度	停水预告时间满意度
杭州	94.80	92.04	74.69
宁波	94.76	90.59	72.73

续表

城市	压力稳定性满意度	停水次数满意度	停水预告时间满意度
温州	92.81	90.45	74.16
绍兴	88.47	86.71	78.35
湖州	92.06	92.65	79.80
嘉兴	88.06	90.85	84.28
金华	88.94	89.85	78.49
衢州	90.59	90.88	85.59
舟山	89.30	88.30	81.90
台州	88.89	86.88	85.19
丽水	89.29	88.88	81.53

资料来源：笔者整理。

（四）城市供水服务满意度评价

从收费方式满意度来看，平均值为91.03分，显然平均来看浙江省11个城市对不同的收费方式给居民缴费带来的便利表示满意。其中，舟山最高，为93.90分，2—5位依次为台州、衢州、丽水和温州，绍兴最低，为87.65分，金华、宁波分列倒数第2、第3位。从咨询事宜满意度来看，平均分为88.46分。其中，绍兴最高，为90.71分，金华、衢州、丽水、湖州分列第2—5位，且咨询事宜满意度得分都超过了89分；而嘉兴、台州的咨询事宜满意度指标得分较低，位列后两位。从信息公开满意度来看，8个城市的该指标数值高于80分，而金华、绍兴、杭州该指标数值低于80分，其中金华最低；湖州、舟山、嘉兴、衢州的供水信息公开满意度高于85分，其中，湖州最高，为87.75分。从城市供水公司处理处置能力满意度来看，平均分为86.63分。其中，宁波最高，为91.55分，金华、杭州、衢州、温州排在第2—5名，相比较而言，丽水最低，仅为79.90分，而台州、嘉兴、绍兴、舟山分列第2—5位。从城市供水服务大厅满意度来看，平均值为82.00分，除杭州、舟山之外，其余9个城市得分均在85分以下，其中，宁波最低，仅为73.85分，其次为嘉兴，其余城市的城市供水服务大厅满意度得分变化不大，基本在81—

83 分之间。浙江省 11 个城市供水服务满意度情况见表4－19和图4－4。

表 4－19　　　　浙江省 11 个城市供水服务满意度情况

城市	收费方式满意度	咨询事宜满意度	信息公开满意度	处理处置能力满意度	服务大厅满意度
杭州	90.41	87.04	79.08	88.58	85.71
宁波	90.16	87.70	81.28	91.55	73.85
温州	91.24	88.43	83.15	88.20	82.02
绍兴	87.65	90.71	76.47	84.94	82.94
湖州	90.69	89.02	87.75	87.55	82.25
嘉兴	90.55	86.77	86.17	83.38	80.40
金华	90.05	89.95	76.08	89.75	81.41
衢州	92.16	89.41	85.69	88.43	81.08
舟山	93.90	87.80	86.20	87.50	85.60
台州	92.59	86.88	84.55	83.17	82.86
丽水	91.94	89.39	83.88	79.90	83.88

资料来源：笔者整理。

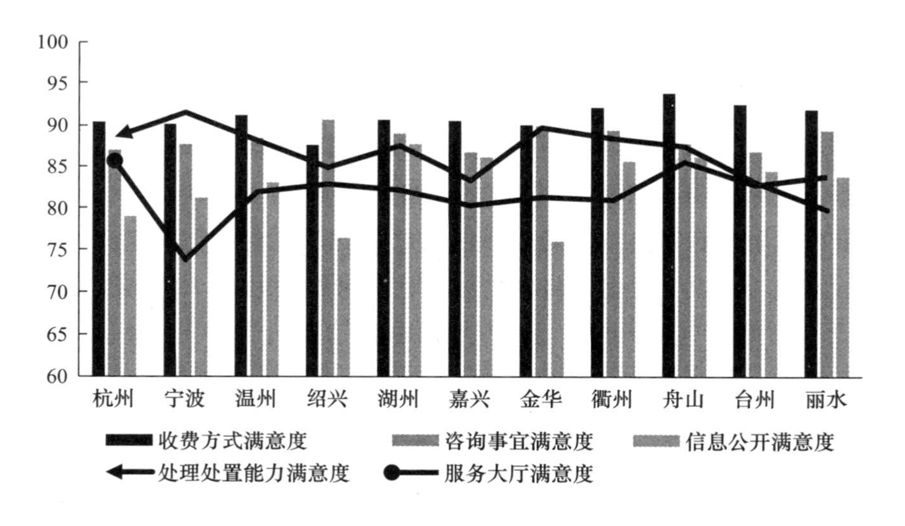

图 4－4　浙江省 11 个城市供水服务满意度示意

二　城市供水行业监管绩效定量评价

本部分将利用《浙江城市建设统计年鉴》（2016）、《浙江统计年鉴》（2016）和《中国城市供水统计年鉴》（2016）中有关数据对构成城市供水行业普遍服务能力、水质安全能力、持续发展能力以及城市居民用水价格可承受能力的指标数值进行计算。

（一）城市供水行业普遍服务能力评价

21世纪以来，中国城市供水行业的普遍服务能力得到了增强，主要表现为城市供水行业的用水普及率大幅提高。其中，浙江省除了杭州、绍兴两市外，市辖区范围内的城市用水普及率均为100%，由此可见，浙江城市供水行业的用水普及率的区域差异性并不明显，即便杭州、绍兴两市的城市用水普及率低于100%，但与100%的差距不大，通过基础设施建设能够在较短时期内实现城市用水全覆盖。进一步地，为了考察城市供水行业普遍服务的质量，本部分对浙江省11个城市的人均日生活用水量/最高人均日生活用水量指标数值进行比较。由此可见，不同城市之间的该指标数值存在较大的差异，其中，宁波最高，衢州次之，而金华、杭州、台州该指标数值在60%—70%之间，其余城市的该指标数值低于60%，舟山甚至仅为34.90%，这在一定程度上说明人均生活用水量偏低。进一步地本书查阅《城市居民生活人均用水量标准》（GB/T 50331—2002），要求浙江省在120—180L/人·天，而舟山仅为116.33L/人·天，显然低于2002年国家标准，见表4-20。

表4-20　浙江省11个城市供水行业普遍服务能力情况

城市	城市用水普及率×100	人均日生活用水量（升）	人均日生活用水量/最高人均日生活用水量
杭州	99.90	207.89	62.37
宁波	100.00	333.34	100.00
温州	100.00	180.23	54.07
绍兴	99.30	172.79	51.24
湖州	100.00	160.45	48.13

续表

城市	城市用水普及率×100	人均日生活用水量（升）	人均日生活用水量/最高人均日生活用水量
嘉兴	100.00	170.81	51.84
金华	100.00	229.98	68.99
衢州	100.00	268.31	80.49
舟山	100.00	116.33	34.90
台州	100.00	206.77	62.03
丽水	100.00	176.98	53.09

资料来源：笔者整理。

（二）城市供水行业水质安全能力评价

提高城市供水行业水质安全是城市安全体系建设的重要组成部分。长期以来，浑浊度合格率、色度合格率、臭和味合格率、余氯合格率、菌落总数合格率、总大肠菌群合格率以及耗氧量合格率是衡量城市供水行业水质安全的重要指标。从城市供水行业水质的7项指标总体情况来看，除色度合格率、总大肠菌群合格率和耗氧量合格率这三项指标之外，不同城市的其余四项指标都存在或多或少的不合格情况。其中，从浑浊度合格率来看，宁波、绍兴、嘉兴的浑浊度均低于100%，但合格率指标数值均在99.5%以上。从臭和味合格率指标来看只有杭州的合格率低于100%，其余城市的臭和味合格率均100%合格。从余氯合格率来看，绍兴、嘉兴和台州3个城市的该项指标数值低于100%，其中，台州最低，为99.60%；绍兴和嘉兴分别为99.96%和99.98%。最后，从菌落总数合格率来看，温州、嘉兴两市的该指标数值低于100%。浙江省11个城市构成城市供水行业水质安全能力的7个合格率指标情况见表4－21。

表4－21　浙江省11个城市供水行业水质安全能力情况　　单位：%

城市	浑浊度合格率	色度合格率	臭和味合格率	余氯合格率	菌落总数合格率	总大肠菌群合格率	耗氧量合格率
杭州	100.00	100.00	99.79	100.00	100.00	100.00	100.00
宁波	99.86	100.00	100.00	100.00	100.00	100.00	100.00

续表

城市	浑浊度合格率	色度合格率	臭和味合格率	余氯合格率	菌落总数合格率	总大肠菌群合格率	耗氧量合格率
温州	100.00	100.00	100.00	100.00	99.79	100.00	100.00
绍兴	99.87	100.00	100.00	99.96	100.00	100.00	100.00
湖州	100.00	100.00	100.00	100.00	100.00	100.00	100.00
嘉兴	99.72	100.00	100.00	99.98	99.81	100.00	100.00
金华	100.00	100.00	100.00	100.00	100.00	100.00	100.00
衢州	100.00	100.00	100.00	100.00	100.00	100.00	100.00
舟山	100.00	100.00	100.00	100.00	100.00	100.00	100.00
台州	100.00	100.00	100.00	99.60	100.00	100.00	100.00
丽水	100.00	100.00	100.00	100.00	100.00	100.00	100.00

资料来源：中国城镇供水排水协会：《中国城市供水统计年鉴》(2016)。

（三）城市供水行业持续发展能力评价

城市供水行业的管道长度与供水设施服务能力是城市供水行业持续发展的重要保障。从人均供水管道长度与11个城市中人均供水管道长度最大值的比较结果来看，11个城市之间该指标数值差异较为明显。其中，丽水的人均供水管道长度最高，湖州次之，为96.54分，杭州排名第3位，为79.23分，舟山、嘉兴分列第4、第5位，得分也超过60分。相比较而言，绍兴、衢州该指标数值较低，均低于40分。进一步地，从人均公共供水能力与人均公共供水能力最大值的比值来看，嘉兴最高，宁波、温州、绍兴、杭州位列第2—4位，而衢州、台州、金华、湖州四个城市的人均公共供水能力/人均公共供水能力最大值相对较低，得分均低于50分。综合来看，相对于其他城市，金华、衢州、舟山和台州4个城市的城市供水行业持续发展能力相对较弱。浙江省11个城市构成城市供水行业持续发展能力的7个合格率指标情况见表4-22。

表 4-22　　浙江省 11 个城市供水行业持续发展能力情况

城市	人均供水管道长度/人均供水管道长度最大值	人均年公共供水能力/人均年公共供水能力最大值	城市供水行业持续发展能力得分
杭州	79.23	74.07	76.13
宁波	53.45	93.41	77.43
温州	59.66	85.69	75.28
绍兴	37.48	82.15	64.68
湖州	96.54	42.33	64.01
嘉兴	67.77	100.00	87.11
金华	50.48	36.73	42.23
衢州	39.81	29.80	33.81
舟山	69.66	44.90	54.80
台州	75.12	31.47	48.93
丽水	100.00	50.25	70.15

资料来源：笔者根据《浙江城市建设统计年鉴》中有关数据计算整理得到。

（四）城市居民用水价格可承受能力评价

由于难以获得城市供水行业的人均水费支付，为此，本部分基于粗略的处理方式，即以第一阶梯水价、2015 年年用水量为基础，两者之积作为所在城市年用水收入的近似替代，进一步地，利用上述运算得到的数值除以市辖区常住人口进而得到城市居民人均水费支出。同时，利用《浙江统计年鉴》（2016）中 2015 年浙江省 11 个城市的人均可支配收入的指标数值，计算得到 2015 年用水支出预计值与人均可支配收入的比例数值。由于 2015 年用水支出预计值占人均可支配收入比例是衡量城市居民用水价格可承受能力的反向指标，为此，本部分对其进行倒数处理，并以倒数处理后的最大值作为基准值，浙江省 11 个城市 2015 年用水支出预计值占人均可支配收入比例的倒数值与基准值之间进行比较即得到城市居民用水价格的可承受能力。

表 4-23　　浙江省 11 个城市居民用水价格可承受能力情况

城市	2015 年第一阶梯水价（元）	2015 年用水量（万立方米/日）	2015 年人均可支配收入（元）	2015 年人均水费支出（元）	2015 年用水支出预计值占人均可支配收入比例	城市居民用水价格可承受能力（元）
杭州	2.95	26161.68	42642	144.83	0.34	50.00
宁波	3.20	18397.95	41373	253.62	0.61	27.87
温州	2.70	12599.09	36459	205.01	0.56	30.36
绍兴	2.50	3126.40	37139	89.70	0.24	70.83
湖州	4.40	3924.79	34251	156.05	0.46	36.96
嘉兴	2.50	6434.00	38389	73.63	0.19	89.47
金华	2.40	3988.88	34378	99.61	0.29	58.62
衢州	1.80	1947.00	24460	41.43	0.17	100.00
舟山	3.50	1936.00	38254	95.48	0.25	68.00
台州	2.40	7010.00	33788	105.62	0.31	54.84
丽水	1.90	1840.00	24402	87.09	0.36	47.22

资料来源：笔者根据《浙江统计年鉴》(2016)、中国水网等有关数据整理得到。

由表 4-23 可知，衢州城市居民用水价格可承受能力最高，是浙江省 11 个城市用水价格可承受能力的基准。与之相比，嘉兴排名第 2 位，该指标数值为 89.47；绍兴排第 3 位，该指标数值为 70.83；舟山排第 4 位，该指标数值为 68.00。此外，其余城市的城市居民用水价格可承受能力数值较低，这说明浙江省 11 个城市的城市居民用水价格可承受能力存在较大的差异。

三　城市供水行业监管绩效综合评价

本部分在对城市供水行业监管绩效定性评价与定量评价分项指标数值进行测算的基础上，利用本章第二节提出的城市供水行业监管绩效定性指标合成、定量指标合成以及总合成方法，对城市供水行业监管绩效进行定性综合评价、定量综合评价，并在此基础上对城市供水行业的监管绩效进行总体评价。

（一）城市供水行业监管绩效定性综合评价

基于构成城市供水行业的水价满意度、水质满意度、供水稳定满意度以及供水服务满意度的各单项指标，利用前文提出的合成方法，形成如表4－24所示的城市供水行业水价满意度、水质满意度、供水稳定满意度、供水服务满意度以及监管绩效定性指标得分。

表4－24　浙江省11个城市供水行业监管绩效定性综合评价情况

城市	水价满意度	水质满意度	供水稳定满意度	供水服务满意度	监管绩效定性指标得分
杭州	76.80	87.14	87.18	86.16	83.85
宁波	75.98	85.56	86.03	84.91	82.60
温州	76.33	81.42	85.81	86.61	81.37
绍兴	74.20	80.90	84.51	84.54	79.98
湖州	74.31	83.99	88.17	87.45	82.20
嘉兴	74.39	87.19	87.73	85.45	83.06
金华	77.69	88.04	85.76	85.44	84.19
衢州	69.87	85.00	89.02	87.35	81.33
舟山	71.27	85.57	86.50	88.20	81.90
台州	75.56	82.64	86.99	86.01	81.63
丽水	70.85	85.99	86.57	85.80	81.47

资料来源：笔者整理。

由表4－24可知，11个城市居民对水质、供水稳定以及供水服务的满意度较高，而对水价满意度相对较低。同时，由图4－5可知，城市居民对水质满意度、供水稳定满意度以及供水服务满意度的差异性并不明显，11个城市的水价满意度指标之间的差异较为明显。进一步地，从城市供水行业监管绩效定性指标的得分来看，除绍兴低于80分外，其余10个城市均在80—85分。其中，金华最高，为84.19分；杭州居第2位，为83.85分；嘉兴居第3位，为83.06分，其余7个城市供水行业监管绩效定性综合评价指标数值之间的差异并不明显。

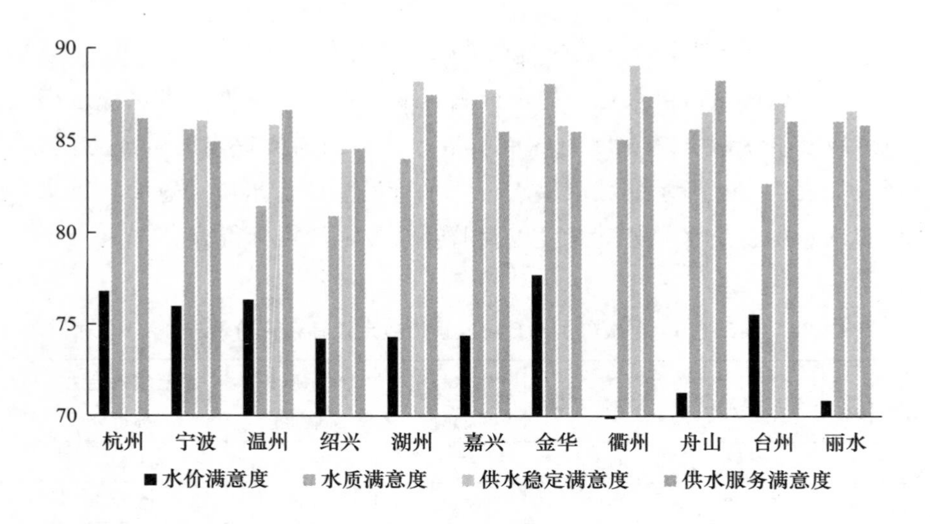

图 4－5　浙江省 11 个城市供水行业监管绩效定性综合评价

（二）城市供水行业监管绩效定量综合评价

本部分将从普遍服务能力、水质安全能力、持续发展能力和价格可承受能力四个方面对城市供水行业监管绩效进行定量评价。从城市供水行业的普遍服务能力来看，宁波最高，其次为衢州，金华、杭州、台州的城市供水行业普遍服务能力较强。相比较而言，温州、绍兴、湖州、嘉兴、丽水的城市供水行业普遍服务能力较弱，而舟山的城市供水行业普遍能力最弱。从城市供水行业的水质安全能力来看，湖州、金华、衢州、舟山、丽水的该指标数值为 100 分，说明上述四市具有非常好的城市供水行业水质安全能力。而杭州、宁波、温州、绍兴、嘉兴、台州的城市供水行业水质安全能力低于 100 分。相比于城市供水行业普遍能力、水质安全能力，城市供水行业的持续发展能力特别是价格可承受能力，11 个城市之间存在较大的差异。从浙江省 11 个城市的城市供水行业持续发展能力的指标数值来看，嘉兴最高，宁波、杭州、温州、丽水具有较高的持续发展能力，而衢州、金华、舟山相对较低，其他城市处于中游。从城市居民对供水价格的可承受能力来看，存在普遍偏低现象。其中，衢州最高，其次为绍兴、舟山，其余城市的城市居民对供水价格可承受能力都比较低。在此基础上，本书测算出城市供水行业监管绩效定量综合评价结果。由表4－25可知，城市供水行业监管绩效定量评价结果在90分以上的是衢州和嘉兴，80分以上的只有湖州，其余城市供水行业监管绩效定量指标得分均低于80分，但都高于70分，这说明除衢州、嘉兴、湖州之外，其他城市的城市供水行业监管绩效定量评价指标数值之间的差距并不明显。关于浙江省11个地级城市的城市供水行业监管绩效定量综合评价情况见表4－25。

表4－25　浙江省11个城市供水行业监管绩效定量综合评价情况

城市	普遍服务能力	水质安全能力	持续发展能力	价格可承受能力	监管绩效定量指标得分
杭州	81.13	99.97	76.13	50.00	78.83
宁波	100.00	99.98	77.43	27.87	76.10
温州	77.03	99.97	75.28	30.36	72.03
绍兴	75.27	99.98	64.68	70.83	82.76
湖州	74.07	100.00	64.01	36.96	72.30
嘉兴	75.92	99.93	87.11	89.47	90.71
金华	84.50	100.00	42.23	58.62	78.71
衢州	90.25	100.00	33.81	100.00	91.43
舟山	67.44	100.00	54.80	68.00	79.37
台州	81.01	99.94	48.93	54.84	77.52
丽水	76.55	100.00	70.15	47.22	76.49

资料来源：笔者整理。

（三）城市供水行业监管绩效的总体评价

城市供水行业监管绩效定性评价与定量评价有机组合形成城市供水行业监管绩效的总体评价。由表4－26和图4－6可知，浙江省11个城市供水行业监管绩效总体评价结果均在75分以上，6个城市的城市供水行业监管绩效总体评价得分在80分以上。其中，嘉兴的城市供水行业监管绩效总体评价得分最高，为87.65分，衢州次之，为

87.39分，绍兴、金华、杭州分别列第3—5位。进一步地，本书对城市供水行业监管绩效总体评价的等级进行划分，结果表明，杭州、绍兴、嘉兴、金华、衢州、舟山6个城市供水行业监管绩效评级为"A"，宁波、温州、湖州、台州、丽水5个城市供水行业监管绩效评级为"B"。综合来看，浙江省11个城市供水行业监管绩效相对较高，但在持续发展能力、价格可承受能力等方面依然存在较大的提升空间。

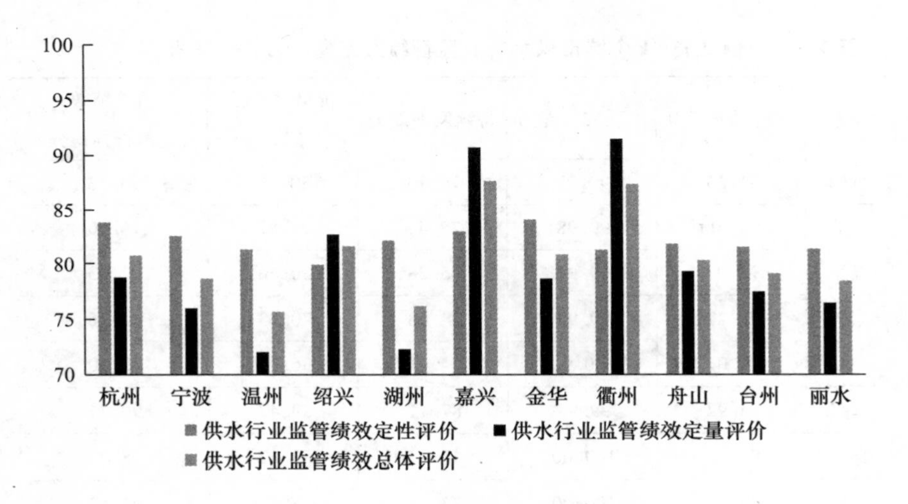

图4-6　浙江省11个城市供水行业监管绩效总体评价

表4-26　浙江省11个城市供水行业监管绩效总体评价情况

城市	供水行业监管绩效定性评价	供水行业监管绩效定量评价	供水行业监管绩效总体评价	等级
杭州	83.85	78.83	80.81	A
宁波	82.60	76.10	78.70	B
温州	81.37	72.03	75.77	B
绍兴	79.98	82.76	81.65	A
湖州	82.20	72.30	76.26	B
嘉兴	83.06	90.71	87.65	A

续表

城市	供水行业监管绩效定性评价	供水行业监管绩效定量评价	供水行业监管绩效总体评价	等级
金华	84.19	78.71	80.90	A
衢州	81.33	91.43	87.39	A
舟山	81.90	79.37	80.38	A
台州	81.63	77.52	79.16	B
丽水	81.47	76.49	78.48	B

资料来源：笔者整理。

第五节　城市供水行业监管绩效评价的主要结论

本章在分析城市供水行业监管绩效评价的目标与原则的基础上，从定性和定量两个维度建立城市供水行业监管绩效评价指标体系，并对浙江省11个城市供水行业监管绩效进行实证分析。实证研究表明，总体上看，浙江城市供水行业监管取得了显著的成效，但在持续发展、价格相对可承受能力等方面依然存在着一些问题，这限制了浙江城市供水行业监管绩效的提升。为此，本部分将结合前文分析结果对城市供水行业监管绩效评价的主要成效以及存在的问题进行分析。

一　城市供水行业监管绩效评价的主要成效

从城市供水行业监管绩效的评价结果来看，城市供水行业取得了显著的成效，主要表现为城市供水行业的水质安全能力较强、供水稳定性较好和供水服务能力较强三个方面。

（一）城市供水行业具有较强的水质安全能力

水质安全保障是城市供水行业发展的第一要务，从浙江省城市供水行业监管绩效的评价结果来看，无论从消费者满意度的定性分析来看，还是从衡量城市供水行业水质安全能力的定量分析来看，浙江省城市供水行业都具有较好的水质安全能力。其中，多数城市的7个指标合格率均为100%，只有个别城市的浑浊度合格率、余氯合格率、臭和味合格率、菌落总数合格率指标数值低于100%，但合格率均已超过99.50%，这说明浙江省11个城市供水行业总体上具有较强的水质保障能力。需要说明的是，城市水安全涉及源水安全、出厂水安全、管网水安全和二次供水安全4个主要环节，这4个环节特别是后三个环节的水安全是居民龙头水安全的重要保障，而城市居民最为关心的是龙头水的安全问题，由于现实中缺乏龙头水水质信息的公开数据，退而求其次，本书利用出厂水水质数据近似替代，当管网水质和二次供水设施较好的前提下，出厂水水质基本等价于龙头水水质。为了弥补单纯依靠出厂水水质所带来的水质偏误问题，本书还分析了居民对城市供水质量满意度的差异，从该指标来看，居民对供水水质总体情况较为满意，但能否对自来水是否可直饮上相对悲观，这在一定程度上说明管网水和二次供水可能是影响到户水水质的重要原因，为此，需要进一步改进管网和二次供水设施，从过程链视角全方位地提升城市供水水质，从而进一步保障城市居民的用水安全。

（二）城市供水行业具有较强的供水稳定能力

计划经济和市场化改革初期，停水、停电成为困扰城市发展的重要因素，随着市场化改革的深入，保障城市供水稳定成为城市供水行业发展的基本要求，降低停水次数与停水时长成为保障城市居民普遍服务的必要条件。总体来看，近年来，除经济欠发达地区和易发生自然灾害或偶然事件的地区之外，我国绝大多数城市的居民供水具有较强的稳定性。从浙江省11个城市的供水行业稳定能力来看，居民对供水压力稳定和停水次数的满意度较高，但对停水预告时间的满意度普遍低于压力稳定性满意度和停水次数满意度，这说明随着城市化进程的加快以及二次供水设施设备的逐步完善，以往水压不稳造成供水时断时续的情况得到了普遍的缓解。同时，随着城市供水能力的普遍提升，通过停水来调峰、错峰的机制日益减少。此外，关于停水预告时间满意度的普遍偏低，一方面可能由于供水公司缺乏在合理时间范围内公开停水信息的预告，另一方面可能由于停水信息的公告渠道有限，比如只通过纸媒进行信息公开而忽视了通过互联网以及其他有声媒介传播停水信息等手段的使用，此外，由于停水次数少所引致的居民对停水公告信息的关注度不强，也可能是导致居民对当前供水预告时间满意度普遍低于居民对供水压力稳定满意度和停水次数满意度的原因。

（三）城市供水行业具有较强的供水服务能力

在保障城市供水行业有效供给和提升城市供水行业的普遍服务能力的基础上，提高城市供水行业的服务能力是城市供水行业发展由传统的解决数量供需"剪刀差"向降低服务质量供需"剪刀差"转变的重要突破。21世纪以来，城市供水行业的普遍服务能力大幅提升，有效地解决了有效供给不足问题，目前已经将提升城市供水行业服务能力作为城市供水企业发展的原动力。从中国城市供水行业总体情况来看，供水企业积极探索和创新供水服务方式，通过信息公开与信息共享机制，缩小了政府与企业、企业与用户之间的信息不对称问题，通过体制机制创新逐步提升城市供水服务能力。总体来看，浙江省11个城市居民对城市供水的收费方式、咨询事宜、信息公开、处理处置能力以及服务大厅的设置与服务态度等较为满意。其中，多元化的城市供水水费缴费方式为居民提供了便利，是城市居民最为满意的环节。随着浙江省全方位地提升服务意识，有关城市供水服务的咨询事宜以及处理处置能力得到了大幅度的提升。由于水质信息公开渠道有限以及以日为单位的水质信息公开方式，可能在一定程度上影响居民对供水信息公开的满意度水平。此外，城市供水服务大厅功能被银行、支付宝等网络化手段给分散，所以导致城市居民对供水大厅的关注度日益降低，这在一定程度上也降低了居民对城市供水服务大厅的满意度。

二　城市供水行业监管绩效评价的典型问题

市场化改革以及居民对水质安全和供水服务能力需求的日益增加倒逼城市供水企业不断提高监管绩效。从城市供水行业监管绩效的评价结果来看，较强的水质安全能力、供水稳定能力和供水服务能力是城市供水行业发展的主要成效。但在城市供水行业监管绩效评价过程中也存在着一系列的问题，诸如不同城市之间的水价占人均可支配收入的比例差异较为明显、城市供水行业发展的可持续性问题值得重视以及城际之间的人均生活用水量存在一定的差异。为此，本部分将对城市供水行业监管绩效评价的典型问题进行分析。

（一）城市供水价格承受能力的差异性较大

价格是微观经济学的核心问题，也是城市供水行业发展中社会公众最为关心的问题。定价与调价机制和最终价格的有效性问题是城市供水行业价格机制的重点。其中，社会公众对城市供水价格的可承受能力（供水价格占城市居民人均可支配收入的比重）被城市居民所关注。目前从中国城市综合水价[①]的整体情况来看，相对于国外发达国家而言，综合水价呈现出普遍偏低特征，同时不同城市的居民人均可支配收入也存在显著差异。由于不同城市的综合水价构成存在一定差异，为此本书在比较城市供水价格承受能力时，采用供水价格来近似替代综合水价，并对浙江 11 个城市供水价格承受能力进行比较。从研究结果来看，不同城市的城市供水价格承受能力存在显著的差异。相比较而言，只有极少数城市的相对价格承受能力较高，多数城市的供水价格的承受能力较低。这只能说明城市供水价格承受能力存在较强的区域差异性，但总体上多数城市均具有较强的供水行业价格承受能力。

（二）城市供水行业持续发展能力差异显著

2016 年，中国城镇化率达到 57.35%；2030 年，中国城镇化率将达到 70%。可见，未来 15 年内，中国的城镇化率空间还有 12.65%，这预示着需要进一步增强城市基础设施的供给能力。其中，城市供水基础设施作为城市基础设施中最为重要的普遍服务，需要为快速城镇化预留必要的发展空间。整体来看，伴随着城镇化进程中国城市供水行业供水管道长度和公共供水能力获得了大幅度的提升，但人均供水管道长度与人均公共供水能力相对较弱。本书选择人均供水管道长度

---

① 一般而言，综合水价由供水价格、污水处理费、水资源费和水利工程水价四部分构成，不同地区在综合水价的构成上存在一定的差异。

与人均供水管道长度最大值之比、人均年公共供水能力与人均年公共供水能力最大值之比两个指标，衡量城市供水行业持续发展能力，并对浙江省 11 个城市进行实证研究。从结果来看，城市之间人均供水管道长度与人均供水管道长度最大值之比、人均年公共供水能力与人均年公共供水能力最大值之比存在显著差异，地区发展不平衡问题尤为凸显。为此，在快速城镇化过程中，不仅需要城市供水管道长度、公共供水能力的总量发展，也要进一步缩小城市之间的发展不平衡问题。

（三）城市之间的人均生活用水量差异明显

城市人均生活用水量具有典型的双面性特征，一方面用水越多越能体现城市供水行业的普遍服务能力；另一方面用水量越多的城市则说明节约用水意识相对薄弱，本书在前文中对人均生活用水量的分析是基于第一种分析逻辑。根据《1997 年世界发展报告——变革世界中的政府》和 1999 年世界发展指标，中等经济收入国家的人均日生活用水量一般在 400—1000 升，从近年来中国城市人均生活用水量来看，与中等经济收入国家之间的差距还较为明显。本书对浙江省 11 个城市的人均日生活用水量进行分析，结果表明，浙江省 11 个城市的人均日生活用水量均低于 400 升的最低标准。其中，宁波最高，仅为 333. 34 升。其余城市除个别城市在 200 升以上外，多数城市低于 200 升，舟山甚至仅为 116. 33 升。显然，从浙江省城市人均日生活用水实际来看，呈现出人均日生活用水量相对较少和城市之间人均日生活用水量差异显著两大特征。

第五章　中国城市污水处理行业监管绩效评价实证研究

相比于城市供水行业，城市污水处理行业具有较高的市场化程度。市场化改革倒逼城市污水处理行业主管部门转变政府职能，改变传统宏观管理与微观治理合二为一的管理模式，在现代企业制度下建立新型政府监管体系，从而通过政府监管体制创新提升城市污水处理行业的监管绩效。从城市污水处理行业监管历程来看，监管绩效评价体系缺失或以政府为评价客体的评价手段缺乏制约着城市污水处理行业监管绩效评价，为补齐城市污水处理行业监管过程中的“短板”埋下障碍，也不利于市场化背景下提升城市污水处理行业监管绩效目标的实现。因此，当前建立城市污水处理行业监管绩效评价指标体系，对城市污水处理行业监管绩效进行评价是一项非常重要的研究课题。为此，本章将对城市污水处理行业监管绩效评价的目标和原则、监管绩效评价的指标与方法、监管绩效实证分析的数据来源以及实证评价城市污水处理行业的监管绩效四个方面内容进行研究。

第一节　城市污水处理行业监管绩效评价的目标与原则

监管绩效评价是转变城市污水处理行业政府监管职能、完善政府治理体系的重要内容。其中，城市污水处理行业监管绩效评价的目标与原则是进行城市污水处理行业监管绩效评价的基本前提。为此，本节将首先对城市污水处理行业监管绩效评价的基本目标和主要原则进行分析。

一　城市污水处理行业监管绩效评价的基本目标

对市场化程度较高的城市污水处理行业而言，若对其监管绩效进行有效评价，需要建立与市场化改革相适应的政府监管的权责配置机制，明确城市污水处理行业的重要监控指标，确定采用何种手段或方式提升城市污水处理行业的监管绩效。为此，需要建立从过程到结果的全方位与监管手段、方式以及监管结果有关的评价指标体系，从而既能实现有效监管城市污水处理行业的重要指标，又能明确该类指标高低的影响机制。基于此，对城市污水处理行业进行监管绩效评价，既要体现政府职能、行业发展，又要明确所采取的监管手段或监管方式。

（一）城市污水处理行业监管绩效评价需要体现政府职能

与城市供水行业相比，以民营和外资企业大量进入为标志的城市污水处理行业市场化改革，倒逼城市污水处理行业监管模式变迁。为此，转变政府职能、建立与城市污水处理行业相适应的现代监管理念与监管模式，是市场化改革过程中城市污水处理行业监管部门顺势而为的重要表现。政府职能也叫行政职能，是指行政主体作为国家管理的执政机关，在依法对国家政治、经济和社会公共事务进行管理时应承担的职责和所具有的功能。转变政府职能是指国家行政机关在一定时期内，根据国家和社会发展的需要，对其应担负的职责和所发挥的功能、作用范围、内容、方式的转移和变化。政府监管职能的建立与转变是政府职能的重要内容。对城市污水处理行业而言，转变政府职能需要明确建立相应的政府监管机构，厘清部门监管职责，确定监管人员数量，明确监管方式与奖惩机制。因此，对城市污水处理行业进行监管绩效评价需要以建立健全政府监管机构、明确政府监管职责为核心的政府职能转变为重要目标。

（二）城市污水处理行业监管绩效评价需要体现行业发展

从已有研究成果来看，学术界非常重视对城市污水处理行业发展绩效问题的研究，并在部分研究中将行业发展绩效指标纳入城市污水处理行业监管绩效的研究过程中。城市污水处理行业对提高水资源的利用效率，恢复城市乃至流域的水环境，降低污染物直排对环境的负外部效应具有重要的正面作用。城市污水处理行业的发展绩效需要依赖于污水处理率、污水达标排放率、污泥处理处置等指标，这些指标也是各级政府或行业管理部门监管的重要内容。其中，污水处理率是衡量排放的污水是否完全得到有效处理的重要指标，而污水是否达标排放是衡量污水处理厂效能的重要标准，也是建设城市污水处理厂的初衷。近年来，由于污泥的一系列负面效应使各级政府非常重视污泥的处理处置问题，为此，污泥处理处置成为监控城市污水处理行业监管绩效的重要指标。因此，城市污水处理行业的发展绩效指标是城市污水处理行业监管部门的重要监测指标，也是城市污水处理行业进行绩效评价的重要目的。为此，在建立城市污水处理行业监管绩效评价体系以及进行实际评价过程中，需要体现城市污水处理行业的发展指标。

（三）城市污水处理行业监管绩效评价需要明确监管方式

采取多元化的监管手段成为提升城市污水处理行业发展绩效的重要途径。城市污水处理行业监管方式的有无性、规范性与效率性是监管方式是否有效的重要标志。近年来，国家和地方政府非常重视城市污水处理工作，相继出台并明确多种监管方式或手段，如联络员制度、监管考核制度、规划制度、污水处理收费制度等，如果这些制度能够得到有效落实，将对规范城市污水处理行业监管工作，提升城市污水处理行业监管绩效具有重要的保障性，但现实中在多重主体博弈以及利益冲突下，国家或省级政府或行业主管部门明确规定或建议性的监管方式，在城市一级政府或城市污水处理行业监管部门的监管实践中往往难以落实，这在一定程度上限制了城市污水处理行业监管绩效的提升。为此，打破以往单纯从结果出发的城市污水处理行业监管绩效评价现状，将监管方式纳入城市污水处理行业监管绩效的评价过程之中，是完善城市污水处理行业监管绩效评价指标设计，实现科学评价城市污水处理行业监管绩效的目的，从过程和结果两个维度揭示城市污水处理行业监管绩效的重要保障。

二　城市污水处理行业监管绩效评价的主要原则

城市污水处理行业监管绩效评价是以市场化改革为背景的评价问题。市场化改革倒逼城市污水处理行业创新监管模式，建立与市场化相适应的现代监管方式，从而实现在市场化改革下提升城市污水处理行业总体绩效的目标。城市污水处理行业监管的过程指标是实现城市污水处理行业总体绩效的重要保障，为此，有效的城市污水处理行业监管绩效评价应将过程性指标与结果性指标纳入统一的分析框架。同时，城市污水处理行业监管是定性与定量多维指标耦合在一起综合作用的结果，因此，在评价城市污水处理行业监管绩效时应体现定性与定量指标相结合的原则。此外，为改变以往以数据上报为主的数据获得方式带来的弊端，科学评价城市污水处理行业监管绩效需要以数据上报为基础、数据核查为手段的数据获取机制。

（一）过程性与结果性相统一原则

提高城市污水处理效能是城市污水处理行业监管部门的重要目标，为实现这些目标往往通过整合监管机构、重构监管职能、优化管理人员、建立监管制度、创新监管手段等过程性指标，从而保障和提升城市污水处理行业的发展绩效。单纯将结果性指标（如污水处理率、污水处理厂负荷率以及污泥无害化处理率等）作为城市污水处理行业监管绩效的评价指标，难以有效甄别城市污水处理行业监管部门的行为以及行为效应。同时，以结果为导向的城市污水处理行业监管绩效所揭示的信息量不足，难以有效比较不同决策单元的城市污水处理行业的监管过程与监管结果，不利于城市政府以及城市污水处理行业监管部门的科学决策。基于此，本书认为，城市污水处理行业监管绩效评价指标体系的构建与科学评价需要体现过程性与结果性相统一的原则。

（二）定性与定量指标相结合原则

一般而言，在准确的数据统计前提下，定量指标能够真实揭示被评价单元的基本现实。与定量指标相比，定性指标具有操作方法简便、可行性强、能够满足评价主体的主观设定指标需求，但定性指标设计的合理与否直接影响评价结果。同时，单纯依靠定性指标或单纯进行定量研究，难以完全反映被评价客体的监管绩效。此外，从当前城市污水处理行业有关统计数据的现状来看，往往集中在投资、建设、运行效果等经济类以及技术类指标，关于城市污水处理行业的监管方式、监管手段以及监管效果的指标较为少见。综上所述，单纯利用已有数据进行定量分析，将难以有效地、全面地表征城市污水处理行业的监管绩效。为此，如果能充分挖掘数据获取途径，建立以定性和定量指标相结合的城市污水处理行业监管绩效评价指标体系并进行科学评价，将对科学评价城市污水处理行业监管绩效及其可能导致城市污水处理行业监管绩效低下或无效的因素具有重要作用。基于此，为提升城市污水处理行业监管绩效评价的有效性，建立定性与定量指标相结合的评价指标体系是城市污水处理行业监管绩效评价的一个重要原则。

（三）数据上报与核查相一致原则

无论是学术界还是政府部门，关于绩效评价问题的研究都积累了丰富的实践经验，在对众多绩效评价问题的研究过程中所使用的数据多具有历史性、公开性以及缺乏有效识别性等特征。同时，现有数据的统计主要存在自下而上的报数制和随机抽样调查两种方式。其中，自下而上报数制的主体往往在自我利益和多方主体博弈的驱动下，可能在一定程度上提供虚假数据，降低了数据的有效性，从而造成绩效评估的有偏性和低效率性；随机抽样调查方式具有较好的统计性特征，但当对小范围的评价主体进行评价时，应用抽样调查方式将难以获得更加全面的数据支撑，从而影响绩效评价结果的解释力。可见，目前有关绩效评估问题所采用的数据具有先天的缺陷性，降低了特定决策单元评价的有效性。为了提高城市污水处理行业监管绩效评价的有效性，需要自下而上的报数机制与自上而下的数据核查机制相结合，从而有效甄别城市污水处理行业监管机制评价有关指标数据的有效性，进而提升城市污水处理行业监管绩效的评价效果。

第二节　城市污水处理行业监管绩效评价的指标与方法

城市污水处理行业主管部门是城市污水处理行业监管绩效评价客体，通过对城市污水处理行业监管部门职责、监管制度、监督管理、规范考核等方面的评价，进一步揭示出所在城市或城市污水处理行业主管部门的监管绩效，进而为被评价客体提升污水处理行业监管绩效提供政策选择。本节将以城市污水处理行业法律法规为先导，以城市污水处理行业实践为依托，在城市污水处理行业监管绩效评价的目标与原则的基础上，力求建立与城市污水处理行业监管实践相匹配的监管绩效评价指标体系与方法，从而为城市污水处理行业监管绩效评价的实证研究、全方位推进城市污水处理行业监管绩效评价提供理论基础。从城市污水处理行业的监管实践来看，监管部门职责、监管制度设计以及监督管理体系是提升城市污水处理行业监管部门绩效的重要保障，而规范运行是城市污水处理行业监管部门绩效提升的最终归宿，为此，本节将从监管部门职责、监管制度设计、监督管理体系以及监管规范运行四个维度出发，建立与城市污水处理行业监管实践相适应的城市污水处理行业监管绩效评价指标体系。在城市污水处理行业监管绩效评价之比体系设计过程中，应综合考虑监管指标的定性与定量相结合的原则，力图通过专家咨询的方式获取多指标合成的权重与方法，从而克服数据驱动所造成的监管绩效评价方法的缺陷。

一　城市污水处理行业监管部门职责评价指标

明确城市污水处理行业监管部门的基本职责是城市污水处理行业进行有效监管的重要前提。一般而言，城市污水处理行业主管部门、主管部门的基本职责以及主管部门合理的人员配置是行使城市污水处理监管工作的重要保障。从法律法规和监管实践来看，地方政府会在“三定方案”中确定城市污水处理行业的主管部门，明确主管部门的基本职责，核定城市污水处理行业主管部门的人员配置。但现实中由于存在行政体制束缚或政府承诺缺失以及一系列的制度障碍，往往导致监管部门虚化、监管部门职责缺位以及监管人员数量不足、业务素质难以满足城市污水处理行业监管需求等情形。为此，非常有必要建立城市污水处理行业监管部门职责评价指标体系，并对城市污水处理行业监管部门职责绩效进行科学评价。本书将主要从管理部门、管制职责和管理人员三个方面评价城市污水处理行业监管部门职责。

（一）城市污水处理行业管理部门指标

从城市污水处理行业监管实践来看，城市污水处理行业监管机构存在以城市水务局为主体的独立性监管机构（城市水务局），以城市管理委员会或城市建设委员会（或建设局）为核心的建管合一型监管机构，由城市建设委员会（或建设局）管理城市污水处理行业建设、城市管理委员会负责城市污水处理行业运营管理，以及由城市建设委员会或城市管理委员会下属事业单位对城市污水处理行业进行监管四种基本模式（浙江省城市污水处理行业管理部门模式见表5－1）。四种城市污水处理行业管理部门模式各有利弊，难以区分哪种模式更优。为此，不宜通过管理部门模式来评价运营绩效，比较有效的处理方式是查阅城市“三定方案”，明确城市一级政府是否按照“三定方案”明确城市污水处理行业主管部门。通过多次征求专家意见，在总分100分的情况下，将城市污水处理行业主管部门的分值确定为“2分”。城市污水处理行业主管部门的评价内容以及评价方法与评价标准见表5－2。

表5－1　浙江省11个城市污水处理行业管理部门及其职责

城市	管理部门	主要职责
杭州	杭州市建设委员会	负责全市范围内的建设管理工作，以及萧山、余杭、富阳、桐庐、临安城市污水处理行业的运营管理工作
	杭州市城市管理委员会	负责西湖、上城、下城、江干、拱墅的城市污水处理行业的运营管理工作，主要包括法律法规制定与传达，监督检查、行政审批与监管城市污水处理行业等

续表

城市	管理部门	主要职责
宁波	宁波市住房和城乡建设委员会	负责全市的建设管理工作
	宁波市城市管理局	负责全市城市污水处理行业的运营管理工作
温州	温州市住房和城乡建设委员会	负责全市的建设管理工作
	温州市城市管理委员会	负责全市城市污水处理行业的运营管理工作
绍兴	绍兴市住房和城乡建设局	负责全市城市污水处理行业的建设管理以及运营管理工作
湖州	湖州市住房和城乡建设局	负责全市城市污水处理行业的建设管理以及运营管理工作
嘉兴	嘉兴市住房和城乡建设局	负责全市城市污水处理行业的建设管理以及运营管理工作
金华	金华市住房和城乡建设局	负责全市城市污水处理行业的建设管理以及运营管理工作
衢州	衢州市住房和城乡建设局	负责全市城市污水处理行业的建设管理以及运营管理工作
舟山	舟山市住房和城乡建设局	负责全市城市污水处理行业的建设管理以及运营管理工作
台州	台州市住房和城乡建设局	负责全市城市污水处理行业的建设管理以及运营管理工作
丽水	丽水市住房和城乡建设局	负责全市城市污水处理行业的建设管理以及运营管理工作

资料来源：笔者整理。

（二）城市污水处理行业管理职责指标

从宏观来看，城市污水处理行业主管部门的职责主要涉及对建设和运营管理环境的有效管理或政府监管。具体职责主要包括中长期规划与年度计划制订、拟定有关的法律法规与制度文件、负责城市污水处理行业的建设与运营管理、负责城市污水处理企业 PPP 项目的招投标工作等。这些管理职能的配置是建立在“三定方案”中对部门职责的基本要求之上，城市之间异质性的“三定方案”决定了不同城市的城市污水处理行业主管部门的管理职责存在一定的差异。归根结底，是否明确部门职责、是否存在较为完备的制度建设、是否对其污水进水与排水进行水质管理，是否对污水处理厂的运营进行有效监管，以及是否存在污水处理厂更新改造的制度文件及其运行机制，是城市污水处理行业主管部门管理的重要职责。因此，本部分在对城市污水处理行业管理职责指标进行评价的过程中，重点从监管部门职责、监管制度建设、水质管理、运营管理以及更新改造职责等方面进行评价，同时在多次征求国家、省市城市污水处理行业主管部门有关专家意见的基础上，将该项指标的得分确定为“2分”，见表5－2。

表5－2　　　　城市污水处理行业监管部门职责评价指标

评价项目	评价指标	评价内容	评价方法与评价标准	分值
部门职责	主管部门	按照地方政府“三定”方案明确城镇污水处理工作的行业主管部门	未明确城镇污水处理工作行业主管部门的，本项得0分	2
	管理职责	按照地方政府“三定”方案明确城镇污水处理行业主管部门的管理职责	未明确城镇污水处理主管部门监管职责、制度建设、水质管理、运营管理、改造建设等职责的，每缺1项扣0.2分，扣完为止	2
	管理人员	按照地方政府“三定”方案配置城镇污水处理行业监管人员	未配置城镇污水处理行业监管人员，或监管人员不熟悉城镇污水处理相关法规制度和标准规范、不了解当地城镇污水处理情况的，本项得0分	2

资料来源：笔者整理。

（三）城市污水处理行业管理人员指标

配置与城市污水处理行业发展相适应的、拥有较高业务能力的监管人员是城市污水处理行业发展的重要基础。但从中国城市污水处理行业监管现状来看，自上而下存在监管人员数量较少，难以对城市污水处理行业的建设、运行、招投标等工作进行有效监管，无法落实月度监管、季度监管任务，甚至难以落实年度监管任务。同时，由于国家、省市政府对城市污水处理工作规范化程度的日益重视，城市污水处理行业监管人员数量不足和业务不精将难以提升城市污水处理工作的规范性，制约了当前城市污水处理行业监管绩效的提升。因此，对城市污水处理行业管理人员的评价主要基于两个维度：其一为数量维度，即是否配备了与城市污水处理工作相适应的人员数量；其二为质量维度，即配备的管理人员是否熟悉城市污水处理行业的建设与管理工作。本书对城市污水处理管理人员指标同样设定为“2 分”，并对其人员数量以及人员熟悉业务的扣分依据进行详细说明，具体见表 5 - 2。

二　城市污水处理行业监管制度设计评价指标

建立健全城市污水处理行业监管制度体系是提升城市污水处理行业监管绩效的重要保障。从城市污水处理行业监管实践来看，法律法规等监管制度缺失和不健全现象较为普遍，这制约了城市污水处理行业监管绩效的提升。城市污水处理行业监管制度的完善性与合理性对监管绩效的提升具有重要意义。为此，本节将从基础制度、规划制度和污水处理收费制度三个维度，建立城市污水处理行业的监管制度评价体系。

（一）城市污水处理行业监管基本制度指标

城市污水处理行业监管的基本制度，是指保障城市污水行业有效运行的基础性制度，主要包括联络员制度、监管和考核制度。这两项制度主要评价城市污水处理行业监管机构是否设置联络员制度与联络员制度的完备程度，以及是否设置城市污水处理行业监管和考核制度。其中，联络员制度是保障城市污水处理行业有关制度、文件以及有关信息上传下达的信息顺畅的重要制度。本部分在咨询有关专家意见的基础上，将联络员制度的分值设定为“2 分”，并根据是否设置联络员制度以及联络员的电话畅通情况，来核定城市污水处理联络员制度的得分。监管和考核制度也是城市污水处理行业监管的基本制度，主要明确城市政府是否按照国家和省的有关制度或文件要求，建立与城市污水处理行业相匹配的监管和考核制度。同样，本书对城市污水处理行业监管和考核制度的得分设定为“2分”。关于城市污水处理行业监管基本制度以及得分情况见表5-3。

表5-3　　城市污水处理行业监管部门基本制度评价指标

评价指标	评价内容	评价方法与评价标准	分值
联络员制度	设区市城镇污水处理行业主管部门与所辖县（市）城镇污水处理行业主管部门建立联络员制度	（1）建立联络员制度，提供联络员名单且联络畅通的，得满分 （2）建立联络员制度，提供联络员名单，但联络不畅通的，扣0.5分 （3）未建立联络员制度，本项得0分	2
监管和考核制度	地方政府制定的城镇污水处理企业运行监管文件以及考核制度文件	（1）未按照国家和浙江省要求制定当地城镇污水处理企业监管与考核制度的，扣1分 （2）未按规定每季度对建制镇污水处理厂运行负荷率和达标排放率进行通报的，扣1分，仅通报运行负荷率的，扣0.5分	2

资料来源：笔者整理。

（二）城市污水处理行业监管规划制度指标

城市规划既是政府对具体城市建设活动进行协调和指导的重要手段，也是政府对城市建设和发展实施宏观调控、促进科学发展的主要方式。城市污水处理行业监管规划制度是城市建设规划的重要组成部分，是城市公用事业得以合理有序开发利用的基本前提。从城市污水处理行业监管规划制度的层级来看，主要包括专项规划（城镇排水与污水处理发展规划）和年度计划。专项规划具有长期性和指导性，专项规划的落实需要以规划文本、规划说明书、规划图集以及政府批复文件为标志。年度实施计划是针对新建或已建的更新改造项目而言，设定其年度实施计划。为明确城市污水处理行业监管部门规划制度的实施情况，还需要对建设项目在实际运行是否违背有关规划情况进行审查，如施工图组织设计、竣工验收以及施工档案等。基于此，城市污水处理行业监管规划制度包括城镇排水与污水处理发展规划（专项规划）、年度实施计划及计划完成情况和建设项目管理制度。由于3个指标同等重要，在征求有关专家意见的基础上，将3个指标的分值都设定为“3分”。关于城市污水处理行业监管部门规划制度评价指标情况见表5－4。

表5－4　　城市污水处理行业监管部门规划制度评价指标

评价指标	评价内容	评价方法与评价标准	分值
城镇排水与污水处理发展规划（专项规划）	各市县城镇污水处理发展专项规划（规划文本、说明书、图集）和政府批复文件	（1）未按要求编制城镇排水与污水处理发展规划的，得0分 （2）编制城镇排水与污水处理发展规划的且得到政府批复的得3分，编制但没有被批复扣1.5分	3
年度实施计划及计划完成情况	地方制定的城镇污水处理设施改造、新建项目年度实施计划及完成情况报告	（1）已制订年度实施计划并按计划实施的，得满分 （2）已制订年度实施计划，但不能按计划实施的，扣1.5分 （3）未制订年度实施计划，得0分	3
建设项目管理制度	抽查建设项目的管理程序及相关档案	建设项目未进行施工图审查、竣工验收备案、未建立施工档案的，每缺1项扣1分，扣完为止	3

资料来源：笔者整理。

（三）城市污水处理行业污水收费制度指标

城市污水处理费是城市污水处理厂回收成本并获得合理收益的重要资金来源。从城市污水处理行业的发展现状来看，关于污水处理费的征收主要存在政府付费、使用者付费以及使用者付费加上可行性补助三种模式。同时，从城市污水处理PPP项目的实践来看，关于污水处理费存在单一价和阶梯递减价格两种模式。其中，阶梯递减价格是对第一阶梯处理的污水处理量收取较高价格，第二阶梯水量的价格低于第一阶梯价格，第三阶梯水量的价格低于第二阶梯价格。此外，关于污水处理费征收还存在按照污水处理的水质与水量建立差异化的水费征收方式。关于污水处理费的征收由企业自收自支方式改为“收支两条线”管理。由此可见，关于城市污水处理行业的污水收费制度主要涉及污水处理费征缴与拨付以及是否存在按质按量征收污水处理费两种形式。基于此，本部分在设计城市污水收费制度指标时，主要选择建立城市污水处理费征缴制度并及时拨付污水处理费和按水质水量支付城镇污水处理费制度两个指标。关于城市污水处理行业污水收费制度评价指标情况见表5-5。

表5-5　城市污水处理行业污水收费制度评价指标情况

评价指标	评价内容	评价方法与评价标准	分值
建立城市污水处理费征缴制度并及时拨付污水处理费	查阅相关文件或证明材料	（1）没有建立污水处理费征缴制度的，扣1分 （2）未及时核定污水处理费，或未督促财政部门及时向污水处理企业拨付污水处理费的，扣1分	2
按水质水量支付城镇污水处理费制度	是否建立按水质水量支付污水处理费制度	（1）建立按水质水量支付污水处理费制度的，得满分 （2）拨付经费时，未对水质、水量进行考核的，或者只考核其中一项的，扣1分 （3）没有核拨办法和制度的，得0分	2

资料来源：笔者在多次征求有关专家意见的基础上整理而成。

三　城市污水处理监管部门监督管理评价指标

监督管理是提升城市污水处理行业监管部门绩效的重要手段。在大数据与“互联网+”的新时代，创新传统政府监管监督管理模式是适应科学技术发展的重要举措。近年来，随着中国政府的简政放权和规避政府与企业、企业与消费者之间的信息不对称问题，信息公开成为重要手段。同时，在信息化浪潮下，传统通过简单报数的方式难以适应新时代现代政府监管的需求。为此，对进水水质、出水水质、水量信息进行在线监测，规定时间内的化验检测，上报有关信息到“全国城镇化污水处理信息系统”以及省级行业主管部门城镇污水处理信息系统，从而实现城市污水处理行业监督工作的自下而上报数与实时在线监测运行相结合的方式，这在很大程度上规避和动态监测与调整有关城市污水处理企业的超标排放、低负荷率以及进水浓度偏高等问题，对改善城市污水处理行业监管绩效具有重要的现实意义。此外，除自下而上的数据报送、实时监测方式外，定期抽查的监督管理方式成为规避与约束城市污水处理企业违规行为的重要方式。从城市污水处理行业监督管理手段与方式的现状来看，信息公开、在线监管与信息报送、日常监管工作构成城市污水处理行业部门监督管理三大指标。

（一）城市污水处理行业信息公开指标

相对于城市供水企业而言，城市污水处理企业由于在处理过程中会产生污泥，未经过无害化处理的污泥会污染环境，会受到污水处理厂周边群众的抵触，一些城市偶有发生“邻避效应”。对城市污水处理企业而言，核心是将一定COD、BOD、总磷、总氮等浓度的污水处理成符合国家标准排放的中水。其中，进水水质和出水水质是城市污水处理厂非常重要的监测指标。进水浓度过高会损坏仪器设备，不利于污水的正常处理，甚至会影响出水水质。出水水质由环境保护部门实时监测，由于环境保护部门和建设部门（或城管部门）缺乏有效的信息共享机制，这增加了信息不对称性。信息公开是城市污水处理行业有效监管的重要途径。其中，进水水质、出水水质、运营情况以及对城市污水处理设施运营监督考核情况是城市污水处理行业信息公开的重要内容。城市污水处理行业信息公开指标见表5－6。

表5－6　城市污水处理行业信息公开指标

评价指标	评价内容	评价方法与评价标准	分值
信息公开	向社会公开城市污水处理企业的进水水质、出水水质、运营情况以及对城市污水处理设施运营监督考核情况	公开进水水质、出水水质、运营情况以及对城市污水处理设施运营监督考核情况，每项得0.5分	2

资料来源：笔者整理。

（二）污水处理在线监管与信息报送指标

基于互联网的城市污水处理行业指标数据的实时监测是城市政府对污水处理厂进行动态监管的重要方式。随着国家和各级政府对城市污水处理工作的日益重视，城市污水处理实时监测日益呈现出指标的多元化、监测点的多样化等特征，成为削减城市政府或行业监管部门与城市污水处理企业之间有关技术指标信息不对称的重要工具。为实现全国在建城市污水处理厂建设情况和运营的城市污水处理厂运行情况的实时采集，挖掘有关信息，掌握各级行业主管部门动态，国家住房和城乡建设部开发了《全国城镇污水处理管理信息系统》，并要求城镇污水处理厂在建、运营项目，以及城镇污水管网在建项目进入《全国城镇污水处理信息系统》报送有关数据。然而，现实中依然存在漏报、不报等情况。同时，一些省级城市污水处理行业主管部门相继建立了“省级城镇污水处理信息系统”，目的是结合本省（直辖市、自治区）实际，及时掌握城市污水处理厂建设、运行的基础数据，从而为科学监管提供数据支撑。由此可见，在线监管和信息报送制度已然成为强化城市污水处理行业有效监管的重要手段。为此，非常有必要建立进出水水质和水量的在线监测信息、全国城镇污水处理管理信息系统的报送情况、省级城镇污水处理信息系统的报送情况三个指标，从而实现对城市污水处理进行在线监管与信息报送情况的监测。需要说明的是，为强化城市污水处理在线监管与信息报送制度，在对上述三个指标进行评价时，需要采取从严处理原则，如凡是进水水质、出水水质以及水量信息缺少一项的城市即可认为没有在线监测信息。城市污水处理行业在线监管与信息报送指标包括评价指标、评价内容、评价方法与评价标准和分值（见表5－7）。

（三）城市污水处理行业日常监管指标

在城市污水处理行业监管管理评价指标体系中，日常监管指标也是一项重要内容。日常监管是城市污水处理行业监管的常态化工作，其目的是保证运营期内污水处理厂的良好运营。其中，COD、BOD、总磷、总氮等是衡量进出水水质的指标，以及污水处理厂负荷率、污泥产生量、污泥无害化处理处置率以及污水处理厂经济绩效等成为城

表 5-7　　城市污水处理行业在线监管与信息报送指标

评价指标	评价内容	评价方法与评价标准	分值
进水水质、出水水质和水量的在线监测信息	检查是否建立城镇污水处理远程监控系统，并与污水处理厂在线监测系统联网，实现对城镇污水处理厂运行调度和水质变化的实时监测	所在城市所有企业都按要求建立城镇污水处理厂远程监控系统，并与污水处理厂在线监测系统联网，不扣分。有未远程监控的按企业比例进行扣分。凡是存在进水水质、出水水质以及水量信息缺少一项的即可认为没有在线监测信息	2
全国城镇污水处理信息报送情况	查阅“全国城镇污水处理信息系统”信息报送情况。要求城镇污水处理厂在建、运营项目，以及城镇污水管网在建项目应进入“全国城镇污水处理信息系统”	（1）凡是有应进入但未进入“全国城镇污水处理信息系统”且不按通报要求进行整改的企业，扣1分。未进入但按照通报要求进行整改的存在一个项目扣0.5分，扣完为止 （2）已进入系统，但未按时、按要求填报“全国城镇污水处理信息系统”数据，被住建部通报的，通报一项扣0.5分，扣完为止	3
省级城镇污水处理信息系统报送情况	查阅“省城镇污水处理信息系统”信息报送情况。要求各级城镇污水主管部门和已建成的城镇污水处理厂应进入“省级城镇污水处理信息系统”	（1）存在应进入但未进入“省级城镇污水处理信息系统”，一个扣0.5分，扣完为止 （2）已进入系统，但未按时、按要求填报数据，一项扣0.5分，扣完为止	2

资料来源：笔者整理。

市污水处理行业日常监管的重点。一些非常重视城市污水处理监管工作的省级行业主管部门，甚至规定下属城市污水处理行业监管部门建立月度城市污水处理厂检查制度。为此，本部分选择是否存在未经批准擅自停运现象和是否每月检查污水处理厂运行情况两个指标衡量城市污水处理的日常监管情况（见表5－8）。

表5－8　　城市污水处理行业日常监管指标

评价指标	评价内容	评价方法与评价标准	分值
日常监管工作	是否存在未经批准擅自停运现象	考核年度内每出现一次未经城镇污水处理行业主管部门、环保部门批准擅自停运现象，扣1分，扣完为止	2
	是否每月检查污水处理厂运行情况	提供每月检查完整记录的，得满分，有记录但不完整的扣1分，没有记录不得分	2

资料来源：笔者整理。

四　城市污水处理监管部门规范运行评价指标

监管部门的规范运行是城市污水处理行业监管绩效评价的重中之重。本部分将选择城市生活污水截污纳管指标、城市排水管网许可管理指标、城市排水管网运行维护指标、城市污水处理运行效果指标和城市污水处理安全管理指标反映城市污水处理监管部门的规范运行。

（一）城市生活污水截污纳管指标

城市生活污水截污纳管是提升城市整体水环境质量的重要举措。截污纳管是一项水污染处理工程，是通过建设和改造位于河道两侧的工厂、企事业单位、国家机关、宾馆、餐饮、居住小区等污水产生单位内部的污水管道（简称三级管网），并将其就近接入敷设在城镇道路下的污水管道系统中（简称二级管网），并转输至城镇污水处理厂进行集中处理。简言之，即污染源单位将污水截流纳入污水截污收集管系统进行集中处理。为此，本部分将城市生活污水截污纳管指标作为城市污水处理监管部门规范运行评价指标之一（见表5－9）。

表 5－9　　城市污水处理截污纳管指标

评价指标	评价内容	评价方法与评价标准	分值
城市生活污水截污纳管（13 分）	考核县级以上城市内老旧城区、服务性小行业、城中村以及沿河截污纳管情况（服务性小行业是指小餐饮、洗浴洗脚、美容美发、洗车、洗衣、单位食堂等）	（1）是否对城区内老旧小区、服务性小行业、城中村以及沿河的截污纳管进行有计划的改造，有计划未改造的扣 2 分，无计划的扣 4 分，已改造但雨污不分流或未完全分离的，出现一次扣 0.5 分，城区内老旧小区、服务性小行业、城中村全部已截污纳管改造完成的，不扣分 （2）若城市内新建城区截污纳管未达到 100%的，扣 1 分 （3）建设项目、房地产开发项目验收时，出现雨污不分流，或雨污管错接等情况但仍给予市政验收通过的，扣 1 分 （4）是否有老旧小区阳台水治理计划并开展治理，有治理计划未治理扣 1.5 分，无治理计划扣 3 分 （5）是否有排查现有排水管网破损断头、雨污混接错接等问题的计划，并按计划实施，有计划未实施扣 2 分，无计划扣 4 分	13

资料来源：笔者整理。

（二）城市排水管网许可管理指标

排水系统是现代化城市的重要基础设施，如何经济技术地优化设计和改扩建城市排水系统是项重要的研究课题。在市政建设和环境治理工程建设中，排水系统常常占据较大的投资比例。为此，国家建设部于 2006 年出台了《城市排水许可条例》，并于 2007 年 3 月 1 日起实施。该条例明确要求“排水户向城市排水管网及其附属设施排放污水，应当按照本办法的规定，申请领取城市排水许可证书”；“国务院建设主管部门负责全国城市排水许可的监督管理，省、自治区人民政府建设主管部门负责本行政区域内城市排水许可的监督管理”；“排水户应当按照许可的排水种类、总量、时限、排放口位置和数量、排放的污染物种类和浓度等排放污水，重点排污工业企业和重点排水户应当将按照水量、水质检测制度检测的数据定期报排水管理部门，需要变更排水许可内容的，排水户应当按照本办法规定，向所在地排水管理部门重新申请办理城市排水许可证书”；“对经由城市排水管网及其附属设施后不进入污水处理厂、直接排入水体的污水，排水管理部门应当定期进行水质检测”。由此可见，许可管理、排水监督和排水监测是《城市排水许可条例》的重要内容。为了评价《城市排水许可条例》的实施效果以及城市污水处理行业的监管绩效，本部分将从许可管理、排水监督和排水监测三个方面构建评价指标（见表5－10）。

表5－10　城市排水管网许可管理指标

评价指标	评价内容	评价方法与评价标准	分值
许可管理	1. 要求建立完善的排水管网许可制度，与相关部门协调并明确排水许可证发放单位 2. 是否定期组织排查排水户申领许可证情况 3. 对排水户的预处理设施和水质、水量检测设施是否指导和监督	（1）未建立完善的排水管网许可证制度的（包括许可证发放单位、发放程序等）扣1分 （2）若不排查排水户申领许可证情况的，扣0.5分 （3）未按规定指导排水户建预处理设施或水质、水量检测设施就准予排水许可的，扣0.5分	2
排水监督	1. 是否对排水户纳管情况进行有效监督，如安装控制设备 2. 是否公布重点排水户名录 3. 是否对重点排水户进行在线监测，或者环保部门是否共享在线监测数据	（1）未对排水户纳管情况进行批后监督的，扣1分 （2）未公布重点排水户名录的，扣0.5分 （3）未对重点排水户进行在线监测的，扣0.5分	2
排水监测	1. 是否定期委托排水监测机构对排水户排放的水质和水量进行监测 2. 是否建立排水监测档案	（1）未定期对排水户进行监测的，扣1分 （2）未建立排水监测档案的，扣1分	2

资料来源：笔者整理。

（三）城市排水管网运行维护指标

城市排水管网是城市基础设施的重要组成部分，随着城市的发展和城镇化率的提升，城市污水排放日益增加，如何提升城市排水管网效能成为当务之急，而强化城市排水管网运行维护是有效解决该问题的重要手段。城市排水管网运行维护管理主要包括验收排水管渠；监督排水管渠使用规则的执行，发放排水许可证；经常检查、冲洗或清通排水管渠，以维护其通水能力，防止污水倒灌；修理管渠及其构筑物，并处理意外事故等。从实践来看，城市排水管网运行维护主要包括排水管网设施运行维护和排水管网设施巡查两个方面。其中，排水管网设施运行维护需要以常规性制度文件为前提，以城市排水与污水处理设施保护为核心。城市排水管网设施巡查是维护城市排水管网正常运行的重要手段。为此，本部分将从排水管网设施运行维护和排水管网设施巡查两个方面建立指标体系，对城市排水管网运行维护情况进行评价。关于城市排水管网运行维护指标见表5－11。

表5－11　城市排水管网运行维护指标

评价指标	评价内容	评价方法与评价标准	分值
排水管网设施运行维护	1. 查阅排水管网运行维护监督制度文件；严格按照相关制度进行排水管网设施运行和维护 2. 是否按规定划定城镇排水与污水处理设施保护范围，并向社会公布 3. 是否对在保护范围内新建、改建、扩建工程或者影响设施安全的活动进行监管	（1）未建立排水管网运行维护监督制度的，扣0.5分 （2）未按制度对排水管网维护进行监督的，扣0.5分 （3）未划定保护范围并公布的，扣0.5分 （4）未对影响设施安全活动进行监管的，扣1分 （5）考核年度出现管道坍塌、污水渗漏等安全责任事故的，本项得0分	3
排水管网设施巡查	城镇污水处理行业主管部门按照标准定期对排水管网设施进行巡查并建立巡查记录	（1）未巡查扣2分，进行巡查但无巡查记录或记录不完整的，扣1分 （2）考核年度出现管道坍塌、污水渗漏等安全责任事故的，本项得0分	2

资料来源：笔者整理。

（四）城市污水处理运行效果指标

城市污水处理运行效果是城市污水处理厂运行最为重要的指标，也是城市污水处理行业主管部门的监管重点。城市污水处理率、城市污水处理厂负荷率、城市污水处理厂出厂水水质达标率和污泥无害化处理率是城市污水处理运行效果的重要衡量指标。其中，城市污水处理率是指经管网进入污水处理厂处理的城市污水量占污水排放总量的百分比，能够衡量城市污水处理厂的效能以及所在城市污水是否应收尽收。城市污水处理厂负荷率是指日均城市污水处理量与污水日处理能力之比，能够衡量污水处理厂的容纳潜力。城市污水处理厂出厂水质达标率是指出厂水水质达标天数与全年实际运行天数之比，能够衡量城市污水处理厂的处理效果。此外，污泥处理处置是城市污水处理系统的重要组成部分，是指处理后的污泥消纳过程，污泥处理处置方式主要有土地利用、填埋以及建筑材料综合利用等。污泥无害化处理率是指无害化处理的污泥量与污泥产生量之比，是终端处理的重要衡量指标。为此，本部分将选择城市污水处理率、城市污水处理厂负荷率、城市污水处理厂出厂水水质达标率和污泥无害化处理率四个指标来衡量城市污水处理的运行效果（见表 5－12）。

表 5－12　城市污水处理运行效果指标

评价指标	评价内容	评价方法与评价标准	分值
城市污水处理率	根据进水浓度对城市污水处理率进行调整	城市污水处理率分值＝调整后的城市污水处理率×总分（15 分）	15
城市污水处理厂运行负荷率	查阅“全国城镇污水处理信息系统”	以城镇范围内投入运行 3 年以上的城镇污水处理厂作为考核范围，计分标准如下：城镇污水处理运行负荷率分值＝5×负荷率 75% 及以上的企业比例＋4×负荷率在 60%（包含）－75% 的企业比例＋2.5×负荷率在 30%（包含）－60% 的企业比例（负荷率超过 100% 的污水处理厂先倒扣再计算）	5
城市污水处理厂出水水质达标率	查阅环保系统提供的城镇污水处理厂的出厂水质达标率	城镇污水处理出水水质达标分值＝所在城市或县城的城镇污水处理厂出水水质平均达标率×总分（10 分）	10

续表

评价指标	评价内容	评价方法与评价标准	分值
污泥无害化处置率	查阅“全国城镇污水处理信息系统”填报数据	将污泥无害化处置率作为考核指标，污泥无害化处置得分 = 满分值（5 分）×污泥无害化处置率。（其中，年污泥安全处置率 = 干化焚烧、好氧堆肥、石灰处理、卫生填埋、制建材等有效处置量的总和与污泥总量的比值）	5

资料来源：笔者整理。

（五）城市污水处理安全管理指标

近年来，城市污水处理厂偶尔发生安全生产事故，如 2007 年 5 月 20 日一名工人在污水提升泵房污水池里清理垃圾，因缺氧窒息，另外两位同事进行施救，结果 3 人丧命。2006 年 8 月 8 日，太原市殷家堡污水处理厂职工在检修过程中发生意外，造成 1 人死亡。2008 年 3 月 3 日，高碑店污水处理厂发生生产安全事故，造成 3 人中毒死亡。2013 年 5 月 31 日，河南省内黄县污水处理厂发生事故致 3 人死亡、2 人受伤。由此可见，应重视城市污水处理厂的安全管理，建立并落实安全管理制度，形成有效的应急方案。为此，本部分将从安全管理机构及制度建设和应急管理两个方面构建指标，从而对城市污水处理安全管理进行评价。关于城市污水处理安全管理评价指标、评价内容、评价方法与评价标准以及分值见表 5－13。

表 5－13　　　　城市污水处理安全管理指标

评价指标	评价内容	评价方法与评价标准	分值
安全管理机构及制度建设	城镇污水处理企业有相应的安全管理机构、安全规章制度和安全隐患记录及处理结果记录	有相应的安全管理机构、安全规章制度和安全隐患记录及处理结果记录的企业比例×总分（2 分）	2

续表

评价指标	评价内容	评价方法与评价标准	分值
应急管理	应急预案及其演练记录，同时结合平时市民投诉和媒体曝光情况	（1）针对污水处理厂运行制度的应急方案并定期组织演练的企业比例×总分（3分） （2）出现1次及以上重大责任事故并造成经济等损失的，得0分	3

资料来源：笔者整理。

第三节　城市污水处理行业监管绩效评价的数据来源

关于城市污水处理行业监管绩效评价的实证研究，本部分选择浙江作为研究对象，主要原因在于浙江在全国率先推行“五水共治”，将治理污水作为政府的一项重要工作。同时，浙江省11个城市之间的差异性并不明显，而且拥有较为先进的城市污水处理设施。城市污水处理行业监管绩效评价涉及定性评价和定量评价两个方面，其中定性指标数据的获取主要采用实地调研的方式，而定量指标数据的获取主要来自国家以及浙江省的有关年鉴等。

一　城市污水处理行业监管绩效评价定性指标数据来源

城市污水处理行业监管绩效评价以定性评价为主，定量评价为辅。同时，相对于定量数据而言，定性数据的获取难度更高，准确性更低，为此，需要选择合适的方法和手段，确定有效的调查对象，综合运用多种手段尽可能地获取能够真实反映被调查对象或评价单元的定性指标数据。关于城市污水处理行业监管绩效评价定性指标数据的获取主要涉及调查区域的选取与数据的获取方式两方面内容。

（一）调查区域的选取

本部分将以浙江省11个城市污水处理行业主管部门作为调查对

象（见表5－14）。这些部门主要涉及城市污水处理行业建设与运营监管的主要部门，主要涉及住建部门和城市管理部门，具体见表5－14。

表5－14　获取城市污水处理行业监管绩效定性指标数据的调研对象

城市	管理部门	城市	管理部门
杭州	杭州市建设委员会	湖州	湖州市住房和城乡建设局
	杭州市城市管理委员会	嘉兴	嘉兴市住房和城乡建设局
宁波	宁波市住房和城乡建设委员会	金华	金华市住房和城乡建设局
	宁波市城市管理局	衢州	衢州市住房和城乡建设局
温州	温州市住房和城乡建设委员会	舟山	舟山市住房和城乡建设局
	温州市城市管理委员会	台州	台州市住房和城乡建设局
绍兴	绍兴市住房和城乡建设局	丽水	丽水市住房和城乡建设局

资料来源：笔者整理。

（二）数据的获取选择

关于城市污水处理行业监管绩效定性评价指标的数据调查方式主要采用官方网站、公开资料以及询问城市污水处理行业主管部门的监管人员三种方式。其中，主管部门、管理职责查阅城市建设委员会或城市管理委员会网站，管理人员数量通过查阅网站与询问城市污水处理行业主管部门相结合的方式进行，联络员制度、监督考核制度查看有关文件。有关规划制度查阅备案的城市污水处理行业专项规划和年度规划，并询问专项规划与年度规划的完成情况。城市污水处理费征缴制度以及按水质水量支付城镇污水处理费制度查阅所在城市污水处理行业主管部门文件。关于城市污水处理行业信息公开指标查阅监管机构网站、随机抽取污水处理厂门口是否有信息公开显示牌。关于城市污水处理在线监管实地查阅是否有在线监管系统，并梳理出在线监管的主要指标。关于城市污水处理信息报送指标查阅全国城镇污水处理管理信息系统，厘清11个城市是否存在漏报现象。城市污水处理行业截污纳管、排水管网许可、排水管网运行维护指标通过深入各地进行随机调研的方式获得。而城市污水处理安全管理指标采用随机调研城市污水处理厂的方式获得。

二 城市污水处理行业监管绩效评价定量指标数据来源

关于城市污水处理行业监管绩效评价定量指标主要包括城市污水处理率、城市污水处理厂负荷率、城市污水处理厂出厂水水质达标率和污泥无害化处理率四个指标。其中，城市污水处理率指标数值来自《全国城镇污水处理信息系统》，城市污水处理厂负荷率、城市污水处理厂出厂水质达标率、进水浓度等来自有关机构的内部统计数据，污泥无害化处理率来自《浙江城市建设统计年鉴》（2015）。需要说明的是，在考虑进水浓度差异的情况下，本书将对城市污水处理率按照进水浓度进行折算，具体折算方法见表 5 - 15。

表 5 - 15　　城市污水处理率按进水浓度进行折算的方法

进水浓度	折算系数
平均进水化学需氧量浓度 > =200 毫克/升	1.00
170 毫克/升 = <平均进水化学需氧量浓度 <200 毫克/升	平均进水浓度/200
150 毫克/升 = <平均进水化学需氧量浓度 <170 毫克/升	0.85
130 毫克/升 = <平均进水化学需氧量浓度 <160 毫克/升	0.80
100 毫克/升 = <平均进水化学需氧量浓度 <130 毫克/升	0.75
70 毫克/升 = <平均进水化学需氧量浓度 <100 毫克/升	0.65
50 毫克/升 = <平均进水化学需氧量浓度 <70 毫克/升	0.50
平均进水化学需氧量浓度 <50 毫克/升	0.00

资料来源：笔者整理。

第四节 城市污水处理行业监管绩效评价的实证分析

本部分将在查阅有关网站资料、《浙江城市建设统计年鉴》（2015）等的基础上，获取浙江省 11 个城市污水处理行业监管绩效评价指标数值。以此为依据，从城市污水处理行业监管部门职责、监管制度设计、监管部门监督管理、监管部门规范运行等方面对浙江省11个城市进行对比分析，在此基础上测算出浙江省11个城市的城市污水处理行业监管绩效总体评价结果。

一　城市污水处理行业监管部门职责评价

本部分在查阅城市污水处理行业主管部门官方网站以及电话、实地调研相结合的方式，对浙江省11个城市的城市污水处理行业主管部门、城市污水处理行业主管部门的职责配置以及人员配备情况进行分析。结果表明，浙江省11个城市均有独立的城市污水处理行业管理部门，而且管理部门都有较为明确的监管职责、制度建设、水质管理、运营管理、改造建设等职责。同时，浙江省11个城市对城市污水处理行业的监管工作都配备了独立的人员，且能够熟练掌握城市污水处理的监管工作。需要说明的是，一些城市的城市污水处理行业监管部门的人员配置较少。为此，这些城市需要进一步强化城市污水处理行业监管人员配置。关于浙江省11个城市的城市污水处理行业监管部门职责评价情况见表5－16。

表5－16　　浙江省11个城市污水处理行业监管部门职责评价

城市	城市污水处理行业管理部门评价	城市污水处理行业管理职责评价	城市污水处理行业管理人员评价	城市污水处理行业部门职责评价
杭州	2	2	2	6
宁波	2	2	2	6
温州	2	2	2	6
绍兴	2	2	2	6
湖州	2	2	2	6
嘉兴	2	2	2	6
金华	2	2	2	6
衢州	2	2	2	6
舟山	2	2	2	6
台州	2	2	2	6
丽水	2	2	2	6

资料来源：笔者整理。

二 城市污水处理行业监管制度设计评价

监管制度是城市污水处理行业进行有效监管的重要保障。本部分将从基本制度、规划制度和收费制度三个方面对浙江省11个城市污水处理行业监管制度情况进行评价。从基本制度来看，浙江省11个城市都建立了较为完善的联络员制度，这对于有效传达出城市污水处理行业监管信息，有效分配任务和落实责任具有重要意义。关于城市污水处理行业的监管和考核制度，浙江省11个城市主要是对上级部门出台的政策文件的传达，尚未依据所在城市特征出台基于上级制度框架的本地化的城市污水处理行业监管和考核制度，这种情况并非浙江个例，更具普遍性。从基本制度的评价结果来看，宁波、绍兴和金华3个城市尚未明确建立城市污水处理行业的监管和考核制度。从规划制度来看，浙江省11个城市都明确了年度计划并对城市污水处理项目的建设进行管理，而对城市污水处理行业的专项规划而言，宁波、湖州、衢州出台了城市污水处理专项规划，但尚未审批。从收费制度来看，除绍兴以外的其余10个城市都建立了城市污水处理费收缴制度，同时除了嘉兴、舟山之外，其余城市都出台了按照污水处理的量和质来支付污水处理费的制度。关于浙江省11个城市污水处理行业监管制度设计评价情况见表5-17。

表5-17　浙江省11个城市污水处理行业监管制度设计评价

城市	基本制度		规划制度			收费制度		监管制度评价
	联络员	监管和考核	专项规划	年度计划	建设管理	收缴制度	量质收费	
杭州	2	1	3	3	3	2	2	16
宁波	2	0	1.5	3	3	2	2	13.5
温州	2	1	3	3	3	2	2	16
绍兴	2	0	3	3	3	0	2	13
湖州	2	1	1.5	3	3	2	2	14.5
嘉兴	2	1	3	3	3	2	1	15
金华	2	0	3	3	3	2	2	15
衢州	2	1	1.5	3	3	2	2	16
舟山	2	1	3	3	3	2	0	14
台州	2	1	3	3	3	2	2	16
丽水	2	1	3	3	3	2	2	16

资料来源：笔者整理。

三　城市污水处理监管部门监督管理评价

信息公开、在线监管与信息报送以及日常监管是城市污水处理行业监督管理评价的重要内容。长期以来，城市污水处理行业是信息不对称性较为严重的行业之一，近年来，逐步建立信息公开制度，从浙江省 11 个城市污水处理行业信息情况来看，除绍兴、舟山没有公开进水水质之外，其余城市均向社会公开城市污水处理企业的进水水质、出水水质、运营以及对城市污水处理设施运营监督考核情况。从在线监管和信息报送来看，舟山尚未对进水水质进行在线监管，而台州存在个别城市污水处理企业应该在全国城镇污水处理管理信息系统、省级城镇污水处理信息系统进行报送而未报送的情况，其余城市对城市污水处理行业都具有较好的在线监管和信息报送机制。从日常监管来看，浙江省 11 个城市都不存在未经批准擅自停运现象，同时每月都检查污水处理厂的运行情况。综上所述，除舟山、绍兴两个城市之外，浙江省其他城市的监管管理水平相对较高。关于浙江省 11 个城市污水处理行业监督管理评价情况见表 5－18。

表 5－18　　浙江省 11 个城市污水处理行业监督管理评价

城市	信息公开	在线监管与信息报送			日常监管		城市污水处理行业监督管理评价
		进出水水质和水量	全国城镇污水处理信息系统报送	省级城镇污水处理信息系统报送	是否存在未经批准擅自停运现象	是否每月检查污水处理厂运行情况	
杭州	2	2	3	2	2	2	13
宁波	2	2	3	2	2	2	13
温州	2	2	3	2	2	2	13
绍兴	1.5	2	3	2	2	2	12.5
湖州	2	2	3	2	2	2	13
嘉兴	2	2	3	2	2	2	13
金华	2	2	3	2	2	2	13
衢州	2	2	3	2	2	2	13
舟山	1.5	0	3	2	2	2	10.5
台州	2	2	2.5	1.5	2	2	12
丽水	2	2	3	2	2	2	13

资料来源：笔者整理。

四 城市污水处理监管部门规范运行评价

城市污水处理监管部门规范运行主要包括截污纳管、排水管网许可、排水管网运行维护以及污水处理运行效果四部分内容。从截污纳管情况来看，浙江省除宁波市为11.5分之外，其余城市均为满分13分。从排水管网许可情况来看，大部分城市都具有较好的许可管理、排水监督和排水监测。从排水管网运行维护来看，除温州外其余城市都为满分5分。从城市污水处理运行效果来看，浙江省11个城市在污水处理率、运行负荷率、出水水质达标率三个指标上存在较大的差异。从污水处理率得分来看，嘉兴最高，舟山、丽水、绍兴、金华、杭州分列第2—6位，而温州的污水处理率得分最低。从运行负荷率来看，杭州、绍兴、台州、金华、温州依次排在前5位，而丽水、嘉兴、舟山的城市污水处理厂运行负荷率相对较低。从出水水质达标率来看，绍兴、衢州最高，得分为10分，而丽水最低。从污泥无害化处置率来看，浙江省11个城市并无显著差异，只有宁波、湖州两市的污泥无害化处置率低于100%。从安全管理来看，浙江省11个城市均有明确的管理机构和完善的制度，同时拥有较为健全的应急管理机制。由此可见，城市污水处理行业监管部门规范运行评价在不同城市之间存在较大的异质性特征，是影响城市污水处理行业监管绩效评价结果的重要因素。

表5-19　城市污水处理行业监管部门规范运行评价

城市	截污纳管	排水管网许可			排水管网运行维护		污水处理运行效果				安全管理		监管部门规划运行评价
		许可管理	排水监督	排水监测	管网设施运行维护	管网设施巡查	污水处理率	运行负荷率	出水水质达标率	污泥无害化处置率	管理机构及制度	应急管理	
杭州	13	2	2	2	3	2	13.47	4.75	8.22	5	2	2	59.44
宁波	11.5	2	2	1	3	2	12.92	4.34	9.85	4.986	2	2	57.596
温州	13	2	2	2	2.5	2	10.58	4.40	9.71	5	2	2	57.19

续表

城市	截污纳管	排水管网许可			排水管网运行维护		污水处理运行效果				安全管理		监管部门规划运行评价
		许可管理	排水监督	排水监测	管网设施运行维护	管网设施巡查	污水处理率	运行负荷率	出水水质达标率	污泥无害化处置率	管理机构及制度	应急管理	
绍兴	13	2	2	2	3	2	13.53	4.74	10	5	2	2	61.27
湖州	13	2	2	2	3	2	13.29	4.24	9.23	4.997	2	2	59.757
嘉兴	13	2	2	2	2	2	14.08	3.69	10	5	2	2	59.77
金华	13	1	1.5	2	3	2	13.49	4.45	9.61	5	2	2	59.05
衢州	13	2	2	2	3	2	13.13	4.39	10	5	2	2	60.52
舟山	13	2	2	2	3	2	13.65	3.62	9.48	5	2	2	59.75
台州	13	1	2	2	3	2	12.95	4.58	8.11	5	2	2	57.64
丽水	13	2	2	2	3	2	13.50	3.98	4.20	5	2	2	54.68

资料来源：污泥无害化处理率根据《浙江城市建设统计年鉴》（2016）中各个城市2015年数据计算得到，出水水质达标率来自浙江省环保厅县以上城市污水处理厂监督性监测平均达标率数据。

五　城市污水处理行业监管绩效总体评价

本书在对城市污水处理行业监管部门职责、监管制度设计、监管部门监督管理以及监管部门规范运行情况进行评价的基础上，分别形成监管部门职责评价结果、监管制度设计评价结果、监管部门监督管理评价结果和监管部门规范运行评价结果，以此为依据合成城市污水处理行业监管绩效的总体评价结果（见图5－1和表5－20）。由表5－20可知，衢州的城市污水处理行业监管绩效最高，为95.52分，相比较而言，较高的监管部门规范运行得分使衢州城市污水处理行业取得了较高的监管绩效。杭州次之，城市污水处理行业监管绩效得分为94.44分，杭州的监管部门职责、监管制度设计以及部门监督管理得分均为满分，显然，与衢州城市污水处理行业监管绩效的差异主要在于部门规范运行情况，原因在于杭州市进行区划调整，富阳撤市变区从而拉低了杭州城市污水处理行业监管部门规范运行得分。嘉兴排名第三，城市污水处理行业监管绩效得分为93.77分，与衢州存在一定的差距，原因主要在于城市污水处理行业监管部门规范运行评价得分稍低。相比较而言，丽水城市污水处理行业监管绩效得分最低，为89.68分，与排名靠前的几个城市的污水处理行业监管绩效得分差异主要来自城市污水处理行业监管部门规范运行得分。总体来看，浙江省11个城市具有较高的城市污水处理行业监管绩效，这与城市污水处理行业的市场化程度的不断提升以及浙江省非常重视“五水共治”关系密切，进一步提升城市污水处理率和污水处理厂负荷率是浙江省11个城市提升城市污水处理行业监管绩效的重要任务。

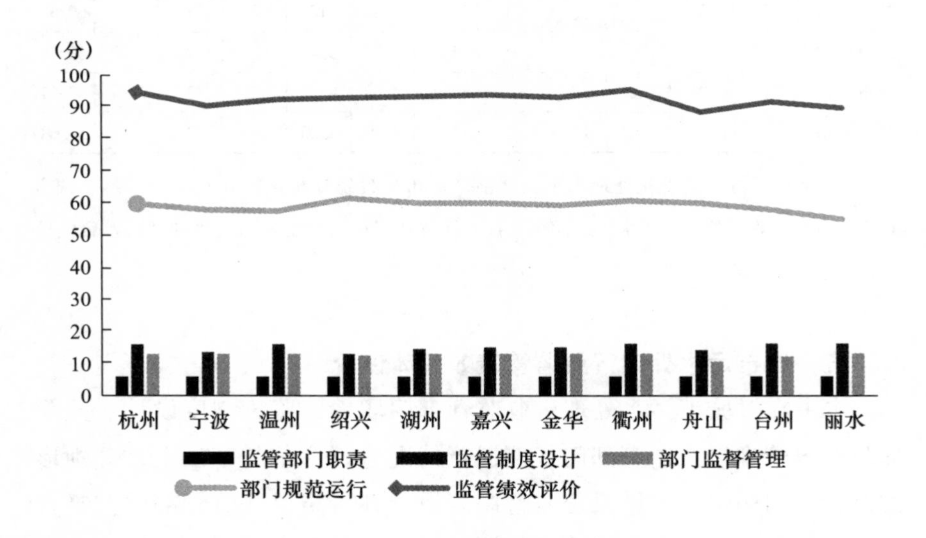

图5-1　城市污水处理行业监管绩效评价指标对比

表5-20　城市污水处理行业监管绩效总体评价　单位：分

城市	监管部门职责	监管制度设计	部门监督管理	部门规范运行	监管绩效评价
杭州	6	16	13	59.44	94.44
宁波	6	13.5	13	57.596	90.096
温州	6	16	13	57.19	92.19
绍兴	6	13	12.5	61.27	92.77

续表

城市	监管部门职责	监管制度设计	部门监督管理	部门规范运行	监管绩效评价
湖州	6	14.5	13	59.757	93.257
嘉兴	6	15	13	59.77	93.77
金华	6	15	13	59.05	93.05
衢州	6	16	13	60.52	95.52
舟山	6	14	10.5	59.75	90.25
台州	6	16	12	57.64	91.64
丽水	6	16	13	54.68	89.68

资料来源：笔者整理。

第五节　城市污水处理行业监管绩效评价的主要结论

随着城市污水处理行业市场化改革的日趋深入以及国家和各级政府对城市污水处理行业的日益重视，城市污水处理行业建立了专业化的监管机构，形成了较为完善的权责配置机制，促进了城市污水处理行业运行绩效的提升，但目前仍然存在一定的问题，制约着城市污水处理行业监管绩效的提高。为此，本部分将从主要成效和典型问题两个方面，提出城市污水处理行业监管绩效评价的主要结论。

一　城市污水处理行业监管绩效评价的主要成效

从城市污水处理行业监管绩效评价的研究结论来看，监管机构设置与权责配置以及城市污水处理企业运行绩效为城市污水处理行业监管绩效的提升提供了有效支撑。同时，从浙江省城市污水处理工作实践来看，监管机构与权责配置较为健全以及监管部门规范运行成效显著是浙江省城市污水处理行业监管绩效的典型特征。

（一）城市污水处理的监管机构和权责配置较为健全

目前，浙江乃至其他省份已形成了建管分离和建管合一的两类城市污水处理行业监管机构，配置了与城市污水处理行业监管需求相适应的监管职能，配备了城市污水处理行业管理与监管所需的管理人员，从而为城市污水处理行业的有效监管提供了重要保障，提高了信息的传递效率，降低了监管处理处置成本。一般而言，国家层面的城市污水处理行业监管职能在国家住房和城乡建设部，省、自治区、直辖市城市污水处理行业监管职能在省住房和城乡建设厅等有关部门，城市一级存在住房和城乡建设局、水务局、城市管理委员会等多种管理模式。需要说明的是，在城市污水处理行业虽然已经明确了监管机构、监管职能和监管人员，但上下级之间、同级部门之间的监管机构在信息共享等方面依然缺乏有效的沟通机制，从而限制了城市污水处理行业的有效监管。如自备水统计数据在水利部门、污水处理厂出水水质数据在环保部门、污水处理厂排水数据在环保部门，但目前尚未建立水利、环保、建设、物价等部门的信息共享机制，严重阻碍城市污水处理行业的有效监管。综上所述，目前城市污水处理行业已经形成了较为健全的监管机构及其治理结构，但适应市场化改革以及部门间协同效应的监管机构和权责配置还不健全。

（二）城市污水处理行业监管部门规范运行成效显著

城市污水处理率、运行负荷率、污泥无害化处理率以及出水水质达标率成为国家节水型城市、国家园林城市以及地方一些奖项评比的重要考量指标，上述四个指标数值越发成为城市政府业绩考核的重点。从我国城市污水处理行业监管部门的规范运行现状来看，上述四个指标数值无论从国家总体还是从省份层面、城市层面多呈现出增加趋势。从浙江城市污水处理行业的四个指标来看，运行负荷率为未来一定时间内城市污水治理留有空间，城市污水处理率呈现出逐步增加的趋势，污泥无害化处理率基本达到了100%，多数城市的城市污水处理厂出水水质达标率接近100%。由此可见，随着城市污水处理行业市场化改革的深化以及国家和地方政府对水环境治理的日益重视，城市污水处理行业监管部门的规范运行取得了显著成效。

二　城市污水处理行业监管绩效评价的典型问题

在城市污水处理行业监管取得显著成效的同时，也出现了一些问题，这些问题不仅不利于城市污水处理行业有关指标数据的收集，也因为制度约束以及行为限制降低了城市污水处理行业监管绩效的提升效应。在理论分析与实践搜寻基础上，本书认为，城市污水处理监管制度以及执行存在不到位现象、部分城市缺乏量质核拨城市污水处理费的制度以及部分城市难以获得城市污水处理率的真实数据是当前城市污水处理行业监管过程中存在的主要问题。

（一）城市污水处理监管制度及执行存在不到位现象

无论从浙江还是全国城市污水处理行业监管现状来看，一些城市依然存在缺乏城市污水处理设施规范化运行监督考核信息公开制度，这在一定程度上限制了监督考核信息的及时公开，提高了公众及时了解城市污水处理信息的难度。通过查阅城市污水处理行业主管部门网站，发现部分城市尚未结合本市城市污水处理行业发展现状和发展规律，出台与之相适应的监管法规政策。部分地市在制度执行和日常管理过程中由于执行不到位，常常导致一些制度难以落实。一些地区无法按要求对城镇排水与污水处理设施保护范围向社会公开。另外，一些地区没有规范的台账管理制度，对台账没有系统归档和整理，导致难以及时系统查阅台账。

（二）部分城市缺乏量质核拨城市污水处理费的制度

按照污水处理品质和污水处理数量建立量质两个维度的城市污水处理收费制度，是建立激励性的城市污水处理行业收费机制的重要表现形式。但我国一些城市尚未建立量质特征的城市污水处理收费制度。从浙江省 11 个城市污水处理收费制度现状来看，部分城市及下辖县（市）的城市污水处理费制度还不完善，一些地区在拨付污水处理费时没有参照污水处理水质，此外一些地区即使在拨付经费时考虑水质水量，但缺乏相应的制度性文件，多以特许经营协议中的约定作为参考。而且在特许经营协议中存在阶梯递减污水处理费征收办法，这相当于变相的保底水量，不利于城市污水处理企业建立现代企业制度，变相增加了政府的财政负担。

（三）部分城市难以获得城市污水处理率的真实数据

城市污水处理率是城市污水处理量与城市污水产生量之比。从全国来看，雨污分流的不彻底往往导致雨水进入城市污水处理厂，在其他因素不变的情况下，间接地提高了城市污水处理率。同时，实际中往往根据供水量来确定城市污水产生量，但由于城乡一体化等因素往往导致城市供水区域与城市污水处理区域的不一致，当城市污水处理区域大于城市供水区域时，则高估了城市污水处理率。因此，根据城市供水量折算的城市污水产生量可能导致城市污水处理率高于100%的情况。此外，城市污水处理量中的部分水来自自备水、压舱水等，这些水由水利部门负责统计，但由于水利部门、建设部门之间的信息共享渠道不畅，这在一定程度上增加了获取真实城市污水处理率的难度。为此，如何获得真实有效的城市污水处理率数据成为当前城市污水处理行业监管绩效评价的难点。

第六章　提升中国城市水务行业监管绩效的政策体系

简政放权、网格化治理、大数据、“互联网+”成为中国经济体制改革过程中的重要问题。立足中国监管实践，凝练国外监管经验，探索事中事后监管路径，创新政府监管模式，成为构建新型政府监管体系、推进政府监管现代化的重要方式。中国正处在政治经济体制改革的关键时期，城市水务行业在监管绩效评价过程中面临的诸多问题倒逼政府转变监管理念、创新监管路径。为此，本书以提升城市水务行业监管绩效为目标，力求建立包含管理绩效评价制度体系、机构体系、监督体系和奖惩体系的城市水务行业监管绩效政策体系。

第一节　优化城市水务行业监管绩效评价制度体系

长期以来，以监管为导向的城市水务行业绩效评价理念与评估工具尚未形成，这与城市水务行业市场化改革和加强政府监管的大环境不相适应。为此，迫切需要建立以监管为导向的城市水务行业绩效评价理念，通过制度创新完善城市水务行业监管绩效评价制度，通过指标修正与动态调整机制促进城市水务行业监管绩效指标评价体系的优化。

一　形成城市水务行业绩效评价的监管导向

城市水务行业经历了由传统管理体制向现代监管体制的变迁过程，以及由政府全方位监管的“强监管”模式向放松进入监管的

"弱监管"转变过程。但"监管"依然是城市水务行业市场化改革的风向标。从城市水务行业有关绩效评价问题来看，对行业发展绩效的评价依然是主流，而对监管政策、监管手段以及监管效果有效性的研究是当前最为薄弱的环节。同时，缺乏监管成本与收益分析以及监管政策有效性评估城市水务行业评价现状，增加了城市水务行业政府监管的低效率性。为此，在进一步推进城市水务行业市场化改革的背景下，需要形成城市水务行业绩效评价的监管导向。

（一）建立行业绩效与监管绩效并重的评价理念

市场化改革以来，城市政府或城市水务行业主管部门非常重视城市水务行业的发展绩效，相继建立城市供水和污水处理行业绩效评价指标体系，并通过上级对下级以及同级交互评价手段，对城市水务行业发展绩效进行评价。与国外发达国家和国际组织相比，缺乏对城市水务行业监管绩效的评价是市场化改革过程中提升城市水务行业监管绩效的"短板"。当前对城市水务行业监管政策缺乏成本收益等必要的定量分析，以及重行业绩效、轻监管绩效的绩效评价理念是当前城市水务行业监管绩效评价较为薄弱的主要原因，这不利于纠偏政府监管手段进而提升城市水务行业的监管绩效。为此，建议以当前城市水务行业绩效评价指标体系、原则、方法以及评价过程为基础，重构城市水务行业的绩效评价指标体系，扩展数据的获取渠道，形成行业绩效与监管绩效并重的城市水务行业监管绩效评价理念。

（二）以监管为导向建立水务监管绩效评价体系

通过创新政府监管理念，优化政府监管手段，再造政府监管工具等多种方式提升城市水务行业监管绩效是城市水务行业政府监管的重要目标。相对于城市水务行业发展绩效而言，城市水务行业监管绩效不仅包含由监管所带来的行业绩效变化，也包括政府监管手段、监管方式创新等。城市污水处理率、污水处理厂负荷率、污水处理厂出水水质达标率和污水处理厂污泥无害化处理处置率是衡量城市污水处理行业发展绩效的指标，而系列监管手段无法通过行业发展绩效指标来反映，如生活污水截污纳管比例，但该指标是政府监管的重要手段。显然，城市水务行业发展绩效具有结果导向性，而城市水务行业监管绩效具有过程性与结果性的双重属性，对城市水务行业监管绩效评价不仅需要揭示行业发展绩效，还需反映监管过程。为此，在对城市水务行业监管绩效进行评价的过程中，建议建立以监管为导向的水务行业监管绩效评价指标体系，从而能够更为全面地揭示出城市水务行业的发展绩效、监管手段以及监管所带来的成效。

二 完善城市水务行业监管绩效的评价制度

从监管层级来看，城市水务行业监管分为国家住房和城乡建设部对省级城市水务行业主管部门的监管、省级城市水务行业主管部门对市级城市水务主管部门的监管以及市级城市水务主管部门对区县城市水务主管部门监管三个等级。其中，国家对省级层面的监管绩效评价具有典型的宏观指导性，省级对市级行业主管部门特别是市级对县区级行业主管部门的监管绩效评价更具有微观性。鉴于此，本部分将主要从宏观和微观两个维度提出完善城市水务行业监管绩效的评价制度的基本路径。

（一）优化城市水务行业监管绩效评价的宏观制度

住房和城乡建设部是城市水务行业国家层面的指导部门，对城市水务行业行使宏观指导与监管职能。2002 年以来，随着城市水务行业市场化改革的深化，以市场化、政府监管、PPP 等为主题的促进城市水务行业市场化改革的有序监管政策陆续出台。其中，2010 年出台了适用于对城镇污水处理设施建设、运行和管理工作考核的《城镇污水处理工作考核办法》，该办法明确要求住房和城乡建设部负责对各省、自治区、直辖市城镇污水处理工作进行考核。各省、自治区、直辖市人民政府住房和城乡建设厅［水务厅（局）、市政管委会］负责对本行政区内城镇污水处理工作进行考核。考核采取日常监管、现场核查和重点抽查相结合的方式进行。考核指标主要有城镇污水处理设施覆盖率、污水处理率、污水处理设施利用效率、污染物削减效率以及监督管理指标。按照暂行办法，住房和城乡建设部负责制定考核评分细则。考核结果采用百分制计分，分为优（≥85 分）、良（<85 分，≥70 分）、中（<70 分，≥60 分）和差（<60 分）4 个等级。对考核结果为优的将给予表彰；对考核结果为差的，认定为未通过年度考

核，并给予通报。未通过年度考核的省、自治区、直辖市应在30天内向住房城乡建设部书面报告，并提出限期整改措施。对在考核工作中瞒报、谎报和造假的地区，予以通报批评，并严肃处理直接责任人员。与城市污水处理行业监管绩效考核相比，国家住房和城乡建设部尚未出台关于城市供水行业监管绩效考核工作有关办法。针对当前宏观性质的城市水务行业监管绩效现状、城市水务行业发展变化[①]以及国家对城市污水处理工作的日益重视，建议国家住房和城乡建设部结合城市污水处理行业发展实际，从监管理念出发，优化现行《城镇污水处理工作考核办法》。同时，基于城市供水行业监管的重要指标以及指标数据的可得性，建立《城镇供水行业监管绩效考核办法》，设计包含供水价格与供水质量的有效性、供水稳定性与供水发展性指标以及系列监管手段的有效性指标构成的城市供水行业监管绩效评价指标体系，并形成城市供水行业监管绩效考核评分细则。

（二）优化城市水务行业监管绩效评价的微观制度

中国省份之间以及同一省市不同城市之间具有一定的异质性，这在城市水务行业中表现为产权结构、企业性质、工艺技术等多个方面，若完全照搬国家住房和城乡建设部的《城镇污水处理工作考核办法》和本书建议出台的《城镇供水行业监管绩效考核办法》，可能出现这些指标办法难以适应一些地区城市水务行业的发展实际。为此，建议以国家建设部出台的城市水务行业绩效考核办法为基础，充分考虑城市以及城市水务企业的异质性特征，在城市一级建立反映城市及城市水务行业特征的城市水务行业监管绩效评价实施细则。主要包括：第一，从所在省份和城市水务行业的实际出发，整合国家城市水务行业监管绩效考核办法，保留其中与本地实际相符的制度，对不符制度进行制度再造形成适合本地城市水务行业发展实际的制度框架。第二，充分考虑省市的特殊性，建立差异化的制度体系，比如浙江省可根据“五水共治”要求，依托城市水务行业监管绩效评价工作，将

---

① 如一些城市的雨水等进入污水处理管道，导致污水处理厂进水浓度偏低，污水处理量远高于污水处理厂应处理量（利用自来水供水量折算）。

“五水共治”相关制度体系充实到城市水务行业监管绩效评价过程中，从而通过微观性质的城市水务行业监管绩效评价制度细则优化，改变当前完全照搬上级城市水务行业监管评价所带来的系列弊端，进而增强城市水务行业监管绩效评价的适用性。

三　修正城市水务行业监管绩效的评价指标

现代化的管理技术尤其是市场机制和信息技术在政府治理领域中的广泛应用，成为21世纪政府管理体制与管理技术变迁的重要标志。市场化工具、工商管理技术和社会化手段成为当前政府部门改革与治理现代化过程中常用的政府工具。大数据、信息化的监管理念已成为政府监管的重要发展趋势，利用城市水务智能中控系统和“互联网+”技术手段对城市水务企业运行进行实时监管已经十分普遍。评价城市水务行业监管绩效是纠偏政府监管手段的重要方式，现实中缺乏单纯从监管视角出发筛选城市水务行业监管绩效指标的过程，因此不利于评价城市水务行业的监管绩效。城市供水行业与城市污水处理行业在技术经济特征、监管重点等方面存在较大差异，为此，需要结合城市水务行业的异质性特征，修正城市供水行业和城市污水处理行业的监管绩效评价指标体系，并随着客观条件的变化对城市水务行业监管绩效评价指标体系进行动态调整。

（一）城市供水行业监管绩效评价指标体系框架与动态性

供水价格可承受能力、供水质量安全、供水普遍服务能力与供水持续发展能力既是反映城市供水行业发展的重要指标，也是政府或行业主管部门监管的重点。设计城市供水行业监管绩效评价指标体系需要紧紧围绕上述四方面内容，在充分考虑城市差异性、城市居民异质性以及管网和水厂不同特征的基础上，从消费者和生产者两个层次出发，重构定性指标和定量指标，从而实现定性与定量相结合、生产与消费相统一的城市供水行业监管绩效评价指标体系。在城市供水行业发展过程中，经历了水质标准升级过程，由最初的34项标准提高到与欧盟、美国以及日本等发达国家和国际组织接轨的106项标准。中国正处于快速发展期，未来城镇化率仍有较大发展空间，城市供水行业标准、行业结构以及监管重点必然发生一定的变化。因此，城市供水行业监管绩效评价指标体系并非一成不变，需要结合城市供水行业发展阶段以及政府监管重点进行动态调整。

（二）城市污水处理监管绩效评价指标体系框架与动态性

相对于城市供水行业而言，城市污水处理行业涉及排水企业、管网设施以及城市污水处理企业等多个领域。城市污水处理行业监管部门主要涉及环保部门、水利部门、建设部门、城管部门等，具有多部门协同治理特点。其中，监管部门职责、监管制度设计、监督管理以及城市污水处理全环节的规范运行是政府或城市污水处理行业主管部门的监管重点。其中，城市污水处理全环节的规范运行涉及生活污水的截污纳管、排水管网许可、排水管网运行维护、污水处理运行以及污水处理安全管理等多个方面，这是政府或城市污水处理行业主管部门关注的重点。同样，与城市供水行业监管绩效评价类似，城市污水处理行业监管绩效评价指标体系设计，需要从定性和定量两个维度出发，从监管部门职责、监管制度设计、监督管理以及城市污水处理规范运行四个方面构建相应的指标体系。同时，对指标体系中的基准数值需要依据客观变化进行动态调整。其中，考虑污水处理率指标测算中存在的问题，建议建立以进水浓度为参数的污水处理率指标数值调整机制。同时，考虑外部环境变化和城市污水处理行业发展，因地制宜、因时制宜地确定和调整城市污水处理行业的监管绩效指标体系。

综上所述，建立以监管理念为核心的城市水务行业绩效评价或监管绩效评价理念，是进行城市水务行业监管绩效评价的重要前提。形成城市供水与污水处理行业相统一的城市水务行业监管绩效评价的宏观制度与微观制度的双制度体系，是科学评价城市水务行业监管绩效的重要手段。优化城市水务行业的监管绩效指标体系，建立动态性与异质性调整相结合的监管绩效评价指标体系设计原则，是城市水务行业监管绩效指标优化的重要方向。

第二节 重构城市水务行业监管绩效评价机构体系

深化简政放权、放管结合、优化服务，推进行政体制改革，转变政府职能，提升政府效能，是推动经济社会持续健康发展的战略举措，是激发市场活力和社会创作力的重要方式，是促进社会公平正义的重要手段，是提高行政办事效率的重要路径，是破解改革举措落到实处的重要方法。[①] 党的十八大以来，如何正确处理政府和市场关系成为经济体制改革的核心问题，明确市场在资源配置中起决定性作用和更好地发挥政府作用，关键在于区分政府和市场关系，创新政府监管手段。当前“放管服”改革持续深入，推行“双随机、一公开”监管是“放管服”改革的重要之举，是完善事中事后监管的重要举措，对提升监管的公平性、规范性和有效性以及减少权力“寻租”具有重要意义。城市水务行业监管绩效评价具有政府和市场的双重性质，既要规避政府“寻租”，又要发挥市场活力，从而推动城市水务行业监管绩效的评价创新。当前以政府为主体的评价机构体系行政性较强、效率性不高，而且无法解决“谁来监管监管者”问题。为此，需要建立政府—企业和第三方评估机构的三重委托代理机制，重构城市水务行业监管绩效的评价机构体系，形成政府监管机构、被监管客体以及第三方评估机构之间的制衡机制。

一 转变城市水务行业主管部门职能定位

长期以来，我国政府或行业主管部门对城市水务行业行使行政管理和政府监管职能，由于城市水务行业监管人员不足，在监管过程中时常面临监管缺位、错位和不到位问题，这限制了城市水务行业监管绩效的提升。政府与市场关系是现代经济社会发展过程中最为基本、

---

① 李克强：《深化简政放权放管结合优化服务，推进行政体制改革转职能提效能——在全国推进简政放权放管结合优化服务改革电视电话会议上的讲话》，2016 年 5 月 9 日。

也最具争议的问题。党的十八届三中全会提出了市场在资源配置中起决定性作用，同时强调更好地发挥政府作用。那么，转变城市水务行业主管部门职能，更好地发挥市场在资源配置中的决定性作用，成为当前城市水务行业发展的重要问题。

（一）充分认识城市水务监管中政府与市场关系

在现代市场经济中需要充分认识政府与市场关系，促进政府职能转变，激励企业提升运行效率。在城市水务行业政府监管过程中，重点是创新监管手段与监管方式，保障市场在资源配置中起决定性作用，降低监管的缺位、错位和不到位以及政府替代市场的发生概率，表面上看具有极强的政府监管属性，事实上，弱化了市场的创新活力。在城市水务行业监管绩效评价过程中，需要转变政府职能，发挥政府的宏观指导以及上级城市水务监管部门对下级城市水务监管部门或市场主体进行监督和管理作用。同时，改变政府作为监管绩效唯一评价主体的现状，建立以竞标为核心的第三方评估机构参与机制，推进城市水务行业监管绩效评价的专业化改革。因此，在城市水务行业监管绩效评价过程中，应充分发挥政府方与市场方的优势，通过政府购买公共服务、政府和市场通力合作等方式，创新城市水务行业的监管绩效评价，提升城市水务行业监管绩效的评价效能。

（二）推进城市水务监管部门的“放管服”改革

城市水务行业政府监管具有多部门协同监管特征，涉及建设、水利、环保、物价、发改、财政以及城管等多个部门，目前监管存在部门之间协调难度大、联动机制弱、数据共享机制缺失等问题，这限制了城市水务行业监管绩效的提升。为此，亟须转变政府职能，持续推进“放管服”改革①，着力推行行政合并、部门权力转移和部门责任调整，提高行政效能。其中，推进城市水务行业监管的“放管服”改

① “放”中央政府下放行政权，减少法律法规没有法律依据和法律授权的行政权；厘清多个部门重复管理的行政权。“管”政府部门要创新和加强监管职能，利用新技术新体制加强监管体制创新。“服”转变政府职能减少政府对市场进行干预，将由该市场来决定，减少对市场主体过多的行政审批等行为，降低市场主体的市场运行的行政成本，促进市场主体的活力和创新能力。

革建议主要有：第一，明确政府职责，将政府职责中由政府做效率偏低、市场主体承担效率较高的职责交给市场，并对市场主体进行有效监管；第二，厘清部门权责配置，明晰部门分工，建立建设、水利、环保、物价、发改、财政以及城管等多部门监管数据的信息共享与监管职能联动机制；第三，减少政府对城市水务企业的过度干预，通过监管绩效评价手段激励城市水务行业提升运营能力和服务效能；第四，创新政府监管手段，利用信息技术和"互联网+"手段促进城市水务行业政府监管现代化，弱化强制性和缺乏理性的监管方式，提升城市水务行业的创新活力和监管绩效。

二　建立第三方评估的监管绩效评价机制

传统意义上的监管绩效评价是上级行业主管部门对下级行业主管部门评价，或异地同级行业主管部门对其他城市行业主管部门评价。以政府部门作为评价主体的现行城市水务行业监管绩效评价模式在利益驱动以及关系网络下，可能导致有偏的监管绩效评价结果。中国存在较强的"关系文化""圈子文化"和"老乡文化"等，由此产生了一定的腐败问题，近年来中国实行了地毯式的反腐工作，使其不能腐、不敢腐，反腐工作永远在路上，但在利益的驱动下，根治腐败十分困难。以政府部门为主体的城市水务行业监管绩效评价，可能造成部门之间利益交换、彻查不彻底而造成结果虚高等问题，而对城市水务行业技术经济特征和监管内容非常熟悉且与政府部门之间具有较强独立性的第三方评估机构，由于评价主体与评价客体之间目标无交叉、利益无交融，第三方评估[①]作为一种必要而有效的外部制衡机制，弥补了传统政府自我评估的缺陷，在促进服务型政府建设方面发挥了不可替代的促进作用。因此，建立第三方评估的城市水务行业监管绩效评价机制是当前政府购买公共服务、简政放权背景下的一大创新。

---

①　第一方评估是指政府部门组织的自我评价；第二方评估是指政府系统内，上级对下级做出的评价，这都属于内部评价。而第三方评估是指由独立于政府及其部门之外的第三方组织实施的评价，也称外部评价，通常包括独立第三方评估和委托第三方评估。"第三方评估"模式主要有高校专家评估模式、专业公司评估模式、社会代表评估模式和民众参与评估模式四种。

其中，以竞标为基础的遴选机制和评价客体的随机性与动态调整性是选择第三方评估机构和进行实际评估的重要内容。

（一）建立竞标为基础的第三方评估机构的遴选机制

长期以来，行政授予制是政府选择第三方评估机构的重要方式。当政府与第三方评估机构之间存在较弱的信息不对称性时，所选择的第三方评估机构极具可行性，但由于政府和第三方评估机构之间存在着较强的信息不对称性，实际确定的第三方评估机构往往是次优方案，甚至是无效方案。经济理论表明，缺乏竞争机制的选择是有失效率的选择。如何创新竞争手段、发挥竞争机制的作用，是遴选有效的第三方评估机构的重要原则。为此，需要政府设计城市水务监管绩效第三方评估机构的各项标准和评价方法，通过多种渠道发布城市水务行业监管绩效评价第三方评估机构竞标公告，减少政府与第三方评估机构之间的信息不对称性，吸引尽可能多的第三方评估机构参与特定城市水务行业监管绩效的评价，并在最低基准值基础上结合最高值的原则，综合确定城市水务行业监管绩效评价的第三方评估机构。其中，在服务委托阶段，重点评估服务方案的可行性，确保服务方案符合政府购买服务的工作目标，具有较强的组织保障基础和专业化水平；在服务实施阶段，重点评估服务的实时和动态绩效，包括社会组织内部管理绩效和被服务对象满意度，希望通过对服务绩效的动态监测和管理，帮助建立城市水务行业监管绩效持续改进机制，确保服务目标的最终实现。在竞标充分的情况下，通过竞标能够实现优化城市水务行业监管绩效评价主体选择的目的，遴选出专业化的第三方评估机构。

（二）建立第三方评估机构客体选择的动态调整机制

相对于政府对城市水务行业监管绩效进行评价而言，第三方评估机构进行评价具有无利益耦合性质。如果第三方评估机构中的评价人员与被评价城市之间存在利益关系，可能出现比政府评价更加严重的结果有偏问题。为此，在利用第三方评估机构进行评估时应该尽可能地规避监管绩效评价所带来的无偏性。建议建立双随机原则，即通过随机方式选择第三方评估机构中的评价人员，在阶段性评价过程中不向城市水务行业监管部门公开评价人员信息。同时，第三方评估机构中的评价人员与被评价客体之间的选择也是随机的，若连续两次同一小组中的多数成员有评价过被评价客体的经历，则采取自动过滤原则，并依据随机匹配机制，随机选择被评价客体。因此，通过双随机原则，打破了先天关系网与后天关系网对城市水务行业监管绩效评价的影响，从而形成独立性、专业性、权威性的城市水务行业监管绩效第三方评估机构。

三　形成政府部门对第三方机构制衡机制

政府购买公共服务既是政府监管职能创新的重要方式，也是推进行政管理体制改革和政府与社会合作互动的重要内容。政府委托社会组织开展服务涉及政府部门、社会组织、服务使用者（被服务对象）以及其他利益关系人等多方利益主体。由于缺乏一定的约束机制，政府服务供给难以做到客观公正，如部分参与购买服务的社会组织为了自身利益最大化，存在损害被服务对象利益的情况；相关政府部门的工作人员中也存在权力“寻租”等现象。因此，在利用第三方评估机构对城市水务行业监管绩效进行评价过程中，需要形成政府部门对第三方机构的有效制衡机制，从而规避第三方机构的道德风险。

（一）通过合同约束第三方评估机构的行为

在利益驱动和主观懈怠下，城市水务行业监管绩效的第三方评估机构可能出现道德风险，由于第三方评估机构的评价结果对城市水务行业监管部门至关重要，为此，需要对城市水务行业监管绩效的第三方评估机构的行为进行有效约束。其中，具有法律效力的合同是约束城市水务行业监管绩效第三方评估机构行为的重要手段。为此，建议在合同中明确第三方评估机构的评价原则、评价时间、评价地点、评价指标、评价程序、评价结果整理与校准以及评价报告生成等重要内容，并建立合同中有关内容的调整原则和方法，从而形成与城市水务行业监管部门及其第三方评估机构签订的政府购买公共服务合同相匹配的评价结果，实现城市水务行业政府监管机构或委托方对第三方评估机构或代理人的有效约束。

（二）建立奖惩第三方评估机构的强制机制

合同是约束城市水务行业监管绩效第三方评估机构行为的重要手段。然而，从第三方评估事例来看，依然存在服务主体公共服务责任缺失、政府购买服务制度公信力不足、运用社会资源整体效率不高、社会组织发展缺乏有效的市场竞争机制、发展内外动力不足等问题，显然即便有合同约束但缺乏命令控制型的奖惩机制特别是惩罚机制，将会产生第三方评估机构的道德风险问题。为此，亟须建立评价结果与现实需求的匹配机制，当评价结果严重偏离现实时，采取严厉的资金等惩罚机制，从而实现规避评价结果偏离现实的目的。建立多部门联动治理与“黑名单”制度，若发现第三方评估机构评价结果与现实存在严重偏差，将联动所辖区域内的政府部门将其列入“黑名单”，并通过网络和纸质媒介进行公布。

综上所述，在当前简政放权和转变政府职能的背景下，通过委托—代理机制，建立第三方评估机构评价城市水务行业监管绩效是重大的体制机制创新。在此过程中应充分把握城市水务第三方评估中的政府与市场关系，推进城市水务行业监管部门的“放管服”改革，建立竞标为基础的第三方评估机构的遴选机制与第三方评估机构客体选择的动态调整机制，以及通过合同约束第三方评估机构行为与强制奖惩第三方评估机构的并行机制，从而实现重构城市水务行业监管绩效评价机构的目的。

第三节　建立城市水务行业监管绩效评价监督体系

城市水务行业监管绩效评价面临着政府或行业主管部门与第三方评估机构的信息不对称以及“谁来监管监管者”两个典型问题，规避上述两个问题的重要手段是借助监督力量，限制城市水务行业监管机构与第三方评估机构自由行动空间，在监督约束下按照法律法规和制度安排推进城市水务行业监管绩效的有效评价。其中，立法监督、行政监督、司法监督和社会监督是监督体系的重要组成部分，为有序推进城市水务行业监管绩效评价需要立法先行为监管绩效评价提供监督保障、行政制衡为监管绩效评价提供约束机制、司法监督为监管绩效评价提供根本保障、社会监督为监管绩效评价提供重要补充。

一　立法先行为监管绩效评价提供监督保障

立法监督是权利监督的核心，是城市水务行业监管绩效评价监督的根本。只有强调立法先行，通过法律法规监督约束城市水务行业监管绩效的评价行为，才能使评价结果符合现实，真正实现监管绩效评价的目的。因此，从这个意义上讲，立法监督是城市水务行业监管绩效评价中一切监督要素的根本。为有效发挥立法监督对城市水务行业监管绩效评价的约束效应，应该完善监管绩效评价的立法监督制度、优化监管绩效评价的立法监督程序、落实监管绩效评价的立法监督责任。

（一）完善监管绩效评价的立法监督制度

支撑城市水务行业监管绩效评价的法律法规需要有立法监督手段，主要涉及上级部门对下级城市水务行业监管部门或下级行政机关的违法行为或欠妥当的规范性文件要求撤销和提出撤销议案的权利。对城市水务行业监管绩效评价的相关法律法规、决定、决议情况进行审查，受理有关部门和社会公众对城市水务行业监管绩效评价活动的投诉，要求城市水务行业监管部门或城市政府负责答复和处理有关投诉事件。建议构建人大立法监督专员制度，负责对城市水务行业监管绩效评价相关制度进行监督。健全人大监督配套立法，确保立法监督权的有效行使。完善城市水务行业监管绩效评价的执法检查制度，建立自查、联查和随机抽查相结合的制度体系，逐步完善城市水务行业监管绩效评价的相关法规政策。形成城市水务行业监管绩效评价的监管机构或第三方评估机构的追责机制。此外，建立对城市水务行业监管机构、第三方评估机构提供的城市水务行业监管绩效评价结果的复议制度，并将其作为是否继续续聘第三方评估机构以及城市水务行业监管机构领导升迁的重要依据。

（二）优化监管绩效评价的立法监督程序

城市水务行业监管绩效评价结果涉及城市荣誉，甚至与国家节水型城市、国家园林城市、国家海绵城市等遴选结果相挂钩。近年来，政府部门日益重视城市水务行业（特别是城市污水处理行业）监管绩效的评价，在监管绩效锦标赛下若立法监督程序不力将极易出现监管俘虏问题。为此，优化监管绩效评价的立法监督程序具有重要意义。第一，合理配置城市水务行业监管绩效评价的立法监督形式与手段，形成多部门协同的监督程序体系，对单一部门监督的耦合机制缺失与制衡机制不足形成有效补充。第二，以评促管，建立责任体系，落实政府责任，建立“初始评价体系—评价体系修正—评价体系确定”的动态体系调整过程的监督机制，形成城市水务行业监管绩效评价的有效体系。第三，建立监管绩效评价程序公开机制，降低政府、第三方评估机构、被监管者以及社会公众四维利益主体的信息不对称性，从而提高城市水务行业监管绩效评价的公平性与有效性。

（三）落实监管绩效评价的立法监督责任

中国经历了由计划经济体制向中国特色社会主义市场经济体制的变迁，在这一过程中通过借鉴国际制度经验、搜寻国内制度短板等方式，建立并优化了与城市水务行业改革与发展相适应的法规制度。但由于立法监督较为薄弱，形成了次优的、低效率的城市水务行业监管监督制度，这在一定程度上限制了城市水务行业监管绩效的有效评价。为此，需要进一步强化对监管绩效评价的立法监督。第一，采取询问、质询、调查、罢免以及撤职等手段，建立城市水务行业监管绩效评价的全流程监控体系。第二，强化城市水务行业监管绩效评价的责任追究制度，通过制度创新与工具运用，有效打击违法评价行为。第三，根据斯蒂格勒的利益集团理论，企业之间联盟的概率远大于社会公众，为此建议政府部门或立法机关出台城市水务行业监管绩效评价时，通过法律法规约束与打击城市水务行业监管绩效评价中的“寻租设租”行为。

二　行政制衡为监管绩效评价提供约束机制

行政监督有广义和狭义之分。其中，狭义的行政监督是指在行政机关内部上下级之间以及专设的行政监察、审计机关对行政机关及其公务人员的监督。广义的行政监督是指党、国家权力机关、司法机关和人民群众等多种社会力量对国家行政机关以及公务人员的监督。在城市水务行业监管绩效评价过程中，最为重要的是狭义的行政监督，即上级部门对下级部门监管的监督。一个良性运转的监督机制需要拥有权责明晰、分工明确、制度严密、功能稳定的内部结构。改革开放以来，随着政治经济体制改革的深化，我国行政监督体制逐步完善，行政监督权力不断强化，目前已初步建立了一套具有中国特色的、较为完整的行政监督体系。然而，我国行政监督体制依然面临着行政监督的独立性和权威性不强、行政监督的法制化程度低、重实体轻程序、行政监督的弹性较大等问题。为此，需要创新城市水务行业监管绩效评价的行政监督体制。

（一）强化行政监督机构的独立性

相对独立性的行政监督机构是行政监督制度创新的重要内容。在保持监督机构相对独立性的基础上，形成监察系统与行政系统之间的权力制衡机制，对有效制约行政腐败、提高行政效能具有重要意义。为有效解决当前城市水务行业监管过程中行政监督机构的非独立性与外部行政监督机构依附于内部行政监督机构的现实，整合现有行政监督资源、理顺内部行政监督系统间的权责界限，形成行政监督机构合力，强化行政监督职能，成为当前城市水务行业行政监督机构改革的迫切任务。同时，保持行政监督机构的相对独立性，消除同级城市水务行业监管部门对行政监督机构的不利影响，从而提高行政监督机构对城市水务行业监管绩效评价的有效性。

（二）警惕行政监督权力的泛化性

行政监督是一种特殊的行政权力，主要功能是监督各级行政机关及其工作人员对国家制定的各项行政法规、行政政策的执行情况，纠正和惩罚违反行政法规、行政规章与行政纪律的行为，这对行政权力的正常行使与规范运用具有重要的现实意义。从城市水务行业监管的行政监督来看，存在行政监督权力泛化现象。为此，需要进一步梳理并明确行政监督机构的行政监督权力，理顺部门之间的权责配置，避免行政监督权力泛化现象，并通过履行行政监管职责、严格执法程序、严查违法行为等手段，按照“有法可依、有法必依、执法必严、违法必究”的原则，对城市水务行业监管绩效评价工作进行定期检查和随机抽查，从而走上“依法治水、科学用水和有序管水”的良性轨道。

（三）杜绝行政监督非制度化影响

在城市水务行业监管实践过程中，非制度化的“潜规则”以及“人治”成为一大隐忧。总体来看，目前我国的行政监督法制化程度不高，相关法律法规还不健全，尚未建立起一个系统的、综合性的《行政监督法》，对不同性质监督主体的职权、监督范围、监督方式以及监督者与被监督者的权利义务进行详细规定。为此，为提升城市水务行业监管绩效评价的科学性与有效性，首要问题是尽可能地消除行政监督中的“人治”色彩，防止非制度化“潜规则”成为行政监督的支配力量。尽快出台《行政监督法》等有关法律法规，从而从制度上消除非制度化对城市水务行业监管绩效评价过程中的行政监督的影响。

三　司法监督为监管绩效评价提供根本保障

司法监督是指作为监督主体的人民法院和人民检察院依照国家宪法和法律的有关规定，对司法机关及其工作人员司法活动的合法性进行监督，以及司法机关依法对行政机关及其工作人员的司法活动的合法性进行的监督。从现实来看，人大对司法机关（人民法院和人民检察院）的监督十分薄弱，这为司法腐败埋下了诸多隐患。在城市水务行业监管绩效评价过程中，腐败与反腐败是主旋律。为此，强化对司法部门以及司法部门对工作人员以及行政机关的有效监督，将为城市水务行业监管绩效评价提供根本保障。

（一）加强人大对司法部门的监督

完善的监督制度是依法治国的重要方略。其中，健全各级人民代表大会及其常委会对司法工作的监督机制、程序，确保司法机关有效地履行化解矛盾纠纷、保障社会和谐的宪法职能，是实现平安中国和法治中国目标的重要手段。在城市水务行业监管绩效评价相关法律法规制定过程中，强化人大对司法部门的有效监督，是维系监管绩效评价的重要前提。首先，切实贯彻执行监督法，加强人大对司法的监督力度。特别是对法院、检察院对城市水务行业监管绩效评价过程的非法行为进行司法监督，创新监督方式，增强法律监督、工作监督和人事监督的协同效应，确保形成监督的常规机制和高压态势，促进司法权的依法公正高效行使。其次，人大作为监督机关，要充分发挥其对检察院的监督职责，依法支持和监督检察院履行监督职责，确保检察院依法、正确行使监督职权，促进司法权的健康良性运行。此外，应强化监督司法工作的公开化和民主化。

（二）强化司法部门对下级的监督

反腐是横亘在当前政府部门官员尤其是司法部门官员身上的一把“利刃剑”。司法部门对下级的监督缺位、错位和不到位是司法腐败的主要原因。城市水务行业监管绩效评价涉及政府部门直接评价与委托第三方的间接评价，但无论直接评价抑或间接评价由于存在信息租金，都可能导致城市水务行业监管绩效评价中存在“设租寻租”行为。为此，需要畅通城市水务行业监管绩效评价的信息反馈渠道，提高司法部门获取信息速率，强化司法部门对下级部门或工作人员的固定监督与随机监督的频率与概率，同时通过法律手段严格惩处其贪污受贿行为，降低城市水务行业监管绩效评价部门贪腐行为的发生概率。

（三）严厉打击司法自身腐败行为

现实中如果司法机构缺乏有效的监督机构，将会产生司法部门俘获问题，从而带来“谁来监管监管者”难题。为此，积极探索严厉打击司法部门自身腐败行为的路径将成为治理城市水务行业监管绩效评价中司法腐败的最后防线。具体来说，需要加大对城市水务行业监管以及监管绩效评价过程中产生的系列不公正行为的诉讼法律的监督力度，依法严厉打击司法不公正行为背后所产生的司法腐败案件。进一步完善涉及城市水务行业监管绩效评价的不公正性、违法性的有关信访案件的受理与核查，对信访中反映出来的执法人员失职渎职行为建立检察机关核查调查制度，从而有效规避城市水务行业监管绩效评价过程中的不公正行为。

四 社会监督为监管绩效评价提供重要补充

长期以来，社会监督是城市水务行业绩效评价监督的薄弱环节。这主要表现在社会监督渠道有限，社会公众与政府部门之间沟通机制缺乏，这影响了城市水务行业监管绩效评价的有效性。为此，在国家大力推进简政放权、鼓励社会公众参与的大环境下，需要创新社会监督的有效渠道、完善社会参与的法治保障机制以及提高社会参与的有效程度等方面优化城市水务行业监管绩效评价的社会监督机制。

（一）创新社会监督的有效渠道

在城市水务行业监管过程中，社会监督渠道有限与社会监督渠道不畅是制约社会监督有序推进的重要原因。为此，创新社会监督的有效渠道成为提升社会监督效能的重要内容。在当前大数据与“互联网+”广泛应用的背景下，需要创新与其相适应的新型社会监督渠道。第一，通过微信公众号、网络等有效媒介，定期发布城市水务行业监管绩效有关指标数值，以水厂为单位定期发布其水质、水量信息，以城市为单元定期发布水价与停水等信息，从而让社会公众充分了解城市水务行业监管绩效的指标数值。在此基础上，利用微信公众号、APP、官方网站等信息化媒介以及12345市长热线，为社会公众提供随时投诉、及时反馈的信息化社会监督渠道。

（二）完善社会参与的法治路径

构建城市水务行业监管绩效评价与结果公开的社会公众参与法治保障机制，是推进城市水务行业监管绩效评价社会监督法制化的重要途径。当前关于社会公众参与的法制化建设还不健全，缺乏对社会公众投诉与监督的法律保障机制，从而增加了社会公众被动参与有关投诉和数据监督的概率。党的十八大报告中明确了“法治保障”在社会管理体制中的地位和作用，强调“更加注重发挥法治在国家治理和社会管理中的重要作用”。加强社会管理必须坚持法治理念和法治思维方法，要将发挥群众参与和加强法治保障有机结合起来，健全群众参与的相关法律制度，构建良好的群众参与社会管理的法制环境。为此，需要制定水质保障、绩效评估、结果投诉等不同领域的社会公众参与法规，从而为社会公众参与城市水务行业的监管绩效评价的有效监督提供法治保障。

（三）提高社会参与的有效程度

在城市水务行业监管绩效评价与有效监督过程中，单纯依赖政府或第三方评估机构进行评价可能会产生评价错配问题。在有效的参与渠道的前提下，社会公众监督城市水务行业监管绩效评估能够起到较好效果。为此，提高社会公众参与力度是提升社会监督效能的重要方式。一是形成均等化的利益诉求表达格局，通过制度创新与制度重构，完善社会公众的利益诉求机制。二是健全城市水务行业监管绩效评价指标体系与评价程序选择过程中的社会参与机制，创建从城市水务行业监管绩效评价、结果公开与结果奖惩机制等多个环节的社会公众参与路径。三是完善有效的利益激励机制，通过激励机制设计提升社会公众参与城市水务行业监管绩效评价监督的有效性，提升社会公众参与城市水务行业监管绩效评价监督的幸福感。

第四节　健全城市水务行业监管绩效评价奖惩体系

当前关于城市水务行业绩效评价问题存在着约束机制缺失与绩效评价客体部门化①的趋势，这在一定程度上降低了监管绩效评价结果的可用性。缺少有效的城市水务行业监管绩效评价奖惩机制是其中的重要原因。为此，本节将从健全城市水务行业监管绩效评价的奖惩机制出发，建立强化城市水务行业监管绩效评价奖惩机制的多维框架。

一　形成监管绩效与官员业绩挂钩的长效机制

长期以来，上级政府依据官员业绩决定其能否提拔和任命，是中

① 所谓绩效评价客体部门化是指以部门为单位进行评估，以城市水务行业为例，往往是对建设部门、环保部门等的单独考核，而城市水务行业监管涉及多个部门，为此，对单一部门进行监管绩效评价，难以形成部门联动，从而由于信息共享机制缺失或有限而增加监管绩效评价的难度。

国特有的干部选拔机制，具有较强的民主性和效率性。该机制决定了凡是纳入官员业绩考核的指标都会实现较好效果；反之则效果相对较差。城市水务行业是重大的民生工程，近年来，国家对城市水务行业的重视程度日益提升，但依然存在评价城市水务行业时以部门考核为导向，缺乏以政府为考核客体的评价机制，同时呈现出重过程轻结果应用性的特征。基于此，需要建立城市水务行业监管绩效评价结果与官员业绩和晋升机制相挂钩的长效机制。

（一）监管绩效评价结果与官员晋升挂钩

城市水务行业监管绩效评价结果是城市水务行业发展运行状况和监管效果的集中表现。为了提升城市水务行业的监管绩效，提高地方政府官员对城市水务行业监管绩效评价的重视程度，需要建立监管绩效评价结果与官员晋升相挂钩的长效机制。省、市、县（区）对本行政区域内城市水务行业监管绩效负全责，实行城市水务行业监管绩效的行政首长负责制，将城市水务行业监管绩效评价结果纳入政府官员晋升评价体系，对发生重大城市供水与污水处理安全事件以及群众投诉重大事件的城市主要官员实行一票否决制。同时，提高城市水务行业监管绩效好的地区以及上升幅度较大地区行政首长晋升概率，通过晋升激励提升督促地区行政首长抓好城市水务行业监管绩效，从而促进城市水务行业普遍服务能力的提升和公共安全的提高。

（二）监管绩效评价结果与官员奖励挂钩

城市水务行业监管绩效评价结果与官员业绩挂钩的长效机制，不仅包括监管绩效评价结果与官员晋升挂钩机制，还包括监管绩效评价结果与官员奖励挂钩机制。地方行政首长的“理性人”性质决定了约束条件下的自我效用最大化是其行为决策的最优机制。从短期来看，官员最为关注年底的奖励性绩效。为此，建议将城市水务行业监管绩效评价结果与行政首长和行政人员年终绩效奖励挂钩，从而提升城市水务行业监管绩效评价的有效性与评价结果的转化速率。具体来说，建立城市水务行业监管绩效评价指标的责任人制度，依据责任不同界定相关责任人的责任权重，综合考虑相关责任人责任权重和公务人员的行政级别，建立与之相匹配的城市水务行业监管绩效评价结果奖励性绩效分配方案。同时，对城市水务行业监管绩效评价结果较差的城市，建立并实施城市水务行业监管绩效评价结果的惩罚机制。

二　建立监管绩效与后续评奖挂钩的联动机制

城市荣誉称号既是城市竞争力和城市美誉度的重要衡量指标，也是评价城市政府领导人业绩的重要标志。相对于城市总体竞争力而言，城市水务行业监管绩效具有基础性和先导性作用，是城市竞争力的重要组成部分。为了增强城市政府对城市水务行业监管绩效的重视程度，提升城市供水与污水处理行业的普遍服务能力，保障城市供水与城市水环境安全，需要建立监管绩效评价结果与后续相关评奖挂钩的联动机制，从而增强地方政府的主动性，提高城市水务行业监管绩效评价的现实约束力。

（一）建立城市水务监管绩效评价结果与水务奖项联动机制

城市水务行业监管绩效评价既是城市水务行业整体水平的重要衡量指标，也是城市水务行业相关奖项评价的重要参照。在城市水务行业绩效评价过程中，往往存在不同评价之间的割裂性问题，从而形成地方政府或行业主管部门频繁应对各项评价，对城市水务行业绩效评价的重视度不够，从而降低了力求通过城市水务行业监管绩效评价实现以评促管、以评促建的目的。为了降低无效评价和重复评价，以及提升城市水务行业有关绩效评价结果之间的联动效应，建议在有关法律法规和制度文件中明确提出城市水务行业监管绩效结果与有关水务奖项联动的体制机制与实施细则，如将城市水务行业监管绩效评价结果作为一些奖项的前置条件和重要参考。

（二）建立城市水务监管绩效评价结果与城市奖项联动机制

习近平总书记提出“绿水青山就是金山银山”，可见城市水务行业在城市发展过程中占据着重要的地位。为此，如果仅以城市水务行业监管绩效的评价结果与城市水务有关奖项挂钩将会降低其应用范围。城市奖项的评价往往通过多维指标来反映，如果将单一维度的评价结果作为城市奖项评价结果的前置条件，将会大大提升政府部门对单一维度评价指标的重视度。为此，改变城市水务行业绩效评价过程中将监管部门作为评价客体的传统模式，形成城市政府作为城市水务行业监管绩效评价客体的现代模式。同时，建议国家层面出台相关政策建议，建立城市水务行业监管绩效评价结果与城市荣誉及其城市评奖相挂钩的联动机制。具体来说，建议从国家层面推进城市水务行业监管绩效评价工作，并在中国人居环境奖、全国文明城市、全国卫生城市以及全国节水型城市等评价过程中，将城市水务行业监管绩效评价结果作为城市荣誉称号评比的前置条件，从而提高城市水务行业监管绩效评价结果的约束力。

三 健全监管绩效与政府激励挂钩的协同机制

构建城市水务行业监管绩效评价的奖惩机制，需要形成与官员业绩挂钩的长效机制、建立监管绩效与后续评奖挂钩的联动机制以及健全监管绩效与后续激励挂钩的协同机制。三者共同作用方能激励评价客体实现个人最优与社会最优的均衡，从而推进城市水务行业监管绩效的提升。其中，城市水务行业监管绩效评价结果与城市水务行业后续财政资金支持及其后续其他专项资金支持相挂钩的双效机制，将为城市水务行业监管绩效提升提供重要保障。

（一）建立监管绩效评价结果与水务专项资金挂钩机制

城市水务行业监管绩效评价结果是反映城市水务行业发展与监管有效性的重要指标。在城市水务行业绩效评价过程中，城市水务行业绩效评价结果与水务专项资金脱钩现象较为普遍，这降低了城市政府对城市水务行业（监管）绩效评价的重视程度。为激励城市政府提升城市水务行业的监管绩效，需要将城市水务行业监管绩效评价结果作为后续城市水务专项资金支持的重要参考，形成监管绩效评价结果与水务专项资金挂钩机制。第一，建立国家城市水务财政支持资金与城市水务行业监管绩效评价结果挂钩机制。第二，形成省市城市水务财政支持资金与城市水务行业监管绩效评价结果挂钩机制，如在一些城市水务发展专项资金中将城市水务行业监管绩效评价结果作为发展资金支持的重要参考。第三，依托国家水体污染重大专项课题等国家重大科技专项，以城市水务行业监管绩效评价结果为参照，形成示范基地选择与城市水务行业监管绩效评价结果挂钩机制。

（二）将监管绩效评价结果作为其他专项资金核拨参考

城市水务行业监管绩效是衡量城市发展与治理绩效的一个重要指标。近年来，水体污染治理与控制成为国家经济社会发展的重要任务，海绵城市建设和 PPP 模式推进成为当前中国城市基础设施建设与发展过程中的重点内容。目前关于城市水务行业的评价只涉及行业发展绩效评价，缺少城市水务行业监管绩效的研究。同时，尚未将城市水务行业（监管）绩效评价结果与城市发展的其他专项资金相挂钩，这制约了城市基础设施建设，降低了城市政府对城市水务行业监管绩效评价结果的重视程度。为此，在国家大力推进海绵城市建设与 PPP 的背景下，需要建立城市水务行业监管绩效评价结果与其他专项资金核拨挂钩机制。第一，在海绵城市建设过程中，将城市水务行业监管绩效评价结果作为海绵城市申报与资金支持的重要参考。第二，城市水务行业监管绩效越高，在一定程度上说明城市的治理能力较强，为此，可通过 PPP 基金等多种方式支持城市水务行业监管绩效评价结果较好的城市发展，从而对城市水务行业监管绩效评价结果相对较差地区形成有效激励。

附录　城市水务行业监管绩效评价有关表格

附表 1　　城市居民对单一价格或第一阶梯合理性满意程度的描述性统计

城市	城市居民对单一价格或第一阶梯合理性不同满意程度的人数（人）				
	非常合理	合理	一般	不合理	非常不合理
杭州	116	53	19	6	2
宁波	106	69	10	2	0
温州	97	57	15	6	3
绍兴	82	71	11	5	1
湖州	145	39	13	7	0
嘉兴	116	69	10	5	1
金华	137	39	19	1	3
衢州	79	98	18	6	3
舟山	89	72	27	10	2
台州	91	69	17	8	4
丽水	69	97	11	11	8

资料来源：笔者整理。

附表 2　　城市居民对当前阶梯水价 1∶1.5∶3 反映的描述性统计

城市	城市居民对阶梯水价之比 1∶1.5∶3 的不同满意程度的人数（人）				
	非常合理	合理	一般	不合理	非常不合理
杭州	63	42	27	52	12
宁波	51	69	5	61	1
温州	49	71	10	43	5
绍兴	38	36	51	35	10

续表

城市	城市居民对阶梯水价之比 1:1.5:3 的不同满意程度的人数（人）				
	非常合理	合理	一般	不合理	非常不合理
湖州	46	49	43	62	4
嘉兴	52	58	31	39	21
金华	46	67	27	47	12
衢州	39	43	75	29	18
舟山	42	69	8	76	5
台州	71	44	10	58	6
丽水	29	61	62	38	6

资料来源：笔者整理。

附表 3　城市居民对城市供水价格周期调整反映的描述性统计

城市	城市居民对城市供水价格周期调整的不同满意程度的人数（人）				
	非常合理	合理	一般	不合理	非常不合理
杭州	61	68	21	29	17
宁波	23	79	39	26	19
温州	50	49	21	48	10
绍兴	29	85	18	10	28
湖州	28	77	51	8	40
嘉兴	24	89	28	42	18
金华	51	96	15	10	27
衢州	27	48	50	58	21
舟山	47	28	69	25	31
台州	30	84	41	14	20
丽水	15	91	40	21	29

资料来源：笔者整理。

附表 4　　城市居民对自来水水质满意程度的描述性统计

城市	城市居民对自来水水质满意程度的人数（人）				
	非常满意	满意	一般	不满意	非常不满意
杭州	138	50	6	1	1
宁波	68	95	19	2	3
温州	42	82	45	5	4
绍兴	62	75	29	3	1
湖州	81	91	26	3	3
嘉兴	111	71	15	2	2
金华	81	95	20	3	0
衢州	57	135	10	1	1
舟山	55	125	15	2	3
台州	85	91	12	1	0
丽水	125	62	7	2	0

附表 5　　城市居民对所在城市发生水安全事件情况的描述性统计

城市	城市居民了解到发生水安全事件次数的人数（人）				
	没有发生	发生 1 次	发生 2 次	发生 3 次	发生 4 次以上
杭州	169	27	0	0	0
宁波	187	0	0	0	0
温州	178	0	0	0	0
绍兴	170	0	0	0	0
湖州	204	0	0	0	0
嘉兴	201	0	0	0	0
金华	199	0	0	0	0
衢州	204	0	0	0	0
舟山	200	0	0	0	0
台州	189	0	0	0	0
丽水	196	0	0	0	0

附表 6　　城市居民对所在城市自来水直饮情况的描述性统计

城市	城市自来水是洁净的、无杂质、可以直接饮用的人数（人）				
	非常同意	同意	一般	不同意	非常不同意
杭州	60	47	47	27	15
宁波	61	42	55	14	15
温州	31	52	49	41	5
绍兴	20	37	55	38	20
湖州	27	75	68	21	13
嘉兴	35	91	50	20	5
金华	61	80	42	15	1
衢州	45	59	69	24	7
舟山	55	61	60	17	7
台州	15	34	89	42	9
丽水	29	58	61	42	6

附表 7　　城市居民对供水压力稳定情况的描述性统计

城市	城市居民对供水压力稳定不同认识的人数（人）				
	非常稳定	稳定	一般	不稳定	非常不稳定
杭州	151	39	6	0	0
宁波	139	47	1	0	0
温州	127	40	9	2	0
绍兴	84	75	10	1	0
湖州	128	71	5	0	0
嘉兴	91	102	6	2	0
金华	105	81	10	3	0
衢州	116	81	6	1	0
舟山	109	80	6	5	0
台州	89	95	5	0	0
丽水	99	90	6	1	0

附表 8　　城市居民对停水次数反映的描述性统计

城市	城市居民对停水次数反映的人数（人）				
	没有发生	很少发生	一般	频繁	非常频繁
杭州	120	74	2	0	0
宁波	100	86	1	0	0
温州	96	79	3	0	0
绍兴	61	105	4	0	0
湖州	131	71	2	0	0
嘉兴	112	86	3	0	0
金华	103	91	5	0	0
衢州	113	89	2	0	0
舟山	89	105	6	0	0
台州	72	110	7	0	0
丽水	91	101	4	0	0

附表 9　　城市居民对停水预告时间满意情况的描述性统计

城市	城市居民对停水预告时间情况的满意人数（人）				
	非常充足	充足	一般	不充足	非常不充足
杭州	47	85	29	35	0
宁波	37	79	45	18	8
温州	21	95	52	9	1
绍兴	29	102	35	4	0
湖州	62	98	26	16	2
嘉兴	58	129	13	1	0
金华	40	113	38	7	1
衢州	87	93	18	6	0
舟山	72	88	29	9	2
台州	81	82	21	4	1
丽水	73	79	33	8	3

附表 10　城市居民对采取互联网、银行网点或自来水公司网点等方式收水费满意的描述性统计

城市	城市居民对采取互联网、银行网点或自来水公司网点等收水费的不同满意程度人数（人）				
	非常满意	满意	一般	不满意	非常不满意
杭州	103	92	1	0	0
宁波	102	78	7	0	0
温州	106	66	6	0	0
绍兴	72	91	7	0	0
湖州	113	87	4	0	0
嘉兴	114	79	8	0	0
金华	106	87	6	0	0
衢州	133	62	9	0	0
舟山	144	51	5	0	0
台州	120	68	1	0	0
丽水	120	73	3	0	0

附表 11　城市居民对向自来水供水咨询有关事情满意情况的描述性统计

城市	城市居民对向自来水供水咨询有关事情的不同满意程度的人数（人）				
	非常满意	满意	一般	不满意	非常不满意
杭州	88	91	15	2	0
宁波	85	90	11	1	0
温州	96	68	9	3	2
绍兴	103	58	7	1	1
湖州	108	82	12	2	0
嘉兴	82	110	6	1	2
金华	114	73	9	3	0
衢州	110	82	10	2	0
舟山	101	82	12	4	1
台州	75	105	8	1	0
丽水	105	81	7	3	0

附表 12　　城市居民对自来水公司公开水质、水价信息满意情况的描述性统计

城市	城市居民对自来水公司公开水质、水价信息的不同满意程度的人数（人）				
	非常满意	满意	一般	不满意	非常不满意
杭州	71	57	59	6	3
宁波	69	74	35	5	4
温州	76	65	28	7	2
绍兴	36	81	42	9	2
湖州	123	57	10	8	6
嘉兴	104	69	16	10	2
金华	59	64	61	8	7
衢州	109	58	27	6	4
舟山	107	60	23	8	2
台州	108	39	26	9	7
丽水	78	88	24	2	4

附表 13　　城市居民对报修等有关事务的处理处置能力满意情况的描述性统计

城市	城市居民对报修等有关事务的处理处置能力的不同满意程度的人数（人）				
	非常满意	满意	一般	不满意	非常不满意
杭州	109	67	16	3	1
宁波	112	71	4	0	0
温州	82	89	5	2	0
绍兴	52	109	8	1	0
湖州	102	85	12	2	3
嘉兴	72	103	20	0	6
金华	117	69	8	3	2
衢州	107	84	6	6	1
舟山	102	81	11	2	4
台州	66	99	14	8	2
丽水	46	125	9	10	6

附表 14　　城市居民对城市自来水公司的服务大厅满意情况的描述性统计

城市	城市居民对城市自来水公司的服务大厅的不同满意程度的人数（人）				
	非常满意	满意	一般	不满意	非常不满意
杭州	83	98	5	8	2
宁波	76	79	25	6	1
温州	70	68	31	6	3
绍兴	79	56	20	11	4
湖州	91	72	23	9	9
嘉兴	62	104	17	13	5
金华	58	115	15	4	7
衢州	52	128	13	5	6
舟山	102	65	23	7	3
台州	69	91	17	11	1
丽水	77	89	25	1	4

参考文献

[1] 蔡志明、陈春涛、王光明等:《绩效、绩效评估与绩效管理》,《中国医院》2005 年第 3 期。

[2] 陈慧:《中国城市水务管理体制改革述评》,《经济问题》2013 年第 5 期。

[3] 陈明、周萌萌:《城市水务民营化绩效评价研究》,《现代管理科学》2014 年第 3 期。

[4] 陈明:《城市公用事业民营化的政策困境——以水务民营化为例》,《当代财经》2004 年第 12 期。

[5] 陈明:《中国城市公用事业民营化研究》,中国经济出版社 2009 年版。

[6] 大岳咨询有限公司:《公用事业特许经营与产业化运作》,机械工业出版社 2004 年版。

[7] 董石桃、艾云杰:《日本水资源管理的运行机制及其借鉴》,《中国行政管理》2016 年第 5 期。

[8] 杜红、杜英豪:《美国水务行业所有制结构及其成因分析》,《中国给水排水》2004 年第 8 期。

[9] 杜英豪:《英格兰和威尔士的水务监管体系》,《中国给水排水》2006 年第 8 期。

[10] 范合君、柳学信、王家:《英国、德国市政公用事业监管的经验及对我国的启示》,《经济与管理研究》2007 年第 8 期。

[11] 范凯、汪群:《水务管理的国际比较及启示》,《中国给水排水》2014 年第 20 期。

[12] 付廷臣:《水权与城市供水价格形成机制问题探析》,《城市发

展研究》2006 年第 2 期。
[13] 傅涛、常杪、钟丽锦:《中国城市水业改革实践与案例》,中国建筑工业出版社 2006 年版。
[14] 傅涛、沙建新:《水务资本论》,学林出版社 2011 年版。
[15] 傅涛:《市场化进程中的中国水业》,中国建筑工业出版社 2007 年版。
[16] 谷书堂、杨蕙馨:《关于规模经济的含义与估计》,《东岳论丛》1999 年第 2 期。
[17] 郭蕾、肖有智:《政府规制改革是否增进了社会公共福利——来自中国省际城市水务产业动态面板数据的经验证据》,《管理世界》2016 年第 8 期。
[18] 郭亚军:《综合评价理论、方法及应用》,科学出版社 2007 年版。
[19] 韩伟、李爽、张现国:《城市供水绩效评估》,中国建筑工业出版社 2016 年版。
[20] 黄建正:《城市供水业民营化改革的政府监管机制研究——基于对杭州赤山埠水厂监管现状和杭州主城区供水监管机制的探讨》,《城市发展研究》2007 年第 3 期。
[21] 黄宁、魏海涛、沈体雁:《国外城市水务行业绩效管理模式比较研究》,《城市发展研究》2013 年第 8 期。
[22] 姬鹏程:《中国城市水价改革研究》,知识产权出版社 2010 年版。
[23] 贾国宁、黄平、张文炜:《重庆水务上市模式分析及其对水业市场化改革的启示》,《中国给水排水》2010 年第 8 期。
[24] 贾霞珍、王超、渠春华:《国内水务企业融资方式沿革及未来发展方向》,《中国给水排水》2014 年第 8 期。
[25] 金星:《PPP 模式在水资源管理中的应用》,《宏观经济管理》2016 年第 5 期。
[26] 剧锦文:《非国有经济进入垄断产业研究》,经济管理出版社 2009 年版。

[27] 李佳:《我国城市供排水行业市场化改革的研究》，硕士学位论文，复旦大学，2012 年。

[28] 李乐:《美国公用事业政府监管绩效评价体系研究》，《中国行政管理》2014 年第 6 期。

[29] 李南、刘嘉娜:《供水服务民营化改革的经济分析》，《技术经济与管理研究》2009 年第 4 期。

[30] 李真、张红凤:《中国社会性规制绩效及其影响因素的实证分析》，《经济学家》2012 年第 10 期。

[31] 励效杰:《关于我国水业企业生产效率的实证分析》，《南方经济》2007 年第 2 期。

[32] 林洪孝、彭绪民:《论城市水务系统构成与管理发展方向》，《经济体制改革》2004 年第 6 期。

[33] 林丽梅、苏时鹏、郑逸芳、许佳贤:《水务服务市场化改革利益相关者的博弈均衡分析》，《经济体制改革》2014 年第 1 期。

[34] 林丽梅、郑逸芳、苏时鹏:《城市水价改革的多重目标及其深化路径分析》，《价格理论与实践》2015 年第 3 期。

[35] 刘佳丽、谢地:《PPP 背景下我国城市公用事业市场化与政府监管面临的新课题》，《经济学家》2016 年第 9 期。

[36] 刘佳丽、谢斯儒:《城市公用事业民营化中公共利益的维护与政府监管体系重构》，《经济与管理研究》2015 年第 10 期。

[37] 刘葭、郝前进:《我国城市水业特许经营问题探讨》，《东南学术》2009 年第 5 期。

[38] 刘戒骄等:《公用事业：竞争、民营与监管》，经济管理出版社 2007 年版。

[39] 刘鹏:《省级食品安全监管绩效评估及其指标体系构建——基于平衡计分卡的分析》，《华中师范大学学报》（人文社会科学版）2013 年第 4 期。

[40] 刘穷志、芦越:《制度质量、经济环境与 PPP 项目的效率——以中国的水务基础设施 PPP 项目为例》，《经济与管理》2016 年第 6 期。

[41] 刘世庆、许英明：《我国城市水价机制与改革路径研究综述》，《经济学动态》2012 年第 1 期。
[42] 刘彦、周耀东、邓文斌：《外资进入提高了中国城镇水务部门的绩效吗？——基于“准自然实验”方法》，《中国行政管理》2016 年第 1 期。
[43] 吕小柏、吴友军：《绩效评价与管理》，北京大学出版社 2013 年版。
[44] 马乃毅、姚顺波：《美国水务行业监管实践及其对中国的启示》，《亚太经济》2010 年第 6 期。
[45] 牛晓耕、王海兰：《我国省域水资源的可持续利用初探——以辽宁山东等省供水量指标为基础数据》，《现代财经》2011 年第 3 期。
[46] 热拉尔·罗兰：《私有化成功与失败》，中国人民大学出版社 2011 年版。
[47] 瑞斐拉·马托斯等：《排水服务绩效指标体系手册》，中国建筑工业出版社 2013 年版。
[48] 上海市自来水市北有限公司等：《GJ/T 316—2009 城镇供水服务》，中国标准出版社 2009 年版。
[49] 盛代林、陆菊春：《水资源资产经营管理绩效评价及实证分析》，《科技进步与对策》2007 年第 5 期。
[50] 盛丹、刘灿雷：《外部监管能够改善国企经营绩效与改制成效吗》，《经济研究》2016 年第 10 期。
[51] 苏时鹏、傅涛：《深化供水服务市场化改革研究》，《福建论坛》（人文社会科学版）2011 年第 11 期。
[52] 苏时鹏、郑丽丽、钟丽锦：《城市水务服务绩效管理战略分析》，《城市发展研究》2012 年第 6 期。
[53] 苏为华、赵丽莉、于俊：《我国城市公用事业政府监管绩效评价研究：综述和建议》，《财经论丛》2015 年第 4 期。
[54] 苏为华：《多指标综合评价理论与方法问题研究》，博士学位论文，厦门大学，2000 年。

[55] 孙茂颖：《我国水务产业市场准入问题研究》，《经济与管理》2013 年第 5 期。
[56] 汤维建：《加强人大对司法的监督》，《人民日报》2014 年 4 月 23 日第 19 版。
[57] 田家山：《供水工程管理》，水利电力出版社 1995 年版。
[58] 王芳芳、董骁：《影响城市水业特许经营合同重新谈判的因素》，《城市问题》2014 年第 1 期。
[59] 王芬、王俊豪：《中国城市水务产业民营化的绩效评价实证研究》，《财经论丛》2011 年第 5 期。
[60] 王红、齐建国、刘强：《循环经济条件下水定价与社会福利的数理研究》，《数量经济技术经济研究》2010 年第 7 期。
[61] 王宏伟、郑世林、吴文庆：《私人部门进入对中国城市供水行业的影响》，《世界经济》2011 年第 6 期。
[62] 王华、陆红艳：《贵阳市城市水务市场化改革取得突破》，《中国行政管理》2010 年第 11 期。
[63] 王俊豪、付金存：《公私合作制的本质特征与中国城市公用事业的政策选择》，《中国工业经济》2014 年第 7 期。
[64] 王俊豪：《深化中国城市公用事业改革的分类民营化政策》，《学术月刊》2011 年第 9 期。
[65] 王俊豪：《中国市政公用事业监管体制研究》，中国社会科学出版社 2006 年版。
[66] 王俊豪等：《中国城市公用事业民营化绩效评价与管制政策研究》，中国社会科学出版社 2013 年版。
[67] 王蕾、唐任伍：《中国电信产业监管绩效实证研究》，《经济管理》2012 年第 1 期。
[68] 王岭：《城镇化进程中民间资本进入城市公用事业的负面效应与监管政策》，《经济学家》2014 年第 2 期。
[69] 王岭：《市场化改革下的中国城市供水行业——阶段特征、改革进展与政策取向》，《经济体制改革》2013 年第 2 期。
[70] 王谢勇、宋彦丽、孙鹏：《城市居民生活用水阶梯水价补偿机

制研究——基于 Logistic 模型的分析》，《经济与管理》2014 年第 3 期。
[71] 威廉姆森：《资本主义经济制度》，商务印书馆 2002 年版。
[72] 吴德进：《私人部门投资我国城市水业问题研究》，《福建论坛》（人文社会科学版）2007 年第 11 期。
[73] 肖兴志、齐鹰飞、郭晓丹等：《中国垄断产业规制效果的实证研究》，中国社会科学出版社 2010 年版。
[74] 谢地、孔晓：《论我国城市化进程中的公用事业发展与政府监管改革》，《当代经济研究》2015 年第 10 期。
[75] 谢建华：《我国供水行业监管框架的构建与完善——英国经验的启示》，《经济管理》2006 年第 23 期。
[76] 邢福俊：《加强城市水资源需求管理的研究》，《上海经济研究》2001 年第 3 期。
[77] 许玉明：《全面推进水务一体化管理体制改革，促进城市发展——重庆市水务一体化改革实证研究》，《城市发展研究》2006 年第 1 期。
[78] 杨振宇：《垄断型国企产权多元化改革的效率分析——以深圳水务企业为例》，《工业技术经济》2006 年第 2 期。
[79] 姚勤华、朱雯霞、戴轶尘：《法国、英国的水务管理模式》，《城市问题》2006 年第 8 期。
[80] 姚树荣、陈立泰、刘万明：《关于我国水务业市场化改革的探讨》，《生态经济》2007 年第 4 期。
[81] 叶晓甦、牛元钊、潘升树：《我国城市水务供给行业公私合作体制探索——基于重庆水务集团公私合作案例分析》，《工业技术经济》2012 年第 3 期。
[82] 尹竹、王德英：《日本基础设施产业市场化改革的模式及绩效评价》，《亚太经济》2006 年第 6 期。
[83] 于良春、程谋勇：《中国水务行业效率分析及影响因素研究》，《当代财经》2013 年第 1 期。
[84] 余晖：《政府与企业：从宏观管理到微观管制》，福建人民出版

社 1997 年版。

[85] 袁竞峰、李启明、邓小鹏：《基础设施特许经营 PPP 项目的绩效管理与评估》，东南大学出版社 2013 年版。

[86] 张红凤：《西方规制经济学的变迁》，经济科学出版社 2005 年版。

[87] 张进、韩夏筱：《绩效评估与管理》，中国轻工业出版社 2009 年版。

[88] 张敬一、范纯增：《供水企业的产权改革：潜在问题视角下的分析》，《经济体制改革》2009 年第 1 期。

[89] 张丽娜：《城市水务市场化中的政府规制与公众利益维护》，《中国行政管理》2010 年第 8 期。

[90] 张震：《中国城市生活用水价格改革的经济学分析》，《经济与管理》2009 年第 10 期。

[91] 中国城镇供水协会：《GJ/T 206—2005 城市供水水质标准》，中国标准出版社 2005 年版。

[92] 中国城镇供水协会：《城市供水行业 2010 年技术进步发展规划及 2020 年远景目标》，中国建筑工业出版社 2005 年版。

[93] 中国疾病预防控制中心环境与健康相关产品安全所等：《GB 5749—2006 生活饮用水卫生标准》，中国标准出版社 2007 年版。

[94] 中国社会科学院经济研究所《国内外经济动态》课题组：《由水价上涨引发的公用事业定价机制改革探讨》，《经济走势跟踪》2009 年第 67 期。

[95] 周海峰：《略论城市水务项目的市场化融资及创新》，《技术经济与管理研究》2007 年第 1 期。

[96] 周小梅：《水危机背景下我国城市水务行业改革取向——来自泰晤士水务和斯德哥尔摩水务的经验考察》，《价格理论与实践》2014 年第 6 期。

[97] 周阳：《我国城市水务业 PPP 模式中的政府规制研究》，《中国行政管理》2010 年第 3 期。

[98] 周耀东、余晖：《政府承诺缺失下的城市水务特许经营——成都、沈阳、上海等城市水务市场化案例研究》，《管理世界》2005 年第 8 期。

[99] 朱晓林：《中国自来水业规制改革研究》，东北大学出版社 2009 年版。

[100] 卓越：《公共部门绩效评估》，中国人民大学出版社 2004 年版。

[101] 左进、韩洪云：《BOT 在我国水务行业中的应用及风险规避》，《城市问题》2005 年第 2 期。

[102] Abuzeid, A., Hardcastle, C., Beck, M., Chinyio, E., Asenova, D., "Achieving Best Value in Private Finance Initiative Project Procurement", *Construction, Management Economics*, Vol. 21, No. 5, 2003, pp. 461 – 470.

[103] Allan, R., Jeffrey, P., Clarke, M. et al., "The impact of regulation, ownership and business culture on managing corporate risk within the water industry", *Water Policy*, Vol. 15, No. 3, 2013, pp. 458 – 478.

[104] Antonioli, B., Filippini, M., "The use of a variable cost function in the regulation of the Italian water industry", *Utilities Policy*, Vol. 10, No. 3 – 4, 2001, pp. 181 – 187.

[105] Arellano and Bond, "Some Tests of Specification for Panel Data: Monte Calro Evidence and an Application to Employment Equations", *Reviews of Economic Studies*, Vol. 58, 1991, pp. 277 – 297.

[106] Arjan Ruijs, "Welfare and Distribution Effects of Water Pricing Policies", *Ecological Economics*, Vol. 66, 2007, pp. 506 – 516.

[107] Aubert, C., Reynaud, A., "The Impact of Regulation on Cost Efficiency: An empirical Analysis of Wisconsin Water Utilities", *Journal of Productivity Analysis*, Vol. 23, No. 3, 2005, pp. 383 – 409.

[108] Averch, H., Johnson, L., "Behavior of the Firm under Regula-

tion Constraint", *American Economic Review*, No. 5, 1968, pp. 1052 - 1069.

[109] Aziz, A., "Public Services and People's Audit", *Economic & Political Weekly*, Vol. 42, No. 8, 2007, pp. 647 - 648.

[110] Bel, G., Fageda, X., Warner, M. E., "Is private production of public services cheaper than public production? A meta - regression analysis of solid waste and water service", *Journal of Policy Analysis and Management*, Vol. 29, No. 3, 2010, pp. 553 - 577.

[111] Bel, G., A. Costas, "Do Public Sector Reforms Get Rusty? Local Privation in Spain", *Journal of Policy Reform*, No. 9, 2006, pp. 321 - 335.

[112] Chang, M., Peng, L. J., "Current Situation and Problems of Customer Service in Chinese Urban Water Supply Industry", *China Water & Wastewater*, Vol. 23, No. 8, 2007, pp. 71 - 75.

[113] Erbetta, F., Martin, C., "Regulation and Efficiency Incentives: Evidence from the England and Wales Water and Sewerage Industry", *Review of Network Economics*, No. 6, 2007, pp. 425 - 452.

[114] G. E. Achttienribbe, "Water price, price elasticity and the demand for drinking water", *Journal of Water Supply: Research and Technology - Aqua*, No. 4, 2015, pp. 196 - 198.

[115] Garcia, S., A. Thomas, "The Structure of Municipal Water Supply Costs: Application to a Panel of French Local Communities", *Journal of Productivity Analysis*, No. 16, 2001, pp. 5 - 29.

[116] Gioia M. Pescetto, Regulation and systematic risk: The case of the water industry in England and Wales, *Applied Financial Economics*, Vol. 18, No. 1, 2008, pp. 61 - 73.

[117] Jian, H. U., Discussion on Development Ideas for Current Urban Water Industry Marketization in China, *China Water & Wastewater*, Vol. 24, No. 24, 2008, pp. 72 - 75.

[118] Laffont, J., Tirole, J., *A Theory of Incentives in Procurement and*

Regulation, The MIT Press, 1993.

[119] Lang, A., The GATS and Regulatory Autonomy: A Case Study of Social Regulation of the Water Industry, *Journal of International Economic Law*, Vol. 7, No. 4, 2004, pp. 801 - 838.

[120] Li - fen Sun, The Current Problems and Recommendations on Automatic Monitoring and Supervision System of Water Pollution, *Pollution Control Technology*, No. 5, 2010, p. 35.

[121] Lin, H. U., Wang, L. Q., Zhang, H. L., Experience and Revelation of Water Supply Supervision in UK, *China Water & Wastewater*, Vol. 24, No. 10, 2008, pp. 106 - 108.

[122] Lise, W., Economic regulation of the water supply industry in the UK: A game theoretic consideration of the implications for responding to drought risk, *International Journal of Water*, Vol. 3, No. 1, 2005, p. 18.

[123] Lobina, E., Hall, D., Public sector alternatives to water supply and sewerage privatization: Case studies, *International Journal of Water Resources Development*, Vol. 16, No. 1, 2000, pp. 35 - 55.

[124] Maria Luisa Corton, Sanford V. Berg, Benchmarking Central American water utilities, *Utilities Policy*, No. 17, 2009, pp. 267 - 275.

[125] Marin, P., *Public Private Partnerships for Urban Water Utilities*, World Bank Press, 2009, pp. 65 - 101.

[126] Mark Newton Lowry, Lullit Getachew, Statistical benchmarking in utility regulation: Role, standards and methods, *Energy Policy*, No. 37, 2009, pp. 1323 - 1330.

[127] Marques, R. C., Comparing private and public performance of Portuguese water services, *Water Policy*, Vol. 10, No. 1, 2008, pp. 25 - 42.

[128] Maziotis, A., Saal, D. S., Thanassoulis, E. et al., Price - cap regulation in the English and Welsh water industry: A proposal for

measuring productivity performance, *Utilities Policy*, Vol. 41, 2016, pp. 22 – 30.

[129] Nauges, C., C. Van Den Berg, Economics of Density Scale and Scope in the Water Supply and Sewerage Sector: A Study of Four Developing and Transition Economies, *Journal of Regulatory Economics*, Vol. 34, No. 2, 2008, pp. 144 – 163.

[130] Newbery, D., *Privatization*, *Restructuring and Regulation of Network Utilities*, The MIT Press, 1999.

[131] Nicholas Rivers, The Welfare Impact of Selfsupplied Water Pricing in Canada: A Computable General Equilibrium Assessment, *Environ Resource Econ*, Vol. 55, 2013, pp. 419 – 445.

[132] Saal, D. S., D. Parker, T. W. Jones, Determining the Contribution of Technical Change, Efficiency Change and Scale Change to Productivity Growth in the Privatized English and Welsh Water and Sewerage Industry: 1985 – 2000, *Journal of Productivity Analysis*, Vol. 28, 2007, pp. 127 – 139.

[133] Saal, D., Parker, D., Productivity and Price Performance in the Privatized Water and Sewerage Companies of England and Wales, *Journal of Regulatory Economics*, Vol. 20, No. 1, 2001, pp. 61 – 90.

[134] Saal, D., Parker, D., The Impact of Privatization and Regulation on the Water and Sewerage Industry in England and Wales: A Translog Function Model, *Managerial and Decision Economics*, No. 6, 2000, pp. 253 – 268.

[135] Sawkins, J. W., Reid, S., The measurement and regulation of cross subsidy, The case of the Scottish water industry, *Utilities Policy*, Vol. 15, No. 1, 2007, pp. 36 – 48.

[136] Scott Wallsten, Katrina Kosec, The effects of ownership and benchmark competition: An empirical analysis of U. S. water systems, *International Journal of Industrial Organization*, Vol. 26,

No. 1, 2008, pp. 186 – 205.

[137] Shao, L., Chen, G. Q., Water footprint assessment for wastewater treatment: method, indicator and application, *Environmental Science & Technology*, Vol. 47, No. 14, 2013, pp. 7787 – 7794.

[138] Stern, J., Holder, S., Regulatory Governance: Criteria for Assessing the Performance of Regulatory Systems, An Application to Infrastructure Industries in the Developing Countries of Asia, *Utilities Policy*, Vol. 8, No. 1, 1999, pp. 33 – 50.

[139] Thanassoulis, E., The Use of Data Envelopment Analysis in the Regulation of UK Water Utilities: Water Distribution, *European Journal of Operational Research*, Vol. 126, No. 2, 2000, pp. 436 – 453.

[140] Torres, M., Paul, C. J. M., Driving forces for consolidation or fragmentation of the U. S. water utility industry: A cost function approach with endogenous output, *Journal of Urban Economics*, Vol. 59, No. 1, 2006, pp. 104 – 120.

[141] Train, K. E., *Optimal Regulation: The Economic Theory of Natrural Monopoly*, The MIT Press, 1992, p. 33.

[142] Tupper, H. C., M. Resende, Efficiency and Regulatory Issues in the Brazilian Water and Sewage Sector: An Empirical Study, *Utilities Policy*, Vol. 12, No. 1, 2004, pp. 29 – 40.

[143] Viscusi, W. K., J. M. Vernon, J. E. Harrington, J. E. Harrington, Jr., 2000, *Economics of Regulation and Antitrust*, The MTI Press, pp. 433 – 434.